鸡饲料营养配方7日通

萨仁娜　张宏福　主编

中国农业出版社

图书在版编目（CIP）数据

鸡饲料营养配方7日通/萨仁娜，张宏福主编．—北京：中国农业出版社，2012.7（2015.11重印）
（养殖7日通丛书）
ISBN 978-7-109-16726-1

Ⅰ.①鸡…　Ⅱ.①萨…②张…　Ⅲ.①鸡—饲料—配制　Ⅳ.①S831.5

中国版本图书馆CIP数据核字（2012）第076928号

中国农业出版社出版
（北京市朝阳区农展馆北路2号）
（邮政编码 100125）
责任编辑　张玲玲

北京中兴印刷有限公司印刷　　新华书店北京发行所发行
2012年8月第1版　　2015年11月北京第2次印刷

开本：850mm×1168mm　1/32　　印张：10.25
字数：256千字　　印数：5 001～7 000册
定价：24.00元

编　者　名　单

主　编　萨仁娜　张宏福

参　编　仝永娟　高理想　张晓迪

前 言

随着社会经济和科技的发展，人民的生活水平有很大提高，畜牧生产不仅要满足肉、蛋、奶的需求，而且对畜产品的质量安全也提出了更高的要求。饲料是养殖业的基础，安全有效的饲料意味着高效的畜牧生产以及安全的畜产品。

本书在了解饲料使用过程中经常遇到的问题和存在的技术误区的基础上，本着深入浅出、简单实用的原则，围绕着饲料配方，简要介绍了饲料学、营养学的基础知识，概述了鸡的饲养标准等，系统地对饲料学分类、能量饲料、蛋白质饲料、维生素和微量元素饲料、饲料添加剂等进行阐述。选择的饲料均为肉鸡（蛋鸡）养殖过程中经常用到的大宗饲料原料，同时也包括酶制剂、生长促进剂等用量少、但使用效果明显的饲料添加剂。分别详细列举了肉鸡和蛋鸡常用饲料配方，并简明扼要地介绍了应用计算机的饲料配方技术，尽可能地涵盖肉鸡（蛋鸡）饲料配制的原理和技术，达到通俗易懂、图文并茂、实用性强的目的。

本书由中国农业科学院北京畜牧兽医研究所根据多年科研工作经验编写而成。全书共分为 7 讲，各部分编写分工为：第一讲、第六讲由仝永娟编写；第二讲、第三讲由高理想编写；第四讲由萨仁娜编写；第五讲、第七讲由张晓迪编写。本书是在“畜禽健康养殖通用技术标准及营养调控关键技术研究”（编号：2012BDA39B01）和“现代农业产业技术体系”（编号 CARS-42）共同资助下完成的。

由于成书时间仓促，编写人员水平和经验不足，书中难免有纰漏甚至不妥之处，敬请有关专家和广大读者批评指正，以便今后不断完善和补充。

编 者

2012 年 3 月

7日通

目 录

7日通——第一讲

饲料营养基础知识

本讲目的

重点介绍动物营养学和饲料学的基本概念和术语，介绍饲料及其养分组成分类方法和评定方法。目的是让读者了解饲料营养学的任务或功用，掌握动物营养学基础知识，理解饲料资源的合理利用。

第一节　营养学基本概念和术语

饲料中凡能被动物用以维持生命、生产产品的物质，称为营养物质，简称养分。饲料中养分可以是简单的化学元素，如钙、磷、镁、钠、氯、钾、硫、铁、铜、锰、锌、锡、碘、钴等，也可以是复杂的化合物，如蛋白质、脂肪、碳水化合物和各种维生素等。国际上通常采用德国 Hanneberg 于 1864 年提出的常**规饲**

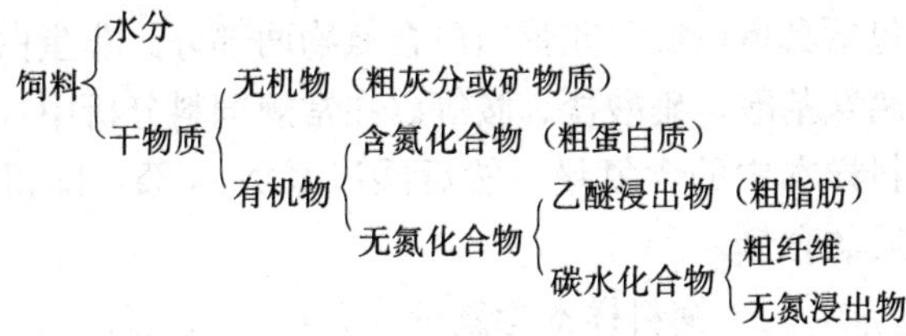

图 1-1　饲料养分六大分类

料分析法，将饲料养分分为六大类（图 1－1）。

一、饲料中的营养物质

（一）水分

饲料中的水分常以两种状态存在。一种是含于动植物体细胞间，与细胞结合不紧密，容易挥发的水，称游离水或自由水；另一种是与细胞内胶体物质紧密结合在一起，形成胶体水膜，难以挥发的水，称结合水或束缚水。构成动植物体的这两种水分之和，称为总水分。常规饲料分析将饲料总水分分为初水和吸附水。各种新鲜的青绿多汁饲料，含有较多的初水。饲料分析中，水分是指饲料在 100～105℃烘箱内烘干至恒重所失去的重量，以百分率表示。

（二）干物质（DM）

干物质指从饲料中扣除水分后的物质。以每千克含多少克或以百分率（%）表示。干物质是比较各种饲料所含养分多少的基础。

（三）粗灰分

粗灰分是饲料样品在 550～600℃高温炉中烧灼，将所有有机物质全部氧化后剩余的残渣。主要为矿物质氧化物或盐类等无机物质，有时还含有少量泥沙，故称粗灰分。

$$粗灰分=\frac{灰分重（克）}{饲料样本重（克）}\times 100\%$$

（四）粗蛋白质（CP）

粗蛋白质是常规饲料分析中用以估计饲料中一切含氮物质的指标，它包括真蛋白质和非蛋白质含氮物两部分。非蛋白质含氮物包括游离氨基酸、硝酸盐、胺等。在常规饲料分析中，用凯氏法测定饲料样本中的含氮量，然后乘以系数 6.25，即得到饲料中粗蛋白质的含量。

$$粗蛋白质=\frac{饲料样本含氮量（克）}{饲料样本重（克）}\times 6.25\times 100\%$$

（五）粗脂肪（EE）

粗脂肪是饲料中脂溶性物质的总称。常规饲料分析是用乙醚浸提样品所得的乙醚浸出物。粗脂肪中除真脂肪外，还含有其他溶于乙醚的有机物，如叶绿素、胡萝卜素、有机酸、树脂、脂溶性维生素等物质，故称粗脂肪或乙醚浸出物。

$$粗脂肪=\frac{醚浸出物（克）}{饲料样本重（克）}\times 100\%$$

（六）粗纤维（CF）

粗纤维是植物细胞壁的主要组成成分，包括纤维素、半纤维素、木质素及角质等。常规饲料分析方法测定的粗纤维，是将饲料样品经1.25%稀酸、稀碱各煮沸30分钟后，所剩余的不溶解碳水化合物。后来提出了多种纤维素含量测定的改进方法，最有

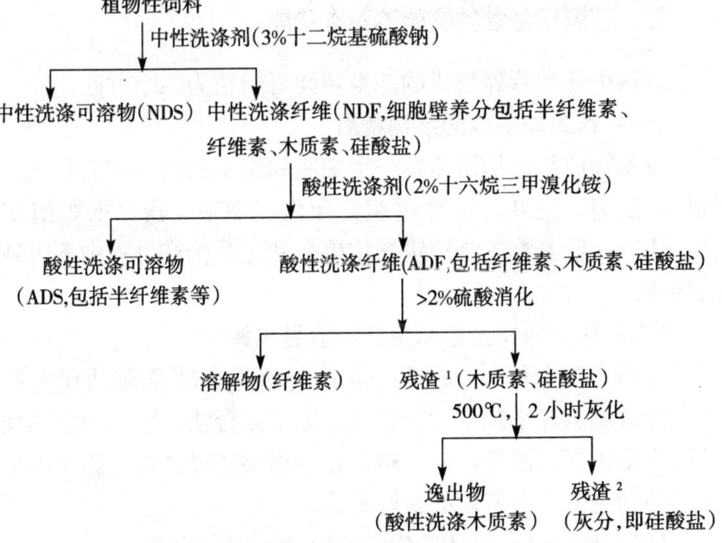

图1-2　Van Soest粗纤维分析方案

影响的是 Van Soest 分析法（图 1-2）。

（七）无氮浸出物（NFE）

无氮浸出物主要由易被动物利用的淀粉、菊糖、双糖、单糖等可溶性碳水化合物组成。无氮浸出物中除碳水化合物外，还包括水溶性维生素等其他成分。常用饲料中无氮浸出物含量一般在50%以上，特别是植物籽实和块根、块茎饲料中含量高达70%～85%。饲料中无氮浸出物含量高，适口性好，消化率高，是动物能量的主要来源。动物性饲料中无氮浸出物含量很少。

由于成分复杂，在常规饲料分析中，通常不直接进行分析，仅根据饲料中其他养分的分析结果，按下式间接得出：

无氮浸出物(%)＝干物质(%)－[粗蛋白质(%)＋粗脂肪(%)＋粗纤维(%)＋粗灰分(%)]

二、饲料中各营养物质的基本功能

饲料中各种营养物质的基本功能可归结为三个方面：

（一）作为动物体的结构物质

营养物质是动物机体每一个细胞和组织的基本构成物质，如骨骼、肌肉、皮肤、结缔组织、牙齿、羽毛、角、爪等组织器官。所以，营养物质是动物维持生命和正常生产过程中不可缺少的物质。

（二）作为动物生存和生产的能量来源

在动物生命和生产过程中，维持体温、随意活动和生产产品，所需能量皆来源于营养物质。碳水化合物、脂肪和蛋白质都可以为动物提供能量，但以碳水化合物供能最经济。脂肪除供能外还是动物体贮存能量的最好形式。

（三）作为动物机体正常机能活动的调节物质

营养物质中的维生素、矿物质以及某些氨基酸、脂肪酸等，在动物机体内起着不可缺少的调节作用，如果缺乏，动物机体正常生理活动将出现紊乱，甚至死亡。

除以上功能外，营养物质在动物机体内经一系列代谢过程后，还可以形成各式各样的畜产品如蛋、奶、毛等。

三、动物消化力与饲料的可消化性

（一）消化力与消化性

饲料被动物消化的性质或程度称为饲料的可消化性。动物消化饲料中营养物质的能力称为动物的消化力。饲料的可消化性和动物的消化力是营养物质消化过程不可分割的两个方面。消化率是衡量饲料可消化性和动物消化力这两个方面的统一指标，它是饲料中可消化养分占食入饲料养分的百分率，计算公式如下：

$$\text{饲料中可消化养分}=\text{食入饲料中养分}-\text{粪中养分}$$

$$\text{饲料某养分消化率}=\frac{\text{食入饲料中某养分}-\text{粪中某养分}}{\text{食入饲料中某养分}}\times 100\%$$

因粪中所含各种养分并非全部来自饲料，有少量来自消化道分泌的消化液、肠道脱落细胞、肠道微生物等内源性产物，故上述公式计算的消化率为表观消化率。

分析动物对饲料中各营养成分的消化过程及其产物表明，饲料中蛋白质的表观消化率小于真实消化率。表观消化率计算中把来源于消化道的代谢蛋白质、消化酶和肠道微生物等视为未消化的饲料蛋白质，造成计算粪中排出蛋白质的量与真实情况不符；饲料脂肪含量少，测定表观消化率易受代谢来源的脂肪和分析误差掩盖，测定值有波动；饲料矿物质的消化率，更易受消化道来源的代谢矿物质循环利用的影响，所以矿物质应采用真实消化率。

$$\text{饲料中某养分的真消化率}=\frac{\text{食入饲料中某养分}-(\text{粪中某养分}-\text{消化道来源物中某养分})}{\text{食入饲料中某养分}}\times 100\%$$

不同动物因消化力不同，对同一种饲料的消化率亦不同；不同种类的饲料，因可消化性不同，同一种动物对其消化率也不同。

（二）影响消化率的因素

凡影响动物消化生理、消化道结构及机能和饲料性质的因素，都会影响消化率。主要包括动物、饲料、饲料的加工调制、饲养水平等几个方面。

1. 动物

（1）动物种类　不同种类的动物，由于消化道的结构、功能、长度和容积不同，因而消化力也不一样。一般来说，不同种类动物对饲料的消化率差异较大。牛对粗饲料的消化率最高，羊稍次，猪较低，家禽几乎不能消化粗饲料中的粗纤维。精料、块根块茎类饲料的消化率，动物种类间差异较小。

（2）年龄及个体差异　动物从幼年到成年，消化器官和机能发育的完善程度不同，则消化能力强弱不同，对饲料消化率也不一样。蛋白质、脂肪、粗纤维的消化率有随动物年龄的增加而呈上升趋势，尤以粗纤维最为明显，无氮浸出物和有机物质的消化率变化不大。老年动物因牙齿衰残，不能很好地磨碎食物，消化率又逐渐降低。同年龄、同品种的不同个体，因培育条件、体况、神经类型的不同，对同一种饲料养分的消化率仍有差异。一般对混合料差异可达6%，谷实类差异可达4%，粗饲料差异可达12%～14%。

2. 饲料

（1）种类　不同种类和来源的饲料因养分含量及性质的不同，可消化性也不同。一般幼嫩青绿饲料的可消化性较高，干粗饲料的可消化性较低；作物籽实的可消化性较高，而茎秆的可消化性较低。

（2）化学成分　饲料的化学成分以粗蛋白质和粗纤维对消化率影响最大。饲料中粗蛋白质含量愈高，消化率愈高；粗纤维含量愈高，则消化率愈低。

①蛋白质含量：饲料或饲粮中蛋白质含量高，碳水化合物含

量则相对较低，有利于动物消化液的分泌和养分的充分消化。就反刍动物而言，各种养分的消化率随饲料或饲粮蛋白质水平的升高而升高，而有机物质和粗蛋白质本身的消化率的变化最明显。猪和家禽的饲料或饲粮蛋白质水平对养分消化率的影响也存在同样趋势，但没有反刍动物明显。

②粗纤维：实验证明，随饲料中粗纤维含量增加，有机物质的消化率下降，这在非反刍动物中反应十分明显。

（3）饲料中的抗营养物质　饲料中的抗营养物质是指饲料本身含有，或从外界进入饲料中的阻碍养分消化的微量成分。抗营养物质有：影响蛋白质消化的抗营养物质或营养抑制因子有蛋白质酶抑制剂、凝集素、皂素（皂苷）、单宁、胀气因子等；影响矿物质消化利用的有植酸、草酸、葡萄糖硫苷、棉酚等；影响维生素消化利用的抗营养物质有脂氧化酶（能破坏维生素A、胡萝卜素）、双香豆素（能影响维生素K的利用）、甲基芥子盐吡嘧胺（影响维生素B_1的利用）、异咯嗪（影响维生素B_2的利用）。各种抗营养因子都不同程度地影响饲料消化率。

3. 饲料加工调制　饲料加工调制的方法很多，有物理、化学、微生物等方法。各种方法对饲料养分均产生影响，其程度视动物种类不同而有差异。适度的磨碎有利于单胃动物对饲料干物质、能量和氮的消化；适宜的加热、膨化，可提高饲料中蛋白质等有机物质的消化率。

4. 饲养管理技术　随喂量的增加，饲料消化率降低。以维持水平或低于维持水平饲养，养分消化率最高，而超过维持水平后，随饲养水平的提高，消化率逐渐降低。

四、营养需要与饲养标准

随着营养学理论的不断深入，新的营养因素不断被发现，因此，不但饲养标准中各种养分的需要量需要不断调整，使各养分间的比例关系日趋合理，而且还需要随时考虑新的营养因素。

测定动物营养需要的方法大致可分为综合法和析因法两类。

综合法是研究营养需要最常用的方法，包括饲养试验法、平衡试验法、生物学法、屠宰试验法等。其中饲养试验法用得最多。测定生长肥育动物、产乳母畜和产蛋禽的能量、蛋白质需要量，主要用饲养试验法。

析因法将研究的总内容剖分为多个部分，如维持、产毛、产肉、产奶等，分别试验每个部分，然后综合多个部分的结果而得到动物的总养分需要量。

饲养标准中所涉及的养分种类因动物而异。一般禽、猪饲养标准中所涉及的养分种类比牛、羊等反刍动物要多一些。这是因为对禽、猪来说，必须由饲料提供的养分如氨基酸、水溶性维生素等，牛、羊可借助瘤胃微生物的合成使其变为非必需养分。

随着管理工作的不断精细化以及动物生产性能的日益提高，需要我们提供给动物一些新的养分。营养学研究的深入会不断发现新的营养因素，这些均需在高水平饲养情况下加以考虑。

（一）干物质或风干物质采食量

干物质或风干物质的采食量（DMI）是一个综合性指标，用千克表示。一般干物质采食量占动物体重的3%～5%。动物年龄越小，生产性能越高，干物质采食量占体重的百分比越高。干物质采食量越高，一般来说要求日粮的养分浓度也越高。若日粮营养浓度过高（集约化舍饲饲养时有可能发生），可能因主要养分（如能量）的需要量已经满足，而造成干物质采食量不足；若饲料条件太差（劣质秸秆为主时），养分浓度较低，可能因受干物质采食量的限制（即吃不进去），而造成主要营养分摄食不足。因此，配制动物日粮时应正确协调干物质采食量与养分浓度间的关系。

（二）能量

能量是动物的第一营养需要，没有能量就没有动物体的所有功能活动，甚至没有机体的维持，因此充分满足动物的能量需要具有十分重要的意义。

动物摄入的饲料能量伴随着养分的消化代谢过程，发生一系列转化，饲料能量可相应划分成若干部分（图 1-3）。总能是指饲料中有机物质完全氧化成二氧化碳、水和其他氧化物时释放的全部能量，主要为碳水化合物、粗蛋白质和粗脂肪能量的总和。消化能是饲料可消化养分所含的能量，即动物摄入饲料的总能与粪能之差。代谢能指饲料消化能减去尿能及消化道可燃气体的能量。净能是饲料中用于动物维持生命和生产产品的能量，即饲料的代谢能扣去饲料在体内的热增耗后剩余的那部分能量。

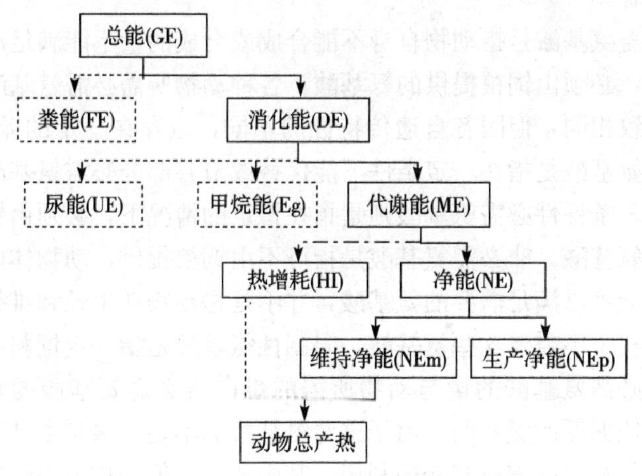

图 1-3 饲料能量在动物体内的分配

----- 表示不可用能量 —— 表示可用能量 -·-·- 表示在冷应激情况下有用

净能可与产品直接挂钩，我们可根据饲料净能的食入量准确预测畜产品的产量，因此，用净能衡量动物的能量需要是营养学发展的必然趋势，由于测定净能费时费工，目前对奶牛用净能、鸡用代谢能、猪用消化能或代谢能表示其能量需要，单位是兆焦。

（三）蛋白质及氨基酸

猪、禽用粗蛋白质表示其蛋白质的需要，单位是克。配合饲粮时用质量分数表示。

粗蛋白质实质上是作为氨基酸的载体使用，非反刍动物（尤其是禽）对日粮中必需氨基酸有着特殊的需要。随着“理想蛋白”概念的提出与应用，平衡供给氨基酸，可在降低动物日粮粗蛋白质浓度的情况下（即减少蛋白质的浪费），提高动物的生产性能和经济效益。必需氨基酸是禽猪饲养标准中不可缺少的主要指标之一。用总、表观可消化或真可消化氨基酸表示饲料蛋白质营养价值或动物的蛋白质需要量是总的发展趋势。当大量使用杂饼（粕）或非常规饲料时，利用有效氨基酸指标配合日粮的效果十分显著。

必需氨基酸是指动物自身不能合成或合成的量不能满足动物的需要，必须由饲粮提供的氨基酸。各种动物所需必需氨基酸的种类大致相同，但因各自遗传特性的不同，也存在一定的差异。半必需氨基酸是指在一定条件下能代替或节省部分必需氨基酸的氨基酸。条件性必需氨基酸则是指在特定的情况下，必须由饲粮提供的氨基酸。非必需氨基酸是指可不由饲粮提供，动物体内的合成完全可以满足需要的氨基酸，并不是指动物在生长和维持生命的过程中不需要这些氨基酸。限制性氨基酸是指一定饲料或饲粮所含必需氨基酸的量与动物所需的蛋白质必需氨基酸的量相比，比值偏低的氨基酸，由于这些氨基酸的不足，限制了动物对其他必需和非必需氨基酸的利用，其中比值最低的称第一限制性氨基酸，以后依次为第二、第三、第四限制性氨基酸等。所谓理想蛋白质，是指这种蛋白质的氨基酸在组成和比例上与动物所需蛋白质的氨基酸的组成和比例一致，包括必需氨基酸之间以及必需氨基酸和非必需氨基酸之间的组成和比例，动物对该种蛋白质的利用率应为100%。

（四）维生素

鸡所需的维生素全部由饲料提供。目前已确定的维生素有14种，按其溶解性可分为脂溶性维生素和水溶性维生素两大类。脂溶性维生素包括维生素A、维生素D、维生素E和维生素K。它们只含有碳、氢、氧3种元素，可从食物及饲料的脂溶物中提取。在消化道内随脂肪一同被吸收，吸收的机制与脂肪相同，凡有利于脂肪吸收的条件，均有利于脂溶性维生素的吸收。脂溶性维生素以被动的扩散方式穿过肌肉细胞膜的脂相，主要经胆囊从粪中排出。摄入过量的脂溶性维生素可引起中毒，代谢和生长产生障碍。脂溶性维生素的缺乏症一般与其功能相联系。除维生素K可由动物消化道微生物合成所需的量外，其他脂溶性维生素都必须由饲粮提供。水溶性维生素可从食物及饲料的水溶物中提取。除含碳、氢、氧元素外，多数都含有氮，有的还含硫或者钴，所有水溶性维生素都为代谢所必需。目前已确定的水溶性维生素共有10种，另有几种没有完全确定，常称为类维生素或假维生素，主要的水溶性维生素为B族维生素。B族维生素主要作为辅酶，催化碳水化合物、脂肪和蛋白质代谢中的各种反应。多数情况下，缺乏症无特异性，而且难以与其生化功能直接相联系。食欲下降和生长受阻是共同的缺乏症状。B族维生素多数通过被动的扩散方式吸收，但在饲粮供应不足时，可以主动的方式吸收。维生素B_{12}的吸收比较特殊，需要胃分泌的一种内因子帮助。除维生素B_{12}外，水溶性维生素几乎不在体内贮存。水溶性维生素主要经尿排出（包括代谢物）。

（五）矿物元素

钙、磷及钠是各类动物的必需营养素，用克表示，对于猪、禽（尤其是禽）还强调有效磷的需要。给动物补充各种微量元素已普遍应用于饲养实践，并产生了良好的效果和效益。

微量元素是近年动物营养研究最活跃的内容，并发现过去认为非必需、甚至有毒或剧毒元素（如砷、氟、铅等）也是动物生产所必需的，因此，动物所需的微量元素种类还将增加，但实际添加时应十分慎重，严格掌握用法和用量。

（六）亚油酸

亚油酸已作为家禽的必需脂肪酸列入饲养标准，单位是克；一般占日粮1%，对种用家禽可能更高些。

第二节　饲料学的基本术语

饲料是动物赖以生存和生产的物质基础。人类在长期的畜牧生产实践中，通过大量的动物营养和饲料科学的理论与应用研究，对动物生产需要的饲料及其营养价值逐渐有了更科学、更全面、更深化的认识，饲料的种类不断增加，新型饲料资源不断产生，饲料的利用方式从传统的、经简单加工的单一使用发展到科学的、适宜加工的配合利用，饲料利用效率显著提高，并不断采取各种新的技术措施，生产出产品质量高、营养更全价的饲料。

饲料是组织畜牧生产的原料。生产的实质是用动物把饲料转变成动物产品。饲料种类繁多，营养成分和营养价值各异，为了解各种饲料的特点，便于区别记忆，合理利用，对饲料恰当分类很有必要。

一、饲料分类

1. 按饲料营养价值分类　有利于饲养者按营养价值高低选用饲料。

（1）粗饲料　是指体积大、粗纤维含量多而可消化养分含量少的饲料，它能使家畜有饱腹感并有较好的通便作用。可以根据饲料的性质而区分如下：

①水分含量少而粗纤维多的饲料：主要有秸秆类、皮壳类、干草类等。有的国家也把粗纤维含量在18%以上的称为粗饲料。

②水分含量多的饲料：主要有鲜草类、青割作物、青贮料、根茎类等。一般也叫做多汁饲料。

（2）精饲料　是指体积小、粗纤维含量少、可消化养分含量多的饲料，包括谷类、油饼类、糠麸类、加工的糟粕类等。此外，薯类等根茎类干燥后可消化养分含量多，水分少，所以也归入此类。

（3）特殊饲料　其他各种饲料总称为特殊饲料，就是既不属于精料类又不属于粗料类的饲料。它们有特殊效果，一般都是少量地使用。有矿物质饲料、维生素饲料、抗生素饲料以及其他饲料添加物。

这样的分类是一般的，不能说是绝对的。比如，优质干草粉如苜蓿粉等，看其成分明显属于精饲料类，但一般都不把它当做精饲料，又如加工生产的糟粕类，从成分看属于粗饲料，但一般都把它们归入精饲料类。

2. **按饲料主要成分分类**　有利于配合饲料按配方需要选用饲料。

（1）蛋白质饲料　豆类、饼粕、动物饲料等。

（2）淀粉饲料　谷类、薯类等。

（3）脂肪饲料　豆类、油料作物种子、米糠等。

（4）纤维饲料　草类、干草、秸秆等。

（5）多汁质饲料　鲜草类、根茎类、青贮饲料、青绿饲料等。

（6）矿物质饲料　含钙盐类、骨粉、食盐等。

（7）维生素饲料　维生素及复合维生素添加剂、苜蓿粉等。

3. **按饲料来源分类**　有利于配合饲料生产和饲养者组织饲料来源。

（1）植物性饲料　青绿饲料、青贮饲料、干草、粗料、块根、籽实加工副产品等。

（2）动物性饲料　乳、鱼粉、蚕蛹、羽毛粉等。

（3）微生物饲料　益生菌、微生物代谢产物——抗生素等。

（4）矿物质饲料　包括天然和工业生产两大类。如碳酸钙、食盐、硫酸铜等。

（5）人工合成饲料　尿素、氨基酸、维生素等。

4. 其他分类

（1）按动物种类分类　方便利用。如乳牛、猪、鸡等的饲料。

（2）按获得饲料的手段分类　有利于生产者考虑饲料的经济特性。如经济饲料（自给饲料）、商品饲料（购入饲料）。

二、配合饲料

单一的饲料原料各有其特点，有的以供应能量为主，有的以供应蛋白质为主，矿物质和维生素以及粗纤维的含量差异也大，所以单一饲料原料普遍存在营养不平衡、不能满足动物的营养需要、饲喂效果差的问题，有的饲料还存在适口性差、不能直接饲喂动物、加工和保存不方便的缺陷，有的饲料含抗营养因子和毒素等。为了合理利用各种饲料原料，提高饲料养分的利用率，提高饲料产品的综合性能，提高饲料的加工性能和延长饲料保存时间等，有必要将各种饲料进行合理搭配，以便充分发挥各种单一饲料的优点，弥补其不足，因此，配合饲料便成为集约化饲养、饲料工业化生产的必然选择。

现代养殖业已逐步全面使用配合饲料。配合饲料是根据科学试验并经过实践验证而设计和生产的，集中了动物营养和饲料科学的研究成果，并能把各种不同的组分（原料）均匀混合在一起，从而保证有效成分的稳定一致，提高饲料的营养价值和经济效益。

配合饲料是指按照动物的不同生长阶段、不同生理要求、不同生产用途的营养需要和饲料的营养价值，把多种单一饲料依一定比例、并按规定的工艺流程均匀混合而生产出的营养价值全面、能满足动物各种实际需求的饲料，有时也称全价饲料。

配合饲料生产需要根据有关标准、饲料法规和饲料管理条例进行，有利于保证其质量，有利于人类和动物的健康，有利于环境保护和维持生态平衡。

配合饲料可直接饲喂，方便了用户使用、运输和保存，减轻了用户劳动。

满足一头动物一昼夜所需各种营养物质而采食的各种饲料总量称为日粮。在畜牧生产实践中，除极少数量动物还保留个体单独饲养外，通常均采用群饲。特别是集约化畜牧业，为便于饲料生产工业化及饲料管理操作机械化，常将按群体中“典型动物”的具体营养需要量配合成的饲料中的各原料组成换算成百分含量，而后配制成满足一定生产水平类群动物要求范围的全价饲料。在养殖业中为区别于日粮，将这种按百分比配合成的全价饲料称为饲粮。依据营养需要量确定的饲粮中各饲料原料组成的百分比构成，就称为饲料配方。

配合饲料按营养成分和用途可分为全价配合饲料、混合饲料、浓缩饲料、精料混合料和预混合饲料等（表1-1）。

表1-1 配合饲料组成

配合饲料类型	所含饲料原料	备　注
单胃动物全价饲料	能量饲料＋蛋白质饲料＋矿物质饲料＋维生素饲料＋添加剂＋载体或稀释剂	用量：100%
混合饲料	青饲料＋能量饲料＋蛋白质饲料＋矿物质饲料	用量：100%
浓缩饲料	蛋白质饲料＋矿物质饲料＋维生素饲料＋添加剂＋载体或稀释剂	用量：20%～40%
超级浓缩料	少量蛋白质饲料＋矿物质饲料＋维生素饲料＋添加剂＋氨基酸＋载体或稀释剂	用量：10%～20%
基础预混料	矿物质饲料＋维生素饲料＋添加剂＋氨基酸＋载体或稀释剂	用量：2%～6%
添加剂预混料	微量矿物元素＋维生素饲料＋添加剂＋载体或稀释剂	单一或复合，用量：≤1%

由于工业生产程序和方法的制约，配合饲料一般需要经过多

种工序才能完成，这样就出现了许多配合饲料生产过程中的中间产品，添加剂预混合料和浓缩饲料即属此种中间产品。

综上所述，按配合饲料的生产过程可将其组成表示如图1-4所示。

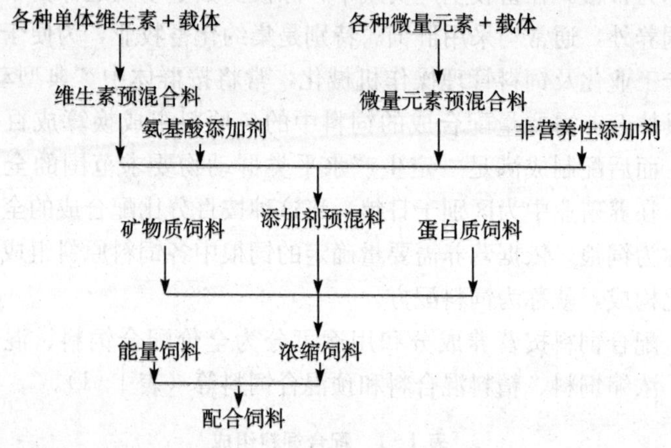

图1-4　配合饲料的组成

（一）全价配合饲料

这类饲料产品也称为完全配合饲料、全日粮配合饲料。通常可根据动物种类、年龄、生产用途等划分为各种型号。此种饲料可以全面满足饲喂对象的营养需要，用户不必另外添加任何营养性饲用物质而直接饲喂动物，但必须注意选择与饲喂对象相符合的全价配合饲料。实际生产中，由于科学技术水平和生产条件的限制，许多“完全饲料”难以达到营养上的“全价”，故可根据饲料配合的水平区分为“全价配合饲料”与“混合饲料”。

（二）混合饲料

由某些饲料原料经过简单加工混合而成，为初级配合饲料，主要考虑能量、蛋白质、钙、磷等营养指标。在许多农村地区常见。混合饲料可直接饲喂动物，但饲养效果不理想。

（三）浓缩饲料

浓缩饲料又称平衡用配合料。浓缩饲料主要由3部分原料构成，即蛋白质饲料、常量矿物质饲料（钙、磷、食盐）和添加剂预混合饲料，通常为全价饲料中除去能量饲料的剩余部分。它一般占全价配合饲料的20%～40%。这种饲料加入一定的能量饲料后组成全价料饲喂动物。市场上将使用量在10%～20%之间的产品称为超级浓缩料或料精，其基本成分为添加剂预混料，在此基础上加入部分蛋白质饲料及具有特殊功能的物质。使用时需要补充能量饲料和部分蛋白质饲料。

（四）精料补充料

由能量饲料、蛋白质饲料、矿物质饲料及添加剂组成，这是为草食动物（牛、羊等）配制生产的，它不单独构成饲粮，主要是用以补充采食饲草不足的那一部分营养。即在牛、羊等草食动物所采食的青、粗饲草及青贮饲料外，给予适量的精料补充料，可全面满足饲喂对象的各种营养需要。在变换基础饲草时，应根据动物生产反应及时调整供给量。

（五）预混合饲料

指由一种或多种的添加剂原料（或单体）与载体或稀释剂按比例混合搅拌均匀的混合物，又称添加剂预混料或预混料，目的是有利于微量的原料均匀分散于大量的配合饲料中。预混合饲料是半成品，不能直接饲喂动物。一般在配合饲料中占0.5%～5%。预混合饲料可视为配合饲料的核心，因其含有的微量活性组分常是配合饲料饲用效果的决定因素。预混合饲料可分为以下两类：

1. *单项预混合饲料*　它是由单一添加剂原料或同一种类的多种饲料添加剂与载体或稀释剂配制而成的匀质混合物，主要是由于某种或某类添加剂使用量非常少，需要初级预混才能更均匀分布到大宗饲料中。生产中常将单一的维生素、单一的微量元素（硒、碘、钴等）、多种维生素、多种微量元素各自先进行初级预混分别制成单项预混料。

2. 复合预混合饲料　它是按配方和实际要求将各种不同种类的饲料添加剂与载体或稀释剂混合制成的匀质混合物。如微量元素、维生素及其他成分混合在一起的预混料。

三、饲料中的抗营养物质

饲料中的抗营养物质是指饲料本身所固有或从外界进入饲料，影响饲料营养价值，影响动物生长，无明显毒性或偶尔引起动物器官变化的物质。也叫营养抑制因子、抗营养因子、或毒性因子。下面对常用饲料中的一些重要抗营养物质作一些基本的介绍。

（一）植物饲料中所固有的抗营养物质

这一类物质是植物正常代谢产生的物质，其对植物的作用至今不清楚，可能与植物的特殊代谢形式，或与储藏营养物质、保护植物结构有关。

1. 影响蛋白质消化的抗营养物质

（1）蛋白酶抑制剂　其本身是一种蛋白质。整个植物界均存在，豆类含量最多，如大豆饼、胡豆叶、白洋芋中胰酶抑制剂高达6.3%，主要是胰蛋白酶和糜蛋白酶抑制剂。在肠道抑制消化酶对蛋白质的消化，影响水解释放蛋氨酸和其他氨基酸，也影响氨基酸的吸收。鸡、牛、猪长期饲喂生豆类，导致胰腺器官细胞增生肿大。

（2）凝结素　是一种糖蛋白，动植物组织中均可发现。其抗营养作用与某些糖有高度亲和力有关，如大豆中凝结素与甘露糖结合，或与N-乙酰葡萄糖胺结合，附在肠壁上干扰营养物质和蛋白质的消化吸收。

（3）皂角苷　是一种葡萄糖苷。具有溶血作用，特别是对冷血动物，主要因为其影响细胞膜的结构组成，与膜中胆固醇相互作用而产生溶血。禽比猪敏感，对牛无影响。植物性饲料中均不同程度存在，粕（饼）和苜蓿中含量较高。

(4) 多酚化合物　多酚化合物的种类甚多，如单宁、鞣花酸、缩酚酸类等。影响蛋白质消化的主要是单宁。

单宁味苦，谷类饲料中均含有单宁，高粱中含量可达5%。不同饲料中单宁的存在形式不同。油菜、胡豆中属于聚合型单宁，太阳瓜子中是以绿原酸的形式存在。单宁适口性差，降低动物采食量。单宁在消化道通过氢键、离子键、共价键与蛋白质形成复合物，使蛋白质不容易被消化。单宁也可直接抑制酶的活性，特别是干扰胰蛋白酶和α-淀粉酶等一系列酶的作用。试验证明，鸡日粮含单宁0.5%～2%，明显抑制生长，加蛋氨酸、胆碱可抗单宁。

(5) 胀气因子　植物饲料中的棉籽糖、水苏糖、毛蕊花糖，在动物消化道不能被消化，经微生物发酵分解产生甲烷、氢和二氧化碳，使动物胃肠道胀气，影响消化道正常生理功能。这些物质在豆类中含量最高，其他饲料中也有（表1-2）。这一部分物质在一般饲料营养价值评定中未予以考虑。

表1-2　一些饲料中的胀气物质含量（%）

饲料	棉籽糖	水苏糖
大豆	1～2	1～8
菜豆	0.2～0.4	2.4～3.6
菜籽饼粕	0.2～1.7	0.3～3
葵花籽	3～4	

2. 影响矿物质、微量元素利用的抗营养物质

(1) 植酸　植物性饲料中普遍存在。植酸与金属离子（如钙、磷、镁、锌、铜、铁等）结合，在pH3～4的条件都不溶，致使这些金属元素不能被吸收。维生素D可改善植酸中磷的利用率，但也不及无机磷。对反刍动物影响不大，主要影响单胃动物。饲料中植酸含量高，可使钙的吸收减少35%。

（2）草酸　以游离草酸或草酸盐的形式存在，一般植物中均含有这种物质，甜菜、菠菜等含量最多。值得注意的是与钙结合，形成不溶物，影响单胃动物消化。

（3）葡萄糖硫苷　十字花科植物含量最多。本身对动物无影响，但是其分解产物影响动物甲状腺的摄碘功能或损害肝脏。菜籽饼中含量高，对单胃动物影响大。

（4）棉酚　种类甚多，主要是黄色棉酚（$C_{30}H_{30}O_8$）。棉籽中特别丰富，游离棉酚可使动物体内细胞溶解，导致产蛋鸡蛋黄呈橄榄色，或肝、脾呈黄棕色。饲料湿热加工可以使棉酚羟基与氨基结合，影响蛋白质的生物学价值。

3. 影响维生素利用的抗营养物质　植物中现已证明存在影响维生素A、维生素D、维生素E、维生素K、维生素B_{12}、维生素B_6、维生素B_2、尼克酸的物质，如大豆中的脂氧酶能破坏维生素A、胡萝卜素，双香豆醇影响维生素K的凝血机制，甲基芥子盐影响维生素B_1的利用。其他虽还未证实具体物质是什么，但证明其抗维生素的作用是确实的。有这些抗维生素的物质存在，都会增加维生素的用量。

4. 除去抗营养物质的方法

（1）加热处理　最常用的方法，如豆类110℃加热30分钟即可除去胰蛋白酶抑制剂。

（2）化学方法　用化合物对抗抗营养物质，阻止其影响营养物质的作用，如乙二胺四乙酸（EDTA）可抗植酸结合锌；含铁化合物可抗棉酚的作用；甲基化合物可抗多酚物质的作用；十字花科饲料添加碘化物，可降低致甲状腺肿。

（二）动物性饲料中的抗营养物质

1. 饲料中的化学反应产物　影响动物利用营养素的有过氧化脂肪（即脂肪酸败产品）；棕色物质（主要是氨基酸和糖反应的产物）；肾毒氨基酸，如溶素丙氨酸，高蛋白饲料用碱处理则产生此物质。这些物质在一般情况下不可能达到致毒程度，但在集约饲养条件下是可能的。

2. 饲料中的细菌和霉菌　卫生条件不好，加工工艺落后会造成饲料受细菌和霉菌污染。肉粉在含水10%的条件下，细菌、霉菌都可能生长，并产生黄曲霉毒素。已证明这种毒素不但影响生长，降低饲料转化效率，而且还会引起猪、禽肝坏死。黄曲霉毒素较耐酸、碱、热。最好热压处理。

3. 过量矿物质和维生素　骨粉或骨肉粉在家禽日粮中用量达到钙含量为1.2%就会影响生长。

4. 除去抗营养物质的方法　避免不必要的化学反应，如加抗氧化剂。防止蛋白质与碳水化合物共热加工的工艺过程，防止饲料中细菌、霉菌繁殖（干燥是一个很好的方法）。

（三）饲料中的外来抗营养物质

外来抗营养物质是指不是植物正常生长必然存在，而由环境进入植物中，对动物有不利影响的物质。这类物质种类甚多，但主要是人为污染环境所致。也有极少部分是由于地球物理变化所致。

1. 工业排污进入植物体内的抗营养物质

经空气进入植物体内的抗营养物质：氟、铅、硒、砷、镉及一些挥发性有毒有机物、致癌物等，如氯仿、苯骈衍生物。

经水、土壤进入植物体内的抗营养物质：其中含大量有机、无机化合物，重金属的有机、无机盐，如氧化物砒霜。

2. 正常农业生产过程中进入植物体内的抗营养物质　主要是农药、杀虫剂和化学肥料。

3. 地球物理变化进入植物体内的抗营养物质　一些有毒物质，在正常情况下，对动物没有危害，甚至是动物必需的营养素。若因地球物理变化，使这些物质相对大量集中，进入植物体内积蓄则对动物是有害的。如硒，正常情况下对动物是必需的，若在久旱、突然降暴雨、随水土流失的情况下，可能使可溶性硒经水流动在一定的地方集中，大大提高水中硒浓度。由于久旱后，植物得水，生长很快，则硒随水进入植物体内，可能造成动物突然中毒。

第三节　常见问题和疑难解答

（一）常用的饲料检测方法有哪些？

常用的检测方法，以感官检测为主，还包括物理、化学、生物检测。必要时进行仪器分析。感官检测是最原始但也是最重要、最简单、最廉价的检测，其他各种检测，哪一种都离不开感观检测的配合。有时仪器检测不出的质量改变，凭感官也能检出。但感官检测是正常人凭经验得出的判断，可能带有主观性，也受某些内在、外界条件限制，可能不十分精密。所以一些重大问题应与其他方法配合。

感官检测主要分视觉、味觉、嗅觉、触觉、齿觉等检测。

显微镜检测，已成为一种独立的检测方法，就饲料原料质量鉴别而言，有其独到之处，投资少，消耗少，直观，判定准确，数据精密，技术易掌握，应大力提倡。

检测应有计划进行，首先拟订方案，取样按要求进行，有争议的要一式三份留样备查。然后依次检查原料中不应含物、超常植物、有毒有害物等。掺假纠纷检测，必要的空白试验和对比检测不可少，以防误判。手段上，先感官后理化，最后仪器分析。物料则先外观，标识，然后再取样。能简单判定的，不必依靠复杂检测方法；能外观断定的，不必内在取样。

（二）饲料霉变怎么办，有办法预防吗？

一旦发现饲料霉变，立即停喂。抢救方法，对鸡来说除补充青饲料外，喂以10%糖水30～50毫升和0.5%碘化钾溶液5～15毫升，以及其他对症疗法。鸡场、鸡舍应彻底消毒。

预防的方法有：

（1）收获谷物季节要快收、快打、快贮。贮藏时要干燥、通风，防止发霉。

（2）在配制饲料前，必须对饲料进行严格检查。如发现黄曲霉和黄曲霉毒素污染，另行处理。污染严重者须脱毒。

（3）污染严重者可连续水洗处理。发生黄曲霉的饲料用清水淘洗，然后磨粉，加3～4倍清水搅拌，静置，浸泡12小时后，除去表面泡沫和漂浮物，倒去黄色水，再倒入同量清水反复进行。每天换水2次，直到水完全变成无色时即可做饲料。不过，去毒后也只能喂其他家畜，最好不喂鸡。

重点难点提示

了解饲料的分类方法。掌握饲料的组成成分及畜禽对饲料营养成分的需要以及不同饲料中的各种成分的含量。熟悉并掌握饲料的配合。

7日通——第二讲

鸡饲养标准

本讲目的

饲养标准是饲料科学配制的基础，是动物营养和饲料学的基础，是家禽科学饲养的依据。本讲重点介绍了我国和国际上不同品种、不同阶段的家禽饲养标准，目的是让读者了解并掌握家禽的营养需要和饲养标准。

第一节　饲料营养价值的表示方法

一、能量

能量泛指食物或饲料中的有机营养物质中的化学能转变成为功和热的物质动能的一般量度，简称为能。在动物营养学范畴，能源主要来自饲料中碳水化合物、脂肪和蛋白质三大类有机物。当这些有机物被氧化分解时，碳氢键裂解，释放能量，以供给维持动物生命活动和生产活动。传统的能量单位为“卡”，目前统一使用“焦”（焦耳）。

（一）总能（GE）

总能是饲料有机物质完全燃烧成水和二氧化碳时所放出的热量，通常称为燃烧热，一般在氧弹式测热器中测定。

（二）消化能（DE）

消化能是饲料可消化养分所含的能量，即动物摄入饲料的总能与粪能之差。即：

$$ADE=GE-FE$$

按上式计算的消化能为表观消化能（ADE）。式中，GE 为总能，是饲料全部氧化后释放出来的能量；FE 为粪中养分所含的总能，称为粪能。正常情况下，动物粪便主要包括以下能够产生能量的物质：

（1）未被消化吸收的饲料养分。

（2）消化道微生物及其代谢产物。

（3）消化道分泌物和经消化道排泄的代谢产物。

（4）消化道黏膜脱落细胞。

后三者称为粪代谢能，所含能量为代谢粪能（FmE）。粪能中扣除代谢粪能后计算的消化能称为真消化能（TDE），即：

$$TDE=GE-(FE-FmE)$$

式中，TDE 称为真消化能；GE 为饲料总能；FE 为粪能；FmE 为代谢粪能。

用真消化能反映饲料的能值比表观消化能准确，但测定较难，故现行动物营养需要和饲料营养价值表一般都用表观消化能。

（三）代谢能（ME）

代谢能是指饲料消化能减去尿能（UE）及消化道可燃气体的能量（Eg）后剩余的能量。

$$ME=DE-(UE+Eg)=GE-FE-UE-Eg$$

MEn 是根据体内氮沉积进行校正后的代谢能，主要用于家禽。

校正公式为：

$$AMEn=AME-RN\times 34.39$$

$$TMEn=TME-RN\times 34.39$$

公式中，RN 为家禽每日沉积的氮量（克），可为正值、负值和零，计算时将符号代入。AME 为表观代谢能。TME 为真代谢能。34.39 为每克尿氮所对应的能量。

（四）净能（NE）

净能是代谢能扣除体增热所剩余的能值。体增热（HI）指动物采食饲料后机体产热的增加量，也叫热增耗，是一种非生产性的损失。由于动物生产的形式不同，体增热的变动也很大，无法使用一般的公式来计算。

$$NE=GE-FE-UE-Eg-HI$$

二、蛋白质

（一）可消化粗蛋白质

目前广泛采用的是可消化粗蛋白质（DCP），较少使用可消化纯蛋白质（DTP）。

（二）蛋白质营养价值的生物学表示法

1. 蛋白质效率（PER）　是表示蛋白质被利用于生长的效率，它以动物体重的增加量（克）与食入蛋白质（克）之比来表示。

PER＝体重增加量（克）/蛋白质摄取量（克）×100％

蛋白质效率常因饲料蛋白质含量而变动，通常是在日粮蛋白质含量为10％左右时测定。

2. 蛋白质生物学效价（BV）　指蛋白质吸收后被利用的程度，即吸收后的蛋白质转化为组织蛋白质的效率，以存留氮占吸收氮的百分率表示。

$$\text{蛋白质生物学效价（BV）}=\frac{\text{存留氮量}}{\text{吸收氮量}}\times100\%$$

或者：

$$\text{蛋白质生物学效价（BV）}=\frac{\text{食入氮}-\text{（粪氮}+\text{尿氮）}}{\text{食入氮}-\text{粪氮}}\times100\%$$

3. 蛋白质净利用率（NPU）　蛋白质净利用率是指蛋白质的生物学效价乘以该蛋白质的消化率，通常以存留氮占食入氮的百分数表示。

$$蛋白质净利用率（NPU）=BV\times 消化率=\frac{存留氮}{食入氮}\times 100\%$$

或者：
$$\begin{array}{c}蛋白质净\\利用率（NPU）\end{array}=\frac{食入氮-（粪氮-代谢氮）-（尿氮-内源氮）}{食入氮}\times 100\%$$

对鸡来说，由于粪、尿难以分离，可就屠体直接分析蓄积的氮素量，以计算NPU。

4. 蛋白质替代价（PRV） 比较饲以供试蛋白质与饲以基准蛋白质时的氮素均衡值的替代价值叫做蛋白质替代价。

$$PRV=\left(1-\frac{\begin{array}{c}饲以基准蛋白质的氮素均衡值-\\饲以供试蛋白质的氮素均衡值\end{array}}{氮素采食量}\right)\times 100\%$$

以全氮作为基准蛋白质，如要测定豆粕蛋白质的PRV，假设对照组喂全氮50克，大豆粉试验组喂豆粕50克，分别测定其氮素均衡，结果对照组为20克，试验组为16克，则：

$$豆粕的蛋白质的PRV=\left(1-\frac{20-16}{50}\right)\times 100\%=92\%$$

这表示豆粕蛋白质具有全氮蛋白质营养价值的92%。

（三）蛋白质营养价值的氨基酸组成表示方法

1. 化学比分（CS） 饲料的蛋白质营养价值取决于其必需氨基酸的组成，所以可以由饲料蛋白质的氨基酸分析值来判定其价值。大量试验的结果认为标准蛋白质的利用率接近于100%，所以就饲料蛋白质的氨基酸组成与标准蛋白质（常用鸡蛋白质）的氨基酸组成加以比较，与全氮中必需氨基酸相比，比值最低的氨基酸（第一限制性氨基酸）的百分比就表示该蛋白质的营养价，这叫做化学比分。

$$化学比分=\frac{供试蛋白质中的第一限制性氨基酸含量}{标准蛋白质中相应氨基酸含量}\times 100$$

例如，玉米蛋白质中赖氨酸为第一限制性氨基酸，其含量为标准蛋白质赖氨酸含量的33%，所以玉米蛋白质的化学比分为33。化学比分与蛋白质的生物价之间的相关性极高，其关系式为：

$$化学比分=102-0.634BV$$

2. *必需氨基酸指数*（EAAI） 以鸡蛋蛋白质为标准衡量蛋白质营养价值的一种方法，即供试蛋白质的10种必需氨基酸与鸡蛋蛋白质相应的必需氨基酸之比的几何平均数。公式：

$$EAAI=\sqrt[10]{\frac{100a}{a_e}\times\frac{100b}{b_e}\times\cdots\times\frac{100j}{j_e}}$$

式中，a，b，c，……j 为供试蛋白质的必需氨基酸百分比；a_e，b_e，c_e……j_e为鸡蛋蛋白质中相应的必需氨基酸百分比。

3. *有效赖氨酸* 雏鸡饲料中蛋白质营养价值与该蛋白质中具有游离的 e-NH_2基的赖氨酸含量之间的关系很密切，这种带有游离的 e-NH_2基的赖氨酸称为有效赖氨酸，当蛋白质被消化后，赖氨酸也被吸收了，如果不是有效赖氨酸则不被利用。饲料中有效赖氨酸的含量因蛋白质的种类、环境温度、贮藏时间等因素而有变动，因此它也是一种测定指标。各种饲料蛋白质对大鼠的营养价值参见表2-1。

表2-1 蛋白质的营养价值比较

蛋白质种类	PER	BV	CS	EAAI
鸡蛋（全）	3.8	94～98	100	100
牛乳	—	90	68	88
酪蛋白	2.2	68～73	54～64	88～92
牛肉	3.2	76	71	84
鱼肉		85	—	80
小麦	1.5	67	37	64
小麦粉	1.0	52	26～28	61～63
大米	1.9	70～75	44	73
玉米粉	1.2	60～62	28	67

（续）

蛋白质种类	PER	BV	CS	EAAI
花生粉	1.9	56～57	22	69
马铃薯	—	67	—	65
甘薯	1.5	72	—	82
豆粕	2.3	75	44	82～83
甘蓝	0.9	76	—	56

三、其他饲料营养价值的表示方法

（一）以饲料能量与蛋白质的比率表示

1. 营养率（NR） 表示饲料的能值与蛋白质含量的比率最常用的是营养率，它是以可消化蛋白质与其他可消化养分的比率来计算的。

$$NR=\frac{\text{可消化粗脂肪}\times 2.25+\text{可消化无氮浸出物}+\text{可消化粗纤维}}{\text{可消化粗蛋白质}}=\frac{TDN}{DCP}-1$$

式中，NR在4以下者称为狭营养率，5～7称为中等营养率，8以上的称为宽营养率。

TDN为总可消化养分。DCP为可消化粗蛋白。2.25为1g脂肪氧化所产生的能量约为1g碳水化合物的2.25倍。

2. 能量蛋白比（CPR） 饲料或饲粮中能量与粗蛋白质的比值。以每单位粗蛋白质所对应的能量焦耳来表达。

$$\text{能量蛋白比（CRP）}=\frac{\text{饲料的能值（焦）}}{\text{蛋白质含量（克）}}$$

（二）饲料转化效率（FCR）

饲料转化效率（饲料消耗比、饲料报酬）是指每单位畜产品或增重所消耗的饲料数量（如：饲料/增重、饲料/蛋、饲料/乳）。其计算公式如下：

$$饲料转化效率（FCR）=\frac{饲料消耗总量（千克或克）}{畜产品或增重总量（千克或克）}$$

四、影响饲料营养价值的因素

1. 水分的含量　饲料水分的含量极大地影响饲料的营养价值，谷实类饲料的干燥程度直接影响其水分的含量；干草的调制时间或地区的差别也会影响其含水量；不同的季节也影响饲料中水分的含量。

2. 粗纤维的含量　粗饲料中特别是草类的不同收割时期，其粗纤维的含量变动较大，从而影响其营养价值。

3. 谷实类饲料成分的变动　不同的土壤条件与气候条件均会影响谷实类饲料的成分，一般成分中无氮浸出物的变动较小，而蛋白质和脂肪的变动较大。

4. 饼粕类饲料成分的变动　因原料与加工方法的不同其营养价值也有所变动。

5. 饲料的采食量　饲喂动物时饲料量过剩或不足均能影响其对饲料的利用率。

第二节　饲养标准概述

一、饲养标准的性质和作用

（一）饲养标准的含义和国内外的饲养标准

根据大量饲养试验结果和动物实际生产的总结，对各种特定动物所需要的各种营养物质的定额作出规定，这种系统的营养定额的规定称为饲养标准。简言之，特定动物系统的成套的营养定额就是饲养标准。

饲养标准是一个传统的名称。现行饲养标准更确切一些的含义是：系统表述经试验研究确定的特定动物（不同种类、性别、年龄、体重、生理状态和生产性能等）的能量和各种营养物质需要量或供给量的定额数值，经有关专家组集中审定后，定期或不定期以专题报告性的文件由有关权威机关颁布施行。饲养标准或营养需要的指标及其数值大都体现在一定形式的表格或所给出的模式计算方法中。文件还同时列出大量参考文献、主要饲料营养价值以及确定需要量的原则等的扼要论述，供使用者参考或指导使用。

饲养标准是动物营养需要研究应用于动物饲养实践的最有权威的表述，反映了动物生存和生产对饲料及营养物质的客观要求，高度概括和总结了营养研究和生产实践的最新进展，具有很强的科学性和广泛的指导性。它是动物生产计划中组织饲料供给、设计饲粮配方、生产平衡饲粮和对动物实行标准化饲养的技术指南和科学依据。

国际上饲养标准的制定和应用已有100多年的历史，但饲养标准这一概念始终处在不断改革与变化的过程中。如美国1942年把饲养标准改为营养供给量，1953年又改为营养需要，改革变化的目的旨在使饲养标准更实用，更符合动物生理与生产的客观规律。

饲养标准演变至今，各国使用的名称不尽相同，但制定饲养标准的条件和内容却逐渐趋于一致，如日本的饲养标准，实质上是按最低需要标出定量数据，与美、英等国的营养需要相比，原则上没有太大的差别。

营养需要是指在适宜环境条件下，动物为了正常、健康生长或达到理想的生产成绩，对各种营养物质数量的要求。这个数量是一个群体平均值，不包括一切可能增加需要量而设定的保险系数。同品种或同种动物在不同地区，对这种需要量差异不大。所以，营养需要量在不同地区可相互通用。为了保证相互通用的可靠性和经济有效地饲养动物，一般都按最低需要量给出。对一些有毒有害的微量元素，常给出耐受量和中毒量。

供给量是在实际条件下为满足动物的需要，对日粮中应供给的各种营养素的数量的规定。它在需要量的基础上加了一定的保险系数。保险系数主要基于如下理由：动物个体差异对需要量的影响；饲料及其营养素含量和可利用性变化对需要量的影响；饲料加工贮藏中的损失；环境因素；需要量评定的差异；非特异性应激因素，如亚正常的健康状况等。

近10年来，我国先后研究制定了猪、鸡、牛和羊的饲养标准，由农业部颁发，并已在生产中应用。目前，世界上很多国家都有本国的饲养标准。其中影响较大的有美国国家科学研究委员会（NRC）制定的各种动物的营养需要量、英国农业科学研究委员会（ARC）制定的畜禽营养需要、前苏联的畜禽饲养标准和日本的畜禽饲养标准（原文和中译文的专题小册子或合订本）。它们都颇有代表性并各有特点，值得参考。

（二）饲养标准的利用和局限性

饲养标准是动物饲养的准则。它可使动物饲养者做到心中有数，不盲目饲养，但并不能保证饲养者能合理饲养好所有动物。实际动物生产中影响饲养和营养需要的因素很多，而饲养标准是具有广泛的普遍性的指导原则，不可能对所有影响因素都加以考虑，如同品种动物之间的个体差异对需要量和饲养的影响，千差万别的饲料适口性和物理特性对需要量和采食的影响，不同环境条件的影响，甚至市场、经济形势变化对饲养者的影响，从而影响动物的需要量和饲养等。诸如这些在饲养标准中未考虑的影响因素只能结合具体情况，按饲养标准规定的原则灵活处理。可见饲养标准规定的数值，并不是在任何情况下都是固定不变的，它随着饲养标准制定条件以外的因素变化，即使考虑了保险系数的饲养标准也同样不是不变的。

因此，在采用饲养标准中的营养定额拟定饲养日粮，设计饲粮配方，制定饲养计划时，对饲养标准要正确理解，灵活应用，既要看到饲养标准的先进性和科学性，也要重视饲养标准的条件性和局限性。饲养标准中的营养定额，是一定试验结果的平均值，其适用性是有条件的，也是有局限性的。由于不同国家、地区、季节的畜禽生产性能、饲料规格及质量、环境温度和经营管理方式等存在差异，所以在应用时，应按实际的生产水平和饲养条件，对饲养标准中的营养定额酌情进行适当的调整。

二、饲养标准的指标

1. 采食量　干物质或风干物质采食量。

2. 能量　禽用代谢能（ME），世界各国都比较一致。

3. 粗蛋白质（CP）　我国饲养标准中一般都用CP表示蛋白质需要。

4. 必需氨基酸（EAA）和非必需氨基酸　饲养标准中一般列出部分或全部必需氨基酸的需要量，并表示成占日粮或粗蛋白质的比例，或每天的绝对需要量。

5. 必需脂肪酸（EFA）　一般在饲养标准中都列出亚油酸的需要量。

6. 维生素　分脂溶性维生素和水溶性维生素。家禽饲养标准中脂溶性和水溶性维生素都部分或全部列出。一般标准中，脂溶性维生素用国际单位（IU）标出，水溶性维生素用毫克或微克标出。

7. 矿物元素分常量元素和微量元素　常量元素中，钙、磷、钠和氯（食盐），各种标准都按百分数列出需要量。多数饲养标准都列出微量元素中铁、锌、铜、锰、碘、硒等的需要量。其他必需矿物元素，不同饲养标准，列出的多少不统一。

三、饲养标准的表达方式

1. 按每只家禽每天需要量表示　这是传统饲养标准表达营养定额所采用的表达方式。指每只家禽每天对能量和各种营养物质需要的绝对数量。表示单位因能量和各种营养物质种类而异，能量常用兆焦或千焦；蛋白质、氨基酸、常量元素等常用克；微量元素、水溶性维生素常用毫克；脂溶性维生素常用国际单位（IU）表示。

用绝对数量来表示需要量便于养禽生产者估计饲料供给，较适用于对禽类进行限量饲喂的方式。

2. 按单位饲粮所含能量和营养物质浓度表示　此为相对浓度，常用百分含量（%）或每千克饲粮中的营养物质含量表示。该表示法又可分为按风干饲粮基础表示、按绝干饲粮基础表示或按特定水分含量表示的风干饲粮基础浓度，如NRC（1994）家禽营养需要按90%的干物质浓度给出营养指标定额。能量单位为兆焦/千克或千焦/千克；蛋白质、氨基酸、常量元素常用克/千克；微量元素和水溶性维生素常用毫克/千克；脂溶性维生素常用国际单位/千克。蛋白质、氨基酸、矿物质元素和维生素等也可用与能量的相对比例如克/兆焦、毫克/兆焦、国际单位/兆焦等来表示。

该方式对自由采食的禽类和饲粮配合等较方便。但用相对浓度来表示营养需要是建立在禽类采食量相对固定的前提上，如果采食量变化，则营养物质需要的相对浓度发生变化，因此，任何影响禽类采食量的因素，如禽种类、体重、环境温度、能量浓度等，均影响营养需要量。因此，禽的营养需要量最好以绝对数量来表示。

3. 按单位能量中的营养物质含量表示　例如，6周龄以前的生长禽日粮，1兆焦可消化能需要67克粗蛋白质，蛋氨酸加胱氨酸2.07克。这种表示法有利于动物平衡采食营养物质。

4. 按生产力表示　产蛋禽的能量需要分为维持、产蛋和体增重几部分。成年母鸡维持能量需要一般为918千焦；产蛋的能量需要一般为355千焦；体增重的能量需要一般为83千焦。所以产蛋鸡的能量总需要量为1 356千焦。

第三节 鸡的饲养标准

表2-2 生长蛋鸡营养需要

营养指标	0～8周龄	9～18周龄	19周龄至开产
代谢能［兆焦/千克（兆卡/千克）］	11.91（2.85）	11.70（2.80）	11.50（2.75）
粗蛋白质（%）	19.0	15.5	17.0
蛋白能量比［克/兆焦（克/兆卡）］	15.95（66.67）	13.25（55.30）	14.78（61.62）
赖氨酸能量比［克/兆焦（克/兆卡）］	0.84（3.51）	0.58（2.43）	0.61（2.55）
赖氨酸（%）	1.00	0.68	0.70
蛋氨酸（%）	0.37	0.27	0.34
蛋氨酸＋胱氨酸（%）	0.74	0.55	0.64
苏氨酸（%）	0.66	0.55	0.62
色氨酸（%）	0.20	0.18	0.19
精氨酸（%）	1.18	0.98	1.02
亮氨酸（%）	1.27	1.01	1.07
异亮氨酸（%）	0.71	0.59	0.60
苯丙氨酸（%）	0.64	0.53	0.54
苯丙氨酸＋酪氨酸（%）	1.18	0.98	1.00
组氨酸（%）	0.31	0.26	0.27
脯氨酸（%）	0.50	0.34	0.44
缬氨酸（%）	0.73	0.60	0.62
甘氨酸＋丝氨酸（%）	0.82	0.68	0.71
钙（%）	0.90	0.80	2.00
总磷（%）	0.70	0.60	0.55
非植酸磷（%）	0.40	0.35	0.32
氯（%）	0.15	0.15	0.15
钠（%）	0.15	0.15	0.15

（续）

营养指标	0～8周龄	9～18周龄	19周龄至开产
铁（毫克/千克）	80	60	60
铜（毫克/千克）	8	6	8
锰（毫克/千克）	60	40	80
锌（毫克/千克）	60	40	60
碘（毫克/千克）	0.35	0.35	0.35
硒（毫克/千克）	0.30	0.30	0.30
亚油酸（%）	1	1	1
维生素A（国际单位/千克）	4 000	4 000	4 000
维生素D（国际单位/千克）	800	800	800
维生素E（国际单位/千克）	10	8	8
维生素K（毫克/千克）	0.5	0.5	0.5
硫胺素（毫克/千克）	1.8	1.3	1.3
核黄素（毫克/千克）	3.6	1.8	2.2
泛酸（毫克/千克）	10	10	10
烟酸（毫克/千克）	30	11	11
吡哆醇（毫克/千克）	3	3	3.0
生物素（毫克/千克）	0.15	0.10	0.10
叶酸（毫克/千克）	0.55	0.25	0.25
维生素 B_{12}（毫克/千克）	0.010	0.003	0.004
胆碱（毫克/千克）	1 300	900	500

注：根据中型体重鸡制订，轻型鸡可酌减10%，开产日龄按5%产蛋率计算。

表2-3　产蛋鸡营养需要

营养指标	开产至高峰期（产蛋率>85%）	高峰后（产蛋率<85%）	种鸡
代谢能［兆焦/千克（兆卡/千克）］	11.29（2.70）	10.87（2.65）	11.29（2.70）
粗蛋白质（%）	16.5	15.5	18.0

（续）

营养指标	开产至高峰期（产蛋率>85%）	高峰后（产蛋率<85%）	种鸡
蛋白能量比［克/兆焦（克/兆卡）］	14.61（61.11）	14.26（58.49）	15.94（66.67）
赖氨酸能量比［克/兆焦（克/兆卡）］	0.64（2.67）	0.61（2.54）	0.63（2.63）
赖氨酸（%）	0.75	0.70	0.75
蛋氨酸（%）	0.34	0.32	0.34
蛋氨酸＋胱氨酸（%）	0.65	0.56	0.65
苏氨酸（%）	0.55	0.50	0.55
色氨酸（%）	0.16	0.15	0.16
精氨酸（%）	0.76	0.69	0.76
亮氨酸（%）	1.02	0.98	1.02
异亮氨酸（%）	0.72	0.66	0.72
苯丙氨酸（%）	0.58	0.52	0.58
苯丙氨酸＋酪氨酸（%）	1.08	1.06	1.08
组氨酸（%）	0.25	0.23	0.25
缬氨酸（%）	0.59	0.54	0.59
甘氨酸＋丝氨酸（%）	0.57	0.48	0.57
可利用赖氨酸（%）	0.66	0.60	—
可利用蛋氨酸（%）	0.32	0.30	—
钙（%）	3.5	3.5	3.5
总磷（%）	0.60	0.60	0.60
非植酸磷（%）	0.32	0.32	0.32
氯（%）	0.15	0.15	0.15
钠（%）	0.15	0.15	0.15
铁（毫克/千克）	60	60	60
铜（毫克/千克）	8	8	6
锰（毫克/千克）	60	60	60
锌（毫克/千克）	80	80	60

（续）

营养指标	开产至高峰期（产蛋率>85%）	高峰后（产蛋率<85%）	种鸡
碘（毫克/千克）	0.35	0.35	0.35
硒（毫克/千克）	0.30	0.30	0.30
亚油酸（%）	1	1	1
维生素A（国际单位/千克）	8 000	8 000	10 000
维生素D（国际单位/千克）	1 600	1 600	2 000
维生素E（国际单位/千克）	5	5	10
维生素K（毫克/千克）	0.5	0.5	1.0
硫胺素（毫克/千克）	0.8	0.8	0.8
核黄素（毫克/千克）	2.5	2.5	3.8
泛酸（毫克/千克）	2.2	2.2	10
烟酸（毫克/千克）	20	20	30
吡哆醇（毫克/千克）	3	3	4.5
生物素（毫克/千克）	0.10	0.10	0.15
叶酸（毫克/千克）	0.25	0.25	0.35
维生素 B_{12}（毫克/千克）	0.004	0.004	0.004
胆碱（毫克/千克）	500	500	500

注："—"表示未测值。

表2-4 生长蛋鸡体重与耗料量

周龄（周）	周末体重（克/只）	耗料量（克/只）	累计耗料量（克/只）
1	70	84	84
2	130	119	203
3	200	154	357
4	275	189	546
5	360	224	770
6	445	259	1 029

（续）

周龄（周）	周末体重（克/只）	耗料量（克/只）	累计耗料量（克/只）
7	530	294	1 323
8	615	329	1 652
9	700	357	2 009
10	785	385	2 394
11	875	413	2 807
12	965	441	3 248
13	1 055	469	3 717
14	1 145	497	4 214
15	1 235	525	4 739
16	1 325	546	5 285
17	1 415	567	5 825
18	1 505	588	6 440
19	1 595	609	7 049
20	1 670	630	7 679

表2-5　肉用仔鸡营养需要之一

营养指标	0～3周龄	4～6周龄	7周龄以后
代谢能［兆焦/千克（兆卡/千克）］	12.54（3.00）	12.96（3.10）	13.17（3.15）
粗蛋白质（%）	21.5	20.0	18.0
蛋白能量比［克/兆焦（克/兆卡）］	17.14（71.67）	15.43（64.52）	13.67（57.14）
赖氨酸能量比［克/兆焦（克/兆卡）］	0.92（3.83）	0.77（3.23）	0.67（2.81）
赖氨酸（%）	1.15	1.00	0.87
蛋氨酸（%）	0.05	0.40	0.34
蛋氨酸+胱氨酸（%）	0.91	0.76	0.65
苏氨酸（%）	0.81	0.72	0.68
色氨酸（%）	0.21	0.18	0.17

（续）

营养指标	0～3周龄	4～6周龄	7周龄以后
精氨酸（%）	1.20	1.12	1.01
亮氨酸（%）	1.26	1.05	0.94
异亮氨酸（%）	0.81	0.75	0.63
苯丙氨酸（%）	0.71	0.66	0.58
苯丙氨酸＋酪氨酸（%）	1.27	1.15	1.00
组氨酸（%）	0.35	0.32	0.27
脯氨酸（%）	0.58	0.54	0.47
缬氨酸（%）	0.85	0.74	0.64
甘氨酸＋丝氨酸（%）	1.24	1.10	0.96
钙（%）	1.0	0.9	0.8
总磷（%）	0.68	0.65	0.60
非植酸磷（%）	0.45	0.40	0.35
氯（%）	0.20	0.15	0.15
钠（%）	0.20	0.15	0.15
铁（毫克/千克）	100	80	80
铜（毫克/千克）	8	8	8
锰（毫克/千克）	120	100	80
锌（毫克/千克）	100	80	80
碘（毫克/千克）	0.70	0.70	0.70
硒（毫克/千克）	0.30	0.30	0.30
亚油酸（%）	1	1	1
维生素A（国际单位/千克）	8 000	6 000	2 700
维生素D（国际单位/千克）	1 000	750	400
维生素E（国际单位/千克）	20	10	10
维生素K（毫克/千克）	0.5	0.5	0.5
硫胺素（毫克/千克）	2.0	2.0	2.0
核黄素（毫克/千克）	8	5	5

（续）

营养指标	0～3周龄	4～6周龄	7周龄以后
泛酸（毫克/千克）	10	10	10
烟酸（毫克/千克）	35	30	30
吡哆醇（毫克/千克）	3.5	3.0	3.0
生物素（毫克/千克）	0.18	0.15	0.10
叶酸（毫克/千克）	0.55	0.55	0.50
维生素 B_{12}（毫克/千克）	0.010	0.010	0.007
胆碱（毫克/千克）	1 300	1 000	750

表2-6　肉用仔鸡营养需要之二

营养指标	0～2周龄	3～6周龄	7周龄以后
代谢能［兆焦/千克（兆卡/千克）］	12.75（3.05）	12.96（3.10）	13.17（3.15）
粗蛋白质（%）	22.0	20.0	17.0
蛋白能量比［克/兆焦（克/兆卡）］	17.25（72.13）	15.43（64.52）	12.91（53.97）
赖氨酸能量比［克/光焦（克/兆卡）］	0.88（3.67）	0.77（3.23）	0.62（2.60）
赖氨酸（%）	1.20	1.00	0.82
蛋氨酸（%）	0.52	0.40	0.32
蛋氨酸+胱氨酸（%）	0.92	0.76	0.63
苏氨酸（%）	0.84	0.72	0.64
色氨酸（%）	0.21	0.18	0.16
精氨酸（%）	1.25	1.12	0.95
亮氨酸（%）	1.32	1.05	0.89
异亮氨酸（%）	0.84	0.75	0.59
苯丙氨酸（%）	0.74	0.66	0.55
苯丙氨酸+酪氨酸（%）	1.32	1.15	0.98
组氨酸（%）	0.36	0.32	0.25
脯氨酸（%）	0.60	0.54	0.44

（续）

营养指标	0～2周龄	3～6周龄	7周龄以后
缬氨酸（%）	0.90	0.74	0.72
甘氨酸＋丝氨酸（%）	1.30	1.10	0.93
钙（%）	1.05	0.95	0.80
总磷（%）	0.68	0.65	0.60
非植酸磷（%）	0.50	0.40	0.35
氯（%）	0.20	0.15	0.15
钠（%）	0.20	0.15	0.15
铁（毫克/千克）	120	80	80
铜（毫克/千克）	10	8	8
锰（毫克/千克）	120	100	80
锌（毫克/千克）	120	80	80
碘（毫克/千克）	0.70	0.70	0.70
硒（毫克/千克）	0.30	0.30	0.30
亚油酸（%）	1	1	1
维生素A（国际单位/千克）	10 000	6 000	2 700
维生素D（国际单位/千克）	2 000	1 000	400
维生素E（国际单位/千克）	30	10	10
维生素K（毫克/千克）	1.0	0.5	0.5
硫胺素（毫克/千克）	2	2	2
核黄素（毫克/千克）	10	5	5
泛酸（毫克/千克）	10	10	10
烟酸（毫克/千克）	45	30	30
吡哆醇（毫克/千克）	4.0	3.0	3.0
生物素（毫克/千克）	0.20	0.15	0.10
叶酸（毫克/千克）	1.00	0.55	0.50
维生素B_{12}（毫克/千克）	0.010	0.010	0.007
胆碱（毫克/千克）	1 500	1 200	750

表 2-7　肉用仔鸡体重与耗料量

周龄（周）	体重（克/只）	耗料量（克/只）	累计耗料量（克/只）
1	126	113	113
2	317	273	386
3	558	473	859
4	900	643	1 502
5	1 309	867	2 369
6	1 696	954	3 323
7	2 117	1 164	4 487
8	2 457	1 079	5 566

表 2-8　肉用种鸡生长需要

营养指标	0～2 周龄	3～6 周龄	7 周龄至开产	开产至高峰期（产蛋率＞65%）	高峰期后（产蛋率＜65%）
代谢能［兆焦/千克（兆卡/千克）］	12.12 (2.90)	11.91 (2.85)	11.70 (2.80)	11.70 (2.80)	11.70 (2.80)
粗蛋白质（%）	18.0	15.0	16.0	17.0	16.0
蛋白能量比［克/兆焦（克/兆卡）］	14.85 (62.07)	12.59 (52.63)	13.68 (57.14)	14.53 (60.71)	13.68 (57.14)
赖氨酸能量比［克/兆焦（克/兆卡）］	0.76 (3.17)	0.55 (2.28)	0.64 (2.68)	0.68 (2.86)	0.64 (2.68)
赖氨酸（%）	0.92	0.65	0.75	0.80	0.75
蛋氨酸（%）	0.34	0.30	0.32	0.34	0.30
蛋氨酸＋胱氨酸（%）	0.72	0.56	0.62	0.64	0.60
苏氨酸（%）	0.52	0.48	0.50	0.55	0.50
色氨酸（%）	0.20	0.17	0.16	0.17	0.16
精氨酸（%）	0.90	0.75	0.90	0.90	0.88
亮氨酸（%）	1.05	0.81	0.86	0.86	0.81
异亮氨酸（%）	0.66	0.58	0.58	0.58	0.58

（续）

营养指标	0～2周龄	3～6周龄	7周龄至开产	开产至高峰期（产蛋率>65%）	高峰期后（产蛋率<65%）
苯丙氨酸（%）	0.52	0.39	0.42	0.51	0.48
苯丙氨酸+酪氨酸(%)	1.00	0.77	0.82	0.85	0.80
组氨酸（%）	0.26	0.21	0.22	0.24	0.21
脯氨酸（%）	0.50	0.41	0.44	0.45	0.42
缬氨酸（%）	0.62	0.47	0.50	0.66	0.51
甘氨酸+丝氨酸（%）	0.70	0.53	0.56	0.57	0.54
钙（%）	1.00	0.90	2.00	3.30	3.50
总磷（%）	0.68	0.65	0.65	0.68	0.65
非植酸磷（%）	0.45	0.40	0.42	0.45	0.42
氯（%）	0.18	0.18	0.18	0.18	0.18
钠（%）	0.18	0.18	0.18	0.18	0.18
铁（毫克/千克）	60	60	80	80	80
铜（毫克/千克）	6	6	8	8	8
锰（毫克/千克）	80	80	100	100	100
锌（毫克/千克）	60	60	80	80	80
碘（毫克/千克）	0.70	0.70	1.00	1.00	1.00
硒（毫克/千克）	0.30	0.30	0.30	0.30	0.30
亚油酸（%）	1	1	1	1	1
维生素A（国际单位/千克）	8 000	6 000	9 000	12 000	12 000
维生素D（国际单位/千克）	1 600	1 200	1 800	2 400	30
维生素E（国际单位/千克）	20	10	10	30	1.5
维生素K(毫克/千克)	1.5	1.5	1.5	1.5	2.0
硫胺素（毫克/千克）	1.8	1.5	1.5	2.0	9
核黄素（毫克/千克）	8	6	6	9	12

（续）

营养指标	0～2周龄	3～6周龄	7周龄至开产	开产至高峰期（产蛋率>65%）	高峰期后（产蛋率<65%）
泛酸（毫克/千克）	12	10	10	12	
烟酸（毫克/千克）	30	20	20	35	35
吡哆醇（毫克/千克）	3	3	3.0	4.5	4.5
生物素（毫克/千克）	0.15	0.10	0.10	0.20	0.20
叶酸（毫克/千克）	1.0	0.5	0.5	1.2	1.2
维生素 B_{12}（毫克/千克）	0.010	0.006	0.008	0.012	0.012
胆碱（毫克/千克）	1 300	900	500	500	500

表2-9　肉用种鸡体重与耗料量

周龄（周）	体重（克/只）	耗料量（克/只）	累计耗料量（克/只）
1	90	100	100
2	185	168	268
3	340	231	499
4	430	266	765
5	520	287	1 052
6	610	301	1 353
7	700	322	1 675
8	795	336	2 011
9	890	357	2 368
10	985	378	2 746
11	1 080	406	3 152
12	1 180	434	3 586
13	1 280	462	4 048
14	1 380	497	4 545
15	1 480	518	5 063

（续）

周龄（周）	体重（克/只）	耗料量（克/只）	累计耗料量（克/只）
16	1 595	553	5 616
17	1 710	588	6 204
18	1 840	630	6 834
19	1 970	658	7 492
20	2 100	707	8 199
21	2 250	749	8 948
22	2 400	798	9 746
23	2 550	847	10 593
24	2710	896	11 489
25	2 870	952	12 441
29	3 477	1 190	13 631
33	3 603	1 169	14 800
43	3 608	1 141	15 941
58	3 782	1 064	17 005

表 2-10　黄羽肉鸡仔鸡营养需要

营养指标	母鸡 0～4 周龄 公鸡 0～4 周龄	母鸡 5～8 周龄 公鸡 5～8 周龄	母鸡 8 周龄 公鸡 8 周龄
代谢能［兆焦/千克（兆卡/千克）］	12.12（2.90）	12.54（3.00）	12.96（3.10）
粗蛋白质（%）	21.0	19.0	16.0
蛋白能量比［克/兆焦（克/兆卡）］	17.33（72.41）	15.15（63.3）	12.34（51.61）
赖氨酸能量比［克/兆焦（克/兆卡）］	0.87（3.62）	0.78（3.27）	0.66（2.74）
赖氨酸（%）	1.05	0.98	0.85
蛋氨酸（%）	0.46	0.40	0.34
蛋氨酸＋胱氨酸（%）	0.85	0.72	0.65
苏氨酸（%）	0.76	0.74	0.68

（续）

营养指标	母鸡0～4周龄 公鸡0～4周龄	母鸡5～8周龄 公鸡5～8周龄	母鸡8周龄 公鸡8周龄
色氨酸（%）	0.19	0.18	0.16
精氨酸（%）	1.19	1.10	1.00
亮氨酸（%）	1.15	1.09	0.93
异亮氨酸（%）	0.76	0.73	0.62
苯丙氨酸（%）	0.69	0.65	0.56
苯丙氨酸+酪氨酸（%）	1.28	1.22	1.00
组氨酸（%）	0.33	0.32	0.27
脯氨酸（%）	0.57	0.55	0.46
缬氨酸（%）	0.86	0.82	0.70
甘氨酸+丝氨酸（%）	1.19	1.14	0.97
钙（%）	1.00	0.90	0.80
总磷（%）	0.68	0.65	0.60
非植酸磷（%）	0.45	0.40	0.35
氯（%）	0.15	0.15	0.15
钠（%）	0.15	0.15	0.15
铁（毫克/千克）	80	80	80
铜（毫克/千克）	8	8	8
锰（毫克/千克）	80	80	80
锌（毫克/千克）	60	60	60
碘（毫克/千克）	0.35	0.35	0.35
硒（毫克/千克）	0.15	0.15	0.15
亚油酸（%）	1	1	1
维生素A（国际单位/千克）	5 000	5 000	5 000
维生素D（国际单位/千克）	1 000	1 000	1 000
维生素E（国际单位/千克）	10	10	10
维生素K（毫克/千克）	0.50	0.50	0.50

（续）

营养指标	母鸡0～4周龄 公鸡0～4周龄	母鸡5～8周龄 公鸡5～8周龄	母鸡8周龄 公鸡8周龄
硫胺素（毫克/千克）	1.80	1.80	1.80
核黄素（毫克/千克）	3.60	3.60	3.00
泛酸（毫克/千克）	10	10	10
烟酸（毫克/千克）	35	30	25
吡哆醇（毫克/千克）	3.5	3.5	3.0
生物素（毫克/千克）	0.15	0.15	0.15
叶酸（毫克/千克）	0.55	0.55	0.55
维生素 B_{12}（毫克/千克）	0.010	0.010	0.010
胆碱（毫克/千克）	1 000	750	500

表2-11　黄羽肉鸡仔鸡体重及耗料量

周龄（周）	周末体重（克/只）		耗料量（克/只）		累计耗料量（克/只）	
	公鸡	母鸡	公鸡	母鸡	公鸡	母鸡
1	88	89	76	70	76	70
2	199	175	201	130	277	200
3	320	253	269	142	546	342
4	492	378	371	266	917	608
5	631	493	516	295	1 433	907
6	870	622	632	358	2 065	1 261
7	1 274	751	751	359	2 816	1 620
8	1 560	949	719	479	3 535	2 099
9	1 814	1 137	836	534	4 371	2 633
10		1 254		540		3 028
11		1 380		549		3 577
12		1 548		514		4 091

表 2-12 黄羽肉鸡种鸡营养需要

营养指标	0～6周龄	7～18周龄	19周龄至开产	产蛋期
代谢能［兆焦/千克（兆卡/千克）］	12.12(2.90)	11.70(2.70)	11.50(2.75)	11.50(2075)
粗蛋白质（%）	20.0	15.0	16.0	16.0
蛋白能量比［克/兆焦（克/兆卡）］	16.50(68.96)	12.82(55.56)	13.91(58.18)	13.91(58.18)
赖氨酸能量比［克/兆焦（克/兆卡）］	0.74(3.10)	0.56(2.32)	0.70(2.91)	0.70(2.91)
赖氨酸（%）	0.90	0.75	0.80	0.80
蛋氨酸（%）	0.38	0.29	0.37	0.40
蛋氨酸+胱氨酸（%）	0.69	0.61	0.69	0.80
苏氨酸（%）	0.58	0.52	0.55	0.56
色氨酸（%）	0.18	0.16	0.17	0.17
精氨酸（%）	0.99	0.87	0.90	0.95
亮氨酸（%）	0.94	0.74	0.83	0.86
异亮氨酸（%）	0.60	0.55	0.56	0.60
苯丙氨酸（%）	0.51	0.48	0.50	0.51
苯丙氨酸+酪氨酸（%）	0.86	0.81	0.82	0.84
组氨酸（%）	0.28	0.24	0.25	0.26
脯氨酸（%）	0.43	0.39	0.40	0.42
缬氨酸（%）	0.60	0.52	0.57	0.70
甘氨酸+丝氨酸（%）	0.77	0.69	0.75	0.78
钙（%）	0.90	0.90	2.00	3.00
总磷（%）	0.65	0.61	0.63	0.65
非植酸磷（%）	0.40	0.36	0.38	0.41
氯（%）	0.16	0.16	0.16	0.16
钠（%）	0.16	0.16	0.16	0.16
铁（毫克/千克）	54	54	72	72

（续）

营养指标	0～6周龄	7～18周龄	19周龄至开产	产蛋期
铜（毫克/千克）	5.4	5.4	7.0	7.0
锰（毫克/千克）	72	72	90	90
锌（毫克/千克）	54	54	72	72
碘（毫克/千克）	0.60	0.60	0.90	0.90
硒（毫克/千克）	0.27	0.27	0.27	0.27
亚油酸（%）	1	1	1	1
维生素A（国际单位/千克）	7 200	5 400	7 200	10 800
维生素D（国际单位/千克）	1 440	1 080	1 620	2 160
维生素E（国际单位/千克）	18	9	9	27
维生素K（毫克/千克）	1.4	1.4	1.4	1.4
硫胺素（毫克/千克）	1.6	1.4	1.4	1.8
核黄素（毫克/千克）	7	5	5	8
泛酸（毫克/千克）	11	9	9	11
烟酸（毫克/千克）	27	18	18	32
吡哆醇（毫克/千克）	2.7	2.7	2.7	4.1
生物素（毫克/千克）	0.14	0.09	0.09	0.18
叶酸（毫克/千克）	0.90	0.45	0.45	1.08
维生素B_{12}（毫克/千克）	0.009	0.005	0.007	0.010
胆碱（毫克/千克）	1 170	810	450	450

表2-13　黄羽肉鸡种鸡生长期体重与耗料量

周龄（周）	体重（克/只）	耗料量（克/只）	累计耗料量（克/只）
1	110	90	90
2	180	196	286

（续）

周龄（周）	体重（克/只）	耗料量（克/只）	累计耗料量（克/只）
3	250	252	538
4	330	266	804
5	410	280	1 084
6	500	294	1 378
7	600	322	1 700
8	690	343	2 043
9	780	364	2 407
10	870	385	2 792
11	950	406	3 198
12	1 030	427	3 625
13	1 110	448	4 073
14	1 190	469	4 542
15	1 270	490	5 032
16	1 350	511	5 543
17	1 430	532	6 075
18	1 510	553	6 628
19	1 600	574	7 202
20	1 700	595	7 797

表 2-14　黄羽肉鸡种鸡产蛋期体重与耗料量

周龄（周）	体重（克/只）	耗料量（克/只）	累计耗料量（克/只）
21	1 780	616	616
22	1 860	644	1 260
24	2 030	700	1 960
26	2 200	840	2 800
28	2 280	910	3 710

（续）

周龄（周）	体重（克/只）	耗料量（克/只）	累计耗料量（克/只）
30	2 310	910	4 620
32	2 330	889	5 509
34	2 360	889	6 398
36	2 390	875	7 273
38	2 410	875	8 148
40	2 440	854	9 856
42	2 460	854	9 856
44	2 480	840	10 696
46	2 500	840	11 536
48	2 520	826	12 362
50	2 540	826	13 188
52	2 560	826	14 014
54	2 580	805	14 819
56	2 600	805	15 624
58	2 620	805	16 429
60	2 630	805	17 234
62	2 640	805	18 039
64	2 650	805	18 844
66	2 660	805	19 649

了解饲料营养价值的表示方法。掌握肉鸡不同生长阶段营养需要量。熟悉我国肉鸡饲养标准。

7日通——第三讲
鸡常用饲料原料

本讲目的

重点介绍了鸡常用的饲料，包括能量饲料、蛋白质饲料、矿物质饲料和维生素饲料。其目的主要是让读者初步了解饲料的分类，了解配合饲料各个主要组成部分及其作用。重点掌握主要能量饲料和蛋白饲料的营养特点，矿物质饲料和维生素饲料的组成和利用。

第一节　饲料分类

饲料是指在合理饲喂条件下能对动物提供营养物质、调控生理机能、改善动物产品品质，且不产生有毒、有害作用的物质。广义上讲，能强化饲养效果的某些非营养物质如添加剂，也应属于饲料。饲料的种类繁多，从来源方面可分为植物性饲料、动物性饲料、矿物质饲料等天然饲料以及人工合成饲料；从形态方面可分为固态饲料和液态饲料；从所提供的养分种类和数量方面，又可分为精饲料、粗饲料等。但是这些习惯性或经验性的分类方法不能适应现代化畜牧业和饲料工业的要求，所以为了科学地利用饲料，有必要建立现代饲料分类体系，以适应现代动物生产发展需要。目前，世界各国饲料分类方法尚未完全统一。美国学者 L E Harris 的饲料分类原则和编码体系，迄今已为多数学者所认同，并逐步发展成为当今饲料分类编码体系的基本模式，被称为国际饲料分类法。我国在张子仪研究员主持下，依据国际饲料分类原则与我国传统分类体系相结合，提出了我国的饲料分类法和编码体系。

一、国际饲料分类法

L. E. Harris 根据饲料的营养特性将饲料分为粗饲料、青绿饲料、青贮饲料、能量饲料、蛋白质补充料、矿物质饲料、维生素饲料、饲料添加剂八大类，并对每类饲料冠以 6 位数的国际饲料编码（IFN），编码的模式为△-△△-△△△，从左向右排列为第 1 节 1 个位数空当、第 2 节 2 个位数空当及第 3 节 3 个位数空当。八大类饲料分别用 1～8 代表，放于第 1 节 1 位数空当中。至于第 2 节 2 个位数的空当和第 3 节 3 个位数的空当，共计 5 位数依次为万、千、百、十与个位数，用以填写每一种饲料标准的号数。例如，苜蓿干草的编码为 1-00-092，表示其属于粗饲料类；饲料标准总号位于饲料标样的 92 号。

八大类饲料的编码形式及划分依据如下：

（一）粗饲料（1-00-000）

粗饲料是指饲料干物质中粗纤维含量大于或等于 18%，以风干物为饲喂形式的饲料，如干草类、农作物秸秆等。

（二）青绿饲料（2-00-000）

青绿饲料是指天然水分含量在 60%以上的青绿牧草、饲用作物、树叶类及非淀粉质的根茎、瓜果类。

（三）青贮饲料（3-00-000）

青贮饲料是指以天然新鲜青绿植物性饲料为原料，在厌氧条件下，经过以乳酸菌为主的微生物发酵后调制成的饲料，具有青绿多汁的特点，如玉米青贮。

（四）能量饲料（4-00-000）

能量饲料是指饲料干物质中粗纤维含量小于 18%、同时粗蛋白质含量小于20%的饲料，如谷实类、麸皮、淀粉质的根茎、瓜果类。

（五）蛋白质补充料（5-00-000）

蛋白质补充料是指饲料干物质中粗纤维含量小于18%、而粗蛋白质含量大于或等于20%的饲料，如鱼粉、豆饼（粕）等。

（六）矿物质饲料（6-00-000）

矿物质饲料是指以可供饲用的天然矿物质、化工合成无机盐类和有机配位体与金属离子的螯合物。

（七）维生素饲料（7-00-000）

由工业合成或提取的单一种或复合维生素称为维生素饲料，但不包括富含维生素的天然青绿饲料在内。

（八）饲料添加剂（8-00-000）

为了利于营养物质的消化吸收，改善饲料品质，促进动物生长和繁殖，保障动物健康而掺入饲料中的少量或微量物质称为饲料添加剂，但不包括矿物质元素、维生素、氨基酸等营养物质添加剂。

表3-1 国际饲料分类依据原则

饲料类别	饲料编码	划分饲料类别依据（%）		
		自然含水量	干物质中粗纤维含量	干物质中蛋白质含量
粗饲料	1-00-000	<45	≥18	—
青绿饲料	2-00-000	≥45	—	—
青贮饲料	3-00-000	≥45	—	—
能量饲料	4-00-000	<45	<18	<20
蛋白质补充料	5-00-000	<45	<18	≥20
矿物质饲料	6-00-000	—	—	—
维生素饲料	7-00-000	—	—	—
饲料添加剂	8-00-000	—	—	—

注：引自韩友文主编《饲料与饲养学》(1999)。

二、中国饲料分类法

我国疆域辽阔。饲料种类繁多，以往的传统分类方法难以反映出饲料的营养特性，也不便于国际饲料情报交流。20世纪80年代初，将我国传统的饲料分类方法与国际饲料分类原则相结合，建立了我国饲料数据库管理系统及饲料分类方法。首先根据国际饲料分类原则将饲料分成八大类，然后结合中国传统饲料分类习惯划分为16亚类，两者结合，迄今可能出现的类别有37类，对每类饲料冠以相应的中国饲料编码（CFN），共7位数，首位为IFN，第2、3位为CFN亚类编号，第4～7位为顺序号。编码分3节，表示为△-△△-△△△△。

（一）青绿多汁类饲料

凡天然水分含量大于或等于45%的栽培牧草、草地牧草、野菜、鲜嫩的藤蔓和部分未完全成熟的谷物植株等都属此类。CFN形式为2-01-0000。

（二）树叶类饲料

树叶类有2种类型：采摘的树叶鲜喂，饲用时的天然水分含量在45%以上属青绿饲料。CFN形式为2-02-0000。采摘的树叶风干后饲喂，干物质中粗纤维含量大于或等于18%，如槐叶、松针叶等属粗饲料。CFN形式为1-02-0000。

（三）青贮饲料

青贮饲料有3种类型：第一类是由新鲜的植物性饲料调制成的青贮饲料，一般含水量在65%～75%的常规青贮。第二类是低水分青贮饲料，也称半干青贮饲料，用天然水分含量为45%～55%的半干青绿植物调制成的青贮饲料。第一、二类CFN形式均为3-03-0000。第三类是谷物湿贮，以新鲜玉米、麦类籽实为主要原料，不经干燥即贮于密闭的青贮设备内，经乳酸发酵，其水分约在28%～35%。根据营养成分含量，属能量饲料，但从调制方法分析又属青贮饲料。CFN形式为4-03-0000。

（四）块根、块茎、瓜果类饲料

有2种类型：天然水分含量大于或等于45%的块根、块茎、瓜果类，如胡萝卜、芜菁、饲用甜菜等，鲜喂CFN形式为2-04-0000。这类饲料脱水后的干物质中粗纤维和粗蛋白质含量都较低，干燥后属能量饲料如甘薯干、木薯干等。干喂则CFN形式为4-04-0000。

（五）干草类饲料

干草类包括人工栽培或野生牧草的脱水或风干物，其水分含量在15%以下。水分含量在15%～25%的干草压块亦属此类。有3种类型：第一类指干物质中的粗纤维含量大于或等于18%者都属粗饲料。CFN形式为1-05-0000。第二类指干物质中粗纤维含量小于18%，而粗蛋白质含量也小于20%者，属能量饲料，如优质草粉，CFN形式为4-05-0000；第三类指一些优质豆科干草，干物质中的粗蛋白质含量大于或等于20%，而粗纤维含量又低于18%者，如苜蓿或紫云英的干草粉，属蛋白质饲料。CFN形式为5-05-0000。

（六）农副产品类饲料

农副产品类有3种类型：第一类是干物质中粗纤维含量大于或等于18%者，如秸、荚、壳等，都属于粗饲料。CFN形式为1-06-0000。第二类是干物质中粗纤维含量小于18%、粗蛋白质含量也小于20%者，属能量饲料。CFN形式为4-06-0000（罕见）。第三类是干物质中粗纤维含量小于18%，而粗蛋白质含量大于等于20%者，属于蛋白质饲料。CFN形式为5-06-0000（罕见）。

（七）谷实类饲料

谷实类饲料的干物质中，一般粗纤维含量小于18%，粗蛋白质含量也小于20%，如玉米、稻谷等，属能量饲料，CFN形式为4-07-0000。

（八）糠麸类饲料

糠麸类饲料有2种类型：第一类是饲料干物质中粗纤维含量

小于18%，粗蛋白质含量小于20%的各种粮食的碾米、制粉副产品，如小麦麸、米糠等，属能量饲料。CFN形式为4-08-0000。第二类是粮食加工后的低档副产品，如统糠、生谷机糠等，其干物质中的粗纤维含量多大于18%，属于粗饲料。CFN形式为1-08-0000。

（九）豆类饲料

豆类饲料有2种类型：豆类籽实干物质中粗蛋白质含量大于或等于20%，而粗纤维含量又低于18%者，属蛋白质饲料，如大豆等。CFN形式为5-09-0000；个别豆类籽实的干物质中粗蛋白质含量在20%以下，如江苏的爬豆，属于能量饲料。CFN形式为4-09-0000。

（十）饼粕类饲料

饼粕类有3种类型：干物质中粗蛋白质大于或等于20%，粗纤维含量小于18%，大部分饼粕属于此，为蛋白质饲料。CFN形式为5-10-0000。干物质中的粗纤维含量大于或等于18%的饼粕类，即使其干物质中粗蛋白质含量大于或等于20%，仍属于粗饲料类，如有些多壳的葵花籽饼及棉籽饼。CFN形式为1-10-0000。还有一些饼粕类饲料，干物质中粗蛋白质含量小于20%，粗纤维含量小于18%，如米糠饼、玉米胚芽饼等，则属于能量饲料。CFN形式为4-08-0000。

（十一）糟渣类饲料

糟渣类饲料有3种类型：干物质中粗纤维含量大于或等于18%者属于粗饲料。CFN形式为1-11-0000。干物质中粗蛋白质含量低于20%，且粗纤维含量也低于18%者属于能量饲料，如优质粉渣、醋糟、甜菜渣等。CFN形式为4-11-0000。干物质中粗蛋白质含量大于或等于20%，而粗纤维含量小于18%者，属蛋白质饲料，如含蛋白质较多的啤酒糟、豆腐渣等。CFN形式为5-11-0000。

（十二）草籽树实类饲料

草籽树实类饲料有3种类型：干物质中粗纤维含量大于或等

于18%者属于粗饲料，如灰菜籽等。CFN形式为1-12-0000。干物质中粗纤维含量在18%以下，而粗蛋白质含量小于20%者，属能量饲料，如干沙枣等。CFN形式为4-12-0000。干物质中粗纤维含量在18%以下而粗蛋白质含量大于等于20%者，属蛋白质饲料，但较罕见。CFN形式为5-12-0000。

（十三）动物性饲料

动物性饲料有3种类型：均来源于渔业、畜牧业的动物性产品及其加工副产品。其干物质中粗蛋白质含量大于等于20%者属蛋白质饲料，如鱼粉、动物血、蚕蛹等。CFN形式为5-13-0000。干物质中粗蛋白质含量小于20%，粗灰分含量也较低的动物油脂属能量饲料，如牛脂等。CFN形式为4-13-0000。干物质中粗蛋白质含量小于20%，粗脂肪含量也较低，以补充钙磷为目的者属矿物质饲料，如骨粉、贝壳粉等。CFN形式为6-13-0000。

（十四）矿物质饲料

矿物质饲料指可供饲用的天然矿物质，如石灰石粉等；化工合成无机盐类，如硫酸铜等及有机配位体与金属离子的螯合物，如蛋氨酸锌等。CFN形式为6-14-0000。来源于动物性饲料的矿物质也属此类，如骨粉、贝壳粉等。CFN形式为6-13-0000。

（十五）维生素饲料

维生素饲料是指由工业合成或提取的单一或复合维生素制剂，如硫胺素、核黄素、胆碱、维生素A、维生素D、维生素E等，但不包括富含维生素的天然青绿多汁饲料。CFN形式为7-15-0000。

（十六）饲料添加剂及其他

饲料添加剂有2种类型：其目的是为了补充营养物质，保证或改善饲料品质，提高饲料利用率，促进动物生长和繁殖，保障动物健康而掺入饲料中的少量或微量营养性及非营养性物质，如添加饲料防腐剂、饲料黏合剂、驱虫保健剂等非营养性物质。CFN形式为8-16-0000。饲料中用于补充氨基酸为目的的工业合成赖氨酸、蛋氨酸等也归入这一类，CFN形式为5-16-

0000。随着饲料资源的开发和饲料科研水平的不断提高，凡出现不符合上述1～15亚类的分类原则者，皆暂归入此类。

第二节　能量饲料

以干物质计，粗蛋白质含量低于20%，粗纤维含量低于18%，每千克干物质含有消化能10.46兆焦以上的一类饲料即为能量饲料。这类饲料主要包括谷实类，糠麸类，脱水块根、块茎及其加工副产品，动植物油脂以及乳清粉等。能量饲料在动物饲粮中所占比例最大，一般为50%～70%，对动物主要起供能作用。

一、谷实类饲料

谷实类饲料是指禾本科作物的籽实。谷实类饲料富含无氮浸出物，一般都在70%以上；粗纤维含量少，多在5%以内，仅带颖壳的大麦、燕麦、水稻和粟可达10%左右；粗蛋白质含量一般不到10%，但也有一些谷实如大麦、小麦等达到甚至超过12%；谷实蛋白质的品质较差，因其中的赖氨酸、蛋氨酸、色氨酸等含量较少；其所含灰分中，钙少磷多，但磷多以植酸盐形式存在，对单胃动物的有效性差；谷实中维生素E、维生素B_1较丰富，但维生素C、维生素D贫乏；谷实的适口性好；谷实的消化率高，因而有效能值也高。正是由于上述营养特点，谷实是动物的最主要的能量饲料。

一些常用谷物饲料中的各种养分含量见表3-2。

表3-2　常用谷实饲料中养分含量

饲料名称	干物质（%）	鸡代谢能（兆焦/千克）	粗蛋白质（%）	粗脂肪（%）	无氮浸出物（%）	粗纤维（%）	粗灰分（%）	钙（%）	总磷（%）
玉　米	86.0	13.56	8.7	3.6	70.7	1.6	1.4	0.02	0.27
小　麦	87.0	12.72	13.9	1.7	67.6	1.9	1.9	0.17	0.41
稻　谷	86.0	14.06	7.8	1.6	63.8	8.2	4.6	0.03	0.36

（续）

饲料名称	干物质（%）	鸡代谢能（兆焦/千克）	粗蛋白质（%）	粗脂肪（%）	无氮浸出物（%）	粗纤维（%）	粗灰分（%）	钙（%）	总磷（%）
糙米	87.0	11.00	8.8	2.0	74.2	0.7	1.3	0.03	0.35
碎米	88.0	14.23	10.4	2.2	72.7	1.1	1.6	0.06	0.35
皮大麦	87.0	11.30	11.0	1.7	67.1	4.8	2.4	0.09	0.33
裸大麦	87.0	11.21	13.0	2.1	67.7	2.0	2.2	0.04	0.39
高粱	86.0	12.30	9.0	3.4	70.4	1.4	1.8	0.13	0.36
燕麦全粒	87.0	—	10.5	5.0	58.0	10.5	3.0	—	—
除壳燕麦	87.0	—	15.1	5.9	61.6	2.4	2.0	—	—
粟	86.5	11.88	9.7	2.3	65.0	6.8	2.7	0.12	0.30
除壳粟	86.8	14.14	8.9	2.7	72.5	1.3	1.4	0.05	0.32
甜荞麦	83.2	—	9.6	1.8	59.2	9.7	2.9	0.07	0.26
苦荞麦	88.9	—	10.1	2.3	60.3	14.0	2.2	0.08	0.26
黑麦	88.0	11.25	11.0	1.5	71.5	2.2	1.8	0.05	0.30

（一）玉米

玉米又名玉蜀黍、苞谷、苞米等，为禾本科玉米属一年生草本植物。玉米的单位面积产量高，有效能量多，是最常用而且用量最大的一种能量饲料，有“饲料之王”的美称。玉米价格的高低，左右着饲料的价格。

在我国，玉米主要分布在东北、华北、西北、西南、华东等地，其栽培面积和产量仅次于水稻和小麦，约占第三位。我国玉米产区可分为北方春玉米区、黄淮海套种复种玉米区、西北灌溉玉米区、西南山地套种玉米区和南方丘陵玉米区等。近年来，我国也从美国等地进口玉米供市场需要。

玉米中碳水化合物含量在70%以上，多存在于胚乳中。主要是淀粉、单糖和少量二糖，粗纤维含量也较少。粗蛋白质含量一般为7%～9%。其品质较差，因赖氨酸、蛋氨酸、色氨酸等必需氨基酸含量相对贫乏。粗脂肪含量为3%～4%，但高油玉米中粗脂肪含量可达8%以上，主要存在于胚芽中；其粗脂肪主要是甘油三酯，构成的脂肪酸主要为不饱和脂肪酸，如亚油酸占59%，油酸占27%，亚麻酸占0.8%，花生四烯酸占0.2%，硬脂酸占2%以上。玉米为高能量饲料，鸡代谢能为13.56兆焦/千克。粗灰分较少，仅略高于1%。其中钙少磷多，但磷多以植酸盐形式存在，对单胃动物的有效性低。玉米中其他矿物元素尤其是微量元素很少。维生素含量较少，但维生素E含量较多，为20～30毫克/千克。黄玉米胚乳中含有较多的色素，主要是胡萝卜素、叶黄素和玉米黄素等。

我国《饲料用玉米》（GB/T 17890—1999）国家标准规定：以粗蛋白质、容重、不完善粒总量、水分、杂质、色泽、气味为质量控制指标，分为三级。其中，粗蛋白质以干物质为基础；容重指每升中的克数；不完善粒包括虫蚀粒、病斑粒、破损粒、生芽粒、生霉粒、热损伤粒；杂质指能通过直径3.0毫米圆孔筛的物质、无饲用价值的玉米和玉米以外的物质（表3-3）。

表3-3　我国饲料用玉米质量标准（GB/T 17890—1999）

等级	容重（克/升）	粗蛋白质（干物质基础，%）	不完善粒（%）		水分（%）	杂质（%）	色泽、气味
			总量	其中生霉粒			
1	≥710	≥10.0	≤5.0				
2	≥685	≥9.0	≤6.5	≤2.0	≤14.0	≤1.0	正常
3	≥660	≥8.0	≤8.0				

表3-4　玉米中氨基酸的真消化率（%）

畜禽种类	赖氨酸	蛋氨酸	胱氨酸	苏氨酸	异亮氨酸	亮氨酸	精氨酸	组氨酸	缬氨酸	苯丙氨酸	酪氨酸	色氨酸
鸡	85	92	87	87	91	96	90	93	96	85	94	—

（二）小麦

我国小麦产量占粮食总产量的1/4，仅次于水稻而位居第二。按栽培制度，我国小麦产区可分为春麦区、冬麦区和冬春麦区。春麦区主要有东北、西北；冬麦区包括黄淮、长江中下游、西南、华南等；新疆、青海等归入冬春麦区。

小麦有效能值高，鸡代谢能为12.72兆焦/千克。粗蛋白质含量居谷实类之首位，一般达12%以上，但必需氨基酸尤其是赖氨酸不足，因而小麦蛋白质品质较差。无氮浸出物多，在其干物质中可达75%以上。粗脂肪含量低（约1.7%），这是小麦能值低于玉米的主要原因。矿物质含量一般都高于其他谷实，磷、钾等含量较多，但半数以上的磷为无效态的植酸磷。小麦中非淀粉多糖（NSP）含量较多，可达小麦干重6%以上。小麦非淀粉多糖主要是阿拉伯木聚糖，这种多糖不能被动物消化酶消化，而且有黏性，在一定程度上影响小麦的消化率。

小麦次粉是以小麦为原料磨制各种面粉后获得的副产品之一，比小麦麸营养价值高。由于加工工艺不同，制粉程度不同，出麸率不同，所以次粉成分差异很大。因此，用小麦次粉作饲料原料时，要对其成分与营养价值进行实测。

小麦中养分含量与营养价值参见表3-2和表3-5。

表3-5　小麦氨基酸真消化率（%）

畜禽种类	赖氨酸	蛋氨酸	色氨酸	亮氨酸	异亮氨酸	苏氨酸	缬氨酸	苯丙氨酸	精氨酸	组氨酸	酪氨酸	胱氨酸
鸡	81	87	89	91	88	83	86	92	88	91	90	88

我国农业行业标准《饲料用小麦》（表3-6）与《饲料用次粉》（表3-7）规定，两者均以粗蛋白质、粗纤维、粗灰分为质量控制指标，各项指标均以87%干物质为基础计算，按含量分为3级。

表3-6　饲料用小麦的质量标准（%）（NY/T 117—1989）

质量指标	一级	二级	三级
粗蛋白质	≥14.0	≥12.0	≥10.0
粗纤维	<2.0	<3.0	<3.5
粗灰分	<2.0	<2.0	<3.0

表 3-7　饲料用次粉的质量标准（%）（NY/T 211—1992）

质量指标	一级	二级	三级
粗蛋白质	≥13.0	≥11.0	≥9.0
粗纤维	<2.0	<2.5	<3.0
粗灰分	<2.0	<2.5	<3.5

（三）稻谷

稻谷中所含无氮浸出物在60%以上，但粗纤维达8%以上，粗纤维主要集中于稻壳中，且半数以上为木质素等。因此，稻壳是稻谷饲用价值的限制成分。稻谷中粗蛋白质含量约为7%～8%，粗蛋白质中必需氨基酸如赖氨酸、蛋氨酸、色氨酸等较少。稻谷因含稻壳，有效能值比玉米低得多。

糙米中无氮浸出物多，主要是淀粉。糙米中蛋白质含量（8%～9%）及其氨基酸组成与玉米相似。糙米中脂质含量约2%，其中不饱和脂肪酸比例较高。糙米中灰分含量（约1.3%）较少，其中钙少磷多，磷多以植酸磷形式存在。

碎米中养分含量变异很大，如其中粗蛋白质含量变动范围为5%～11%，无氮浸出物含量变动范围为61%～82%，而粗纤维含量最低仅0.2%，最高可达2.7%以上。因此，用碎米作饲料时，要对其养分实测。

稻谷、糙米、碎米中养分含量与营养价值参见表3-2。

我国农业行业标准《饲料用稻谷》（表3-8）、《饲料用碎米》（表3-9）均以粗蛋白质、粗纤维、粗灰分为质量控制指标，按含量分为三级。

表 3-8　饲料用稻谷的质量标准（%）（NY/T 116—1989）

质量指标	一级	二级	三级
粗蛋白质	≥8.0	≥6.0	≥5.0
粗纤维	<9.0	<10.0	<12.0
粗灰分	<5.0	<6.0	<8.0

表3-9 饲料用碎米的质量标准（%）（NY/T 212—1992）

质量指标	一级	二级	三级
粗蛋白质	≥7.0	≥6.0	≥5.0
粗纤维	<1.0	<2.0	<3.0
粗灰分	<1.5	<2.5	<3.5

（四）大麦

一些欧洲国家用大麦作为饲料的数量较多。我国仅一些局部地区用大麦作为动物的饲料。大麦粗蛋白质含量一般为11%～13%，平均为12%，且蛋白质质量稍优于玉米。无氮浸出物含量（67%～68%）低于玉米，其组成中主要是淀粉。脂类较少（2%左右），甘油三酯为其主要组分（73.3%～79.1%）。有效能量较多，鸡代谢能为11.30兆焦/千克。但是，大麦中非淀粉多糖（NSP）含量较高，达10%以上，其中主要由β-葡聚糖（33克/千克干物质）和阿拉伯木聚糖（76克/千克干物质）组成。单胃动物消化液中不含消化非淀粉多糖的酶，因而不能消化这些成分。正是这个原因，大麦用量较高，会引起鸡、仔猪腹泻。中国农业行业标准《饲料用皮大麦》（NY/T 118—1989）、《饲料用裸大麦》（NY/T 210—1992）以粗蛋白质、粗纤维、粗灰分为质量控制指标，按含量分为三级，各项成分含量均以干物质含量87%为基础计算，参见表3-10、表3-11。

表3-10 饲料用皮大麦的质量标准（%）（NY/T 118—1989）

质量指标	一级	二级	三级
粗蛋白质	≥11.0	≥10.0	≥9.0
粗纤维	<5.0	<5.5	<6.0
粗灰分	<3.0	<3.0	<3.0

表 3-11 饲料用裸大麦的质量标准（%）（NY/T 210—1992）

质量指标	一级	二级	三级
粗蛋白质	≥13.0	≥11.0	≥9.0
粗纤维	<2.0	<2.5	<3.0
粗灰分	<2.0	<2.5	<3.5

（五）高粱

中国高粱产量主要产于吉林、辽宁、黑龙江等省。

除壳高粱籽实的主要成分为淀粉，多达70%。蛋白质含量为8%～9%，但品质较差，原因是其中必需氨基酸赖氨酸、蛋氨酸等含量少。脂肪含量稍低于玉米，脂肪中必需氨基酸低于玉米但饱和性脂肪酸的比例高于玉米。有效能值较高，鸡代谢能为12.30兆焦/千克。所含灰分中钙少磷多，所含磷70%为植酸磷。含有较多的烟酸，达48毫克/千克，但所含烟酸多为结合型，不易被动物利用。高粱中含有毒物质单宁，影响其适口性和营养物质消化率。

高粱中养分含量与营养价值参见表3-2。

中国农业行业标准《饲料用高粱》规定以粗蛋白质、粗纤维、粗灰分为质量控制指标，按含量分为三级，各项指标均以86%干物质为基础计算，详见表3-12。

表 3-12 饲料用高粱质量标准（%）（NY/T 115—1989）

质量指标	一级	二级	三级
粗蛋白质	≥9.0	≥7.0	≥6.0
粗纤维	<2.0	<2.0	<3.0
粗灰分	<2.0	<2.0	<3.0

（六）燕麦

燕麦所含稃壳的比例大，因而其粗纤维含量在10%以上。燕麦中淀粉含量不足60%。蛋白质含量在10%左右，其品质较差。粗脂肪含量在4.5%以上，且不饱和脂肪酸含量高。其中，亚油酸占40%～47%，油酸占34%～39%，棕榈酸10%～18%。由于不饱和脂肪酸比例较大，所以燕麦不宜久存。由于燕麦含稃壳多，粗纤维含量高，故其有效能明显低于玉米等谷实。如燕麦含代谢能（鸡）为10.62兆焦/千克。

燕麦对鸡的饲用价值较低。因带壳燕麦的外壳占20%以上，一般占26%左右，高的可达50%，所以带壳燕麦含粗纤维10%～13%，一般不用作鸡饲料。而不带壳的燕麦（即莜麦）含蛋白质高达17.24%，脂肪6.85%（其中亚油酸占30.5%），每千克含代谢能13.3兆焦，可作鸡饲料。有人用肉用仔鸡做试验，日粮中含69%莜麦时，对3周龄肉用仔鸡的增重有抑制作用，但到7周龄上市时，体重没有显著差异。日粮中搭配40%莜麦时，腹部脂肪明显增多。莜麦最突出的特点是植酸含量高达1.07%，所以在莜麦—大豆日粮中有较高的植酸含量，为避免磷缺乏症的发生，应注意补充矿物磷。试验表明，在补充矿物磷的基础上，40%的莜麦日粮对肉用仔鸡生长、饲料效率等没有不良影响。

燕麦中养分含量与营养价值参见表3-2。

（七）其他谷实类饲料

1. 粟　粟对鸡饲用价值高，为玉米的95%～100%。并且粟中含较多的叶黄素和胡萝卜素，对鸡皮肤、蛋黄有着色效果，因此也是观赏鸟类的良好饲料。用粟作禽类饲料时，不必粉碎，可直接饲用。饲用时，粉碎的粒度以1.5～3.0毫米为宜。

表3-13　饲料用粟（谷子）的质量标准（%）（NY/T 213—1992）

质量指标	一级	二级	三级
粗蛋白质	≥10.0	≥9.0	≥8.0
粗纤维	<6.5	<7.5	<8.5
粗灰分	<2.5	<3.0	<3.5

2. 荞麦　荞麦为蓼科荞麦属一年生草本植物，有甜荞麦、苦荞麦等4个栽培种。我国华北、东北、西北地区种植荞麦较多，其他地区也有栽培。

由于荞麦中粗纤维含量较高，对鸡饲用价值较低，但对耐粗饲动物、草食动物饲用价值较高。另外，荞麦（尤其是其茎叶）中含有光敏物质，长期使用该饲料，能引起动物皮肤瘙痒、疹块甚至溃疡，被毛白色的动物比被毛深色的动物对其更为敏感。

二、糠麸类饲料

谷实经加工后形成的一些副产品，即为糠麸类，包括米糠、小麦麸、大麦麸、玉米糠、高粱糠、谷糠等。糠麸主要由果种皮、外胚乳、糊粉层、胚芽、纤维残渣等组成。糠麸成分不仅受原粮种类影响，而且还受原粮加工方法和精度影响。与原粮相比，糠麸中粗蛋白质、粗纤维、B族维生素、矿物质等含量较高，但无氮浸出物含量低，故属于一类有效能较低的饲料。另外，糠麸结构疏松、体积大、容重小、吸水膨胀性强，其中多数对动物有一定的轻泻作用。

（一）小麦麸

小麦麸俗称麸皮，是以小麦籽实为原料加工面粉后的副产品。小麦麸的成分变异较大，主要受小麦品种、制粉工艺、面粉加工精度等因素影响。我国对小麦麸的分类方法较多。按面粉加工精度，可将小麦麸分为精粉麸和标粉麸；按小麦品种，可将小麦麸分为红粉麸和白粉麸；按制粉工艺产出麸的形态、成分等，可将其分为大麸皮、小麸皮、次粉和粉头等。据有关资料统计，我国每年用作饲料的小麦麸约为1 000万吨。

1. 小麦麸的营养特点　粗蛋白质含量高于原粮，一般为12%～17%，氨基酸组成较佳，但蛋氨酸含量少。与原粮相比，小麦麸中无氮浸出物（60%左右）较少，但粗纤维含量高得多，多达10%，甚至更高。正是这个原因，小麦麸中有效能较低，鸡代谢能为 6.82 兆焦/千克。灰分较多，所含灰分中钙少（0.1%～0.2%）磷多（0.9%～1.4%），钙、磷比例（约1∶8）极不平衡，但其中磷多为（约 75%）植酸磷。另外，小麦麸中铁、锰、锌较多。由于麦粒中 B 族维生素多集中在糊粉层与胚中，故小麦麸中 B 族维生素含量很高。如含核黄素 3.5 毫克/千克，硫胺素 8.9 毫克/千克。

另外，小麦麸容积大。小麦麸每升容重为 225 克左右，这种特性对于调节鱼饵料相对密度起着很重要的作用。小麦麸还具有轻泻性，可通便润肠。

小麦麸的养分含量与营养价值见表 3 - 14、表 3 - 15。

表 3 - 14　小麦麸和米糠中养分含量（%）

类别	干物质	粗蛋白质	粗脂肪	无氮浸出物	粗纤维	粗灰分	钙	总磷
小麦麸	87.0	15.7	3.9	56.0	6.5	4.9	0.11	0.92
米　糠	87.0	12.8	16.5	44.5	5.7	7.5	0.07	1.43
米糠饼	88.0	14.7	9.0	48.2	7.4	8.7	0.14	1.69
米糠粕	87.0	15.1	2.0	53.6	7.5	8.8	0.15	1.82

表 3 - 15　小麦麸所含氨基酸真消化率（%）

畜禽种类	赖氨酸	蛋氨酸	色氨酸	亮氨酸	异亮氨酸	苏氨酸	缬氨酸	苯丙氨酸	精氨酸	组氨酸
鸡	75	81	70	81	77	68	76	85	76	84

2. 饲料用小麦麸的质量标准　中国农业行业标准《饲料用小麦麸》以粗蛋白质、粗纤维、粗灰分为质量控制指标，各项指标均以 87%干物质计算，按含量分为三级，详见表 3 - 16。

表 3 - 16　饲料用小麦麸的质量标准（%）（NY/T 119—1989）

质量指标	一级	二级	三级
粗蛋白质	≥15.0	≥13.0	≥11.0
粗纤维	<9.0	<10.0	<11.0
粗灰分	<6.0	<6.0	<6.0

3. 小麦麸的饲用价值　由于小麦麸粗纤维多，难消化，有效能值较低，因此在肉鸡饲粮中用量一般为5%以内，在种鸡和产蛋鸡饲粮中用量为5%～10%。若需控制后备种鸡体重，可在其饲粮中加15%～20%小麦麸。

（二）米糠

米糠是糙米精制时产生的果皮、种皮、外胚乳和糊粉层等的混合物。果皮和种皮的全部、外胚乳和糊粉层的部分，合称为米糠。米糠的品质与成分，因糙米精制程度而不同，精制的程度越高，米糠的饲用价值愈大。

由于米糠所含脂肪多，易氧化酸败，不能久存，所以常对其脱脂，生产米糠饼（经机榨制得）或米糠粕（经浸提制得）。

1. 米糠的营养特点　米糠中蛋白质含量较高，约为13%，氨基酸的含量与一般谷物相似或稍高于谷物，但其赖氨酸含量高。脂肪含量高达10%～17%，脂肪酸组成中多为不饱和脂肪酸。粗纤维含量较多，质地疏松，容重较轻。但米糠中无氮浸出物含量不高，一般在50%以下。米糠中有效能值较高，鸡代谢能为11.21兆焦/千克。有效能值高的原因显然与米糠粗脂肪含量高达10%～18%有关，脱脂后的米糠能值下降。所含矿物质中钙（0.07%）少磷（1.43%）多，钙、磷比例极不平衡（1∶20），但80%以上的磷为植酸磷。B族维生素和维生素E丰富，如维生素B_1、维生素B_5、泛酸含量分别为19.6、303.0和25.8毫克/千克。

米糠、米糠饼、米糠粕中养分含量参见表3-14。

米糠中含有较多种类的抗营养因子。植酸含量高，约为9.5%～14.5%；含胰蛋白酶抑制因子；含阿拉伯木聚糖、果胶等非淀粉多糖；含有生长抑制因子。

2. 饲料用米糠、米糠饼、米糠粕的质量标准　中国农业行业标准《饲料用米糠》、《饲料用米糠饼》、《饲料用米糠粕》规定以粗蛋白质、粗纤维、粗灰分含量为质量控制指标，按其含量分为三级，详见表3-17、表3-18、表3-19。

表3-17 饲料用米糠质量标准（%）（NY/T 122—1989）

质量指标	一级	二级	三级
粗蛋白质	≥13.0	≥12.0	≥11.0
粗纤维	<6.0	<7.0	<8.0
粗灰分	<8.0	<9.0	<10.0

表3-18 饲料用米糠饼质量标准（%）（NY/T 123—1989）

质量指标	一级	二级	三级
粗蛋白质	≥14.0	≥13.0	≥12.0
粗纤维	<8.0	<10.0	<12.0
粗灰分	<9.0	<10.0	<12.0

表3-19 饲料用米糠粕质量标准（%）（NY/T 124—1989）

质量指标	一级	二级	三级
粗蛋白质	≥15.0	≥14.00	≥13.0
粗纤维	<8.0	<10.0	<12.0
粗灰分	<9.0	<10.0	<12.0

3. 米糠的饲用价值　米糠中含胰蛋白酶抑制因子和生长抑制因子，但它们均不耐热，加热可破坏这些抗营养因子，故米糠宜熟喂或制成脱脂米糠后饲喂。米糠中脂肪多，其中的不饱和脂肪酸易氧化酸败，不仅影响米糠的适口性，降低其营养价值，而且还产生有害物质。因此，全脂米糠不能久存，要使用新鲜的米糠，酸败变质的米糠不能饲用。脱脂米糠（米糠饼、米糠粕）储存期可适当延长，但仍不能久存，是因为其中还含有相当量的脂肪，所以对脱脂米糠也应及时使用。米糠虽属能量饲料，但粗纤维含量较多，因此原则上在畜禽饲粮中要控量使用米糠。在成年

鸡饲粮中占10%以下，在雏鸡饲粮中占5%为宜。

（三）其他糠麸

大麦麸是大麦加工的副产品，在能量、蛋白质和纤维含量上皆优于小麦麸。此外，还有高粱糠、玉米糠、小米糠等。4种糠的养分含量如表3-20所示。高粱糠的有效能值较高，但因其中含较多的单宁，适口性差，易引起便秘，故应控制用量。玉米糠是玉米制粉过程中的副产品，主要包括果种皮、胚、种脐与少量胚乳。因其中果种皮所占比例较大，粗纤维含量较高，故应控制在单胃动物饲粮中的用量。在小米加工过程中，产生的种皮、秕谷和较多量的颖壳等副产品即为小米糠。其中，粗纤维含量很高，达23.7%，接近粗饲料；粗蛋白质含量7.2%，无氮浸出物40%，脂肪2.8%。在饲用前，将之进一步粉碎、浸泡和发酵，可提高消化率。

表3-20　其他糠麸中养分含量

类别	干物质（%）	总能（兆焦/千克）	消化能（兆焦/千克）	可消化粗蛋白质（克/千克）	粗纤维（%）	钙（%）	磷（%）
大麦麸	87.0	16.22	12.37	115	5.07	0.33	0.48
高粱糠	88.4	16.72	12.00	62	6.90	0.30	0.44
玉米糠	87.5	16.22	10.91	58	9.50	0.08	0.48
小米糠	90.0	18.43	11.91	74	8.00	—	—

三、块根、块茎及其加工副产品

这类饲料主要包括薯类（甘薯、马铃薯、木薯）、糖蜜、甜菜渣等。这类饲料干物质中主要是无氮浸出物，而蛋白质、脂肪、粗纤维、粗灰分等较少或贫乏。

（一）甘薯

甘薯在我国分布很广，南至海南岛、北及黑龙江都有种植。其中栽培面积和产量较多的省份主要有四川、山东、河南、安徽、江苏、广东等。

我国甘薯的年产量仅次于水稻、小麦、玉米而居于第4位。甘薯除供作粮食、酿造业、淀粉工业等的原料外，还是重要的饲料。

1. 甘薯的营养特点　新鲜甘薯中水分多，达75%左右，甜而爽口，因而适口性好。脱水甘薯块中主要是无氮浸出物，含量达75%以上，甚至更高。甘薯中粗蛋白质含量低，以干物质计，也仅约4.5%，且蛋白质品质较差。脱水甘薯中虽然无氮浸出物含量高，但有效能值明显低于玉米等谷实，鸡代谢能为9.79兆焦/千克。甘薯中养分含量参见表3-21。

表3-21　薯类中养分含量（%）

类　别	干物质	粗蛋白质	粗脂肪	无氮浸出物	粗纤维	粗灰分
甘薯干	87.0	4.0	0.8	76.4	2.8	3.0
马铃薯块茎	28.4	4.6	0.5	11.5	5.9	5.9
马铃薯秧	20.5	2.3	0.1	15.9	0.9	1.3
干马铃薯渣	86.5	3.9	1.0	71.4	8.7	1.5
木薯干	87.0	2.5	0.7	79.4	2.5	1.9

2. 饲料用甘薯干的质量标准　我国国家标准《饲料用甘薯干》（NY/T 121—1989）以粗纤维、粗灰分为质量控制指标，以87%干物质为基础计算，规定粗纤维含量不得低于4%，粗灰分含量不得低于5%（表3-22）。

表3-22　饲料用甘薯干（%）（NY/T 121—1989）

质量指标	一级	二级	三级
粗纤维	<13.0	<18.0	<12.0
粗灰分	<13.0	<13.0	<13.0

3. 甘薯的饲用价值　新鲜甘薯块是优良的多汁饲料，不论

是生或熟，其适口性均佳。动物对生、熟甘薯的消化率有差异，甘薯含有胰蛋白酶抑制因子，熟甘薯的消化率高于生甘薯（表3-23）。

表3-23 生甘薯与熟甘薯消化率比较

成　分	生甘薯	熟生薯
干物质（%）	90.4±1.57	93.5±1.53
能量（%）	89.3±2.38	93.0±3.14
氮（%）	27.6±4.36	52.8±7.95
蛋白质（%）	27.6±4.4	52.8±8.0
消化能（兆焦/千克）	14.11±0.06	14.49±0.10

甘薯不论是生喂还是熟喂，都应将其切碎或切成小块，以免动物食道梗塞。甘薯粉体积大，动物食之易产生饱腹感，故应控制其在饲粮中用量；在鸡饲粮中占10%即可。有黑斑病的甘薯不能作为动物的饲料。动物采食过多的甘薯藤叶往往出现腹泻，故应注意控量饲用。

（二）马铃薯

马铃薯主要在我国东北、内蒙古与西北黄土高原栽培，其他地方如西南山地、华北高原与南方各地等也有植种。马铃薯既为粮食、蔬菜和工业原料，又是一种重要的饲料。

1. 马铃薯的营养特点与饲用方法　马铃薯块茎含干物质17%～26%，其中80%～85%为无氮浸出物，粗纤维含量少，粗蛋白质约占干物质9%，主要是球蛋白，生物学价值高。马铃薯中养分含量如表3-21所示。

马铃薯给动物可生喂，也可熟喂。生喂时宜切碎后投喂。脱水马铃薯块茎为较好的能量饲料，将其粉碎后加到动物饲粮中。

2. 马铃薯中的毒物及其含量变化规律　马铃薯中含有龙葵素，或名龙葵精。它在马铃薯各部位含量差异很大：绿叶中含

0.25%，芽内含0.5%，花内含0.7%，果实内含1.0%，果实外皮中含0.01%，成熟的块茎含0.004%。若将发芽的块茎放在阳光下，则块茎内龙葵素含量可增至0.08%～0.5%，芽内可增到4.76%。霉变的马铃薯中龙葵素含量一般可达0.58%～1.34%。随着贮存时间的延长，龙葵素含量也渐增多。

3. 动物马铃薯中毒的预防措施　一般成熟的马铃薯中毒素含量少，饲用这种马铃薯是不会引起动物中毒的。未成熟的、发芽或腐烂的马铃薯毒素含量多，大量投喂会引起中毒。预防动物马铃薯中毒的措施为：①不用发芽、未成熟和霉烂的马铃薯作饲料。若用，须将嫩芽与腐烂部分除去，加醋充分煮熟后饲用。②饲用的马铃薯秧要青贮发酵，或开水浸泡，或煮熟除水后再喂。用马铃薯粉渣喂饲时，也应煮熟后再喂。③贮藏马铃薯时，应选阴凉干燥地方，以防其发芽变绿。

（三）木薯

我国广东、广西、福建、云南、海南、台湾等省种植木薯较多。此外，贵州、湖南、江西等省也有少量种植。木薯不仅是杂粮作物，而且也是良好的饲料作物，其块根用作能量饲料，叶片还可喂蚕。

1. 木薯的营养特点　木薯干（脱水木薯）中无氮浸出物含量高，可达80%，因此其有效能值较高，鸡代谢能为12.38兆焦/千克。粗蛋白质含量很低，以风干物质计，仅为2.5%。另外，木薯中矿物质贫乏，维生素含量几乎为零。木薯中含有毒物质氢氰酸，其含量随品种、气候、土壤、加工条件等不同而异。脱皮、加热、水煮、干燥可除去或减少木薯中氢氰酸含量。

木薯干中养分含量如表3-21所示。

2. 饲料用木薯的质量标准　中国农业行业标准《饲料用木薯干》以粗纤维、粗灰分为质量控制指标，以87%干物质为基础计算，规定粗纤维含量不得高于4%，粗灰分含量必须低于5%（表3-24）。片状、条状或不规则形状，色泽一致，无光泽的白色，无发酵、霉变、结块及异味异嗅。另外，中国国家标准《饲料卫生标准》规定，饲料用木薯干中氢氰酸允许量在100毫克/千克以内。

表3-24 饲料用木薯干（%）（NY/T 120—1989）

质量指标	含量
粗纤维	<4.0
粗灰分	<5.0

3. 木薯的饲用价值　木薯在饲用前，最好要测定其中氢氰酸含量，符合卫生标准方能饲用。若超标，要对其脱毒处理。

在家禽饲粮中木薯干用量一般控制在10%以下为宜。但有资料报道，在蛋鸡饲粮中可酌情增大木薯干用量，并无明显不良后果。

四、油脂

畜禽由于生产性能的不断提高，对日粮养分浓度尤其是日粮能量浓度的要求愈来愈高。要配制高能量饲粮，用常规的饲料难以配制出高能量饲粮。油脂作为能量饲料在畜禽日粮中的应用愈来愈普遍。

（一）饲粮中添加油脂的目的

1. 油脂的能值高，其总能和有效能远比一般的能量饲料高。鸡具有生长发育快、代谢旺盛的特点，因此，对日粮的营养要求较高，只喂给以玉米、豆饼为主配制的日粮是难以达到的，因此需要添加一定比例的油脂饲料，才能满足肉鸡生长所需的能量要求。经试验研究证实，肉鸡日粮中添加油脂饲料后，能量和蛋白质的利用率提高，肉鸡生长速度明显加快。

2. 油脂是供给动物必需脂肪酸的基本原料。植物油、鱼油等富含动物所需的必需脂肪酸，它们常是动物必需脂肪酸的最好来源。

3. 油脂可作为动物消化道内的溶剂，促进脂溶性维生素的吸收。另在血液中，有助于脂溶性维生素的运输。

4. 油脂可延长饲料在消化道内停留时间，从而能提高饲料养分的消化率和吸收率。

5. 油脂的热增耗值比碳水化合物和蛋白质都低。因而，一方面脂肪的利用率一般比蛋白质、碳水化合物高；另一方面在高温季节给动物饲喂油脂，还能减轻动物的热负担。

6. 添加油脂，能增强饲粮风味，改善饲粮外观，防止饲粮中原料分级。在饲料加工过程中，若加有油脂，则产生的粉尘少，使得饲料养分损失少，加工车间空气污染程度也低。另外，饲料中加有油脂，加工机械磨损程度降低，因而可延长机器寿命。

（二）油脂的分类

油脂种类较多，按来源可将其分为以下4类。

1. 动物油脂　是指用家畜、家禽和鱼体组织（含内脏）提取的一类油脂。其成分以甘油三酯为主，另含少量的不皂化物和不溶物等。动物油脂中脂肪酸主要为饱和脂肪酸，但鱼油有高含量的不饱和脂肪酸。

2. 植物油脂　这类油脂是从植物种子中提取而得，主要成分为甘油三酯，另含少量的植物固醇与蜡质成分。大豆油、菜籽油、棕榈油等是这类油脂的代表。植物油脂中的脂肪酸主要为不饱和脂肪酸。

3. 饲料级水解油脂　这类油脂是指制取食用油或生产肥皂过程中所得的副产品，其主要成分为脂肪酸。

4. 粉末状油脂　对油脂进行特殊处理，使其成为粉末状。这类油脂便于包装、运输、贮存和应用。

（三）油脂类别的鉴定

1. 动、植物油脂的鉴别　动物油脂不皂化物中含有胆固醇；植物油脂不皂化物中含有植物固醇。根据其不皂化物中固醇的类别，即可区分动、植物油脂。

2. 鱼油与亚麻油的鉴别　鱼油含高度不饱和脂肪酸，经溴化反应可产生溴化物，该溴化物不溶于热苯。而亚麻油中的亚麻酸所产生的溴化物可溶于热苯。据此可区分鱼油和亚麻油。

3. *矿物油的鉴定*　矿物油相对密度为0.84～0.93，碘价6～12，折光率1.490～1.507，且溶于乙醇。

（四）饲料用油脂的质量标准

我国至今未对饲料用油脂颁布国家标准，但我国台湾省和日本制订了饲料用油脂的质量标准。台湾省规定指标为：总脂肪≥90%，总脂肪酸≥90%，游离脂肪酸≤0.5%，水分≤0.5%，杂质≤2.5%；日本规定指标为：酸价≤30，皂化价≥190，碘价≥70，过氧化物≤5mg/kg，羧基价≤30mg/kg。

在生产中，对饲料用油脂的质量一般规定为：

1. 动物油脂中脂肪含量在91%～95%为合格产品；90%为最低标准；85%为皂脚（油渣）的最低标准；低于85%为劣质产品。

2. 动物油脂中游离脂肪酸在10%以下者，为中、优质产品；20%～50%者为劣质产品。

3. 油脂中含水量在1.5%以下者，为合格产品；大于1.5%者，为劣质产品。

4. 油脂中不溶性杂质在0.5%以下者，为优质产品；大于0.5%者，为劣质产品。

（五）油脂对鸡的饲用价值

在蛋鸡饲粮中添加2%～5%油脂，尤其是加富含不饱和性脂肪酸油脂，可增加蛋重，在炎热夏季，效果尤为明显。在蛋鸡日粮中加亚麻酸，可提高其产蛋性能。日粮添加油脂，可提高肉仔鸡对干物质和粗蛋白质的表观消化率。

第三节　蛋白质饲料

蛋白质饲料是指饲料干物质中粗蛋白质含量在20%以上、粗纤维含量小于18%的饲料。在目前饲粮中，主要使用的是饼（粕）类饲料和动物性蛋白质饲料。

一、饼粕类饲料

油料籽实经加温压榨或溶剂浸提油脂后的残留物称为油饼或油粕，前者剩油较多（6%～10%），后者剩油很少（1%～3%）。在我国常用的饼粕类饲料有：大豆饼（粕）、花生仁饼（粕）、芝麻饼（粕）和向日葵饼（粕），饼粕类饲料含有丰富的蛋白质（20%～50%），蛋白质以清蛋白和球蛋白为主，是很好的蛋白质来源。其营养价值因原料种类和榨油方法不同差异较大。饼粕类饲料在猪、鸡饲料中经常使用。其中大豆饼（粕）是所有饼粕中最为优质的蛋白质饲料，在世界各国普遍使用。

（一）大豆饼（粕）

1. 概述　大豆饼（粕）主要产区在我国东北松辽平原、黄淮河平原、长江三角洲地区和江汉平原，是以大豆为原料取油后的副产物。由于制油工艺不同，通常将压榨法取油后的产品称为大豆饼，而将浸出法取油后的产品称为大豆粕。我国大豆总产量中约有40%用于取油，年产大豆饼（粕）约500万吨，主要用作饲料原料。但是每年大豆饼（粕）的产量远远不能满足饲料工业的需求。

大豆饼（粕）的加工方法主要有4种。分别为液压压榨、旋压压榨、溶剂浸出法和预压后浸出法。压榨法的取油工艺主要分为2个过程，第一过程为油料的清选、破碎、软化、轧胚，油料温度保持在60～80℃；第二过程为料胚蒸炒（100～125℃）后再加机械压力，使油与饼分离。用浸提法取油其工艺为，利用有机溶剂在55～65℃下浸泡料胚，提取油脂后将湿粕烘干（105～120℃），最后制成油脂和粕。用浸提法比压榨法可多取油4%～5%，且残脂少易保存，效果优于压榨法，因此，目前大豆饼（粕）产品主要为大豆粕。

大豆饼（粕）是目前使用最广泛、用量最多的植物性蛋白质原料，一般其他饼粕类的使用与否以及使用量都以与大豆饼（粕）的比价来决定。

2. 营养特性　大豆饼（粕）的常规成分及氨基酸含量见表3-25、表3-26。

表3-25　大豆饼成分及营养价值（中国饲料数据库，2011年第22版）

名　　称	含量	名　　称	含量
干物质（%）	89.0	蛋氨酸（%）	0.60
粗蛋白质（%）	41.8	胱氨酸（%）	0.62
粗脂肪（%）	5.8	苏氨酸（%）	1.44
粗纤维（%）	4.8	异亮氨酸（%）	1.57
无氮浸出物（%）	30.7	亮氨酸（%）	2.75
粗灰分（%）	5.9	精氨酸（%）	2.53
钙（%）	0.31	缬氨酸（%）	1.70
磷（%）	0.50	组氨酸（%）	1.10
有效磷A-P（%）	0.17	酪氨酸（%）	1.53
代谢能（鸡）（兆焦/千克）	10.54	苯丙氨酸（%）	1.79
赖氨酸（%）	2.43	色氨酸（%）	0.64

表3-26　大豆粕成分及营养价值（中国饲料数据库，2011年第22版）

名　　称	含量	名　　称	含量
干物质（%）	89.0	蛋氨酸（%）	0.59
粗蛋白质（%）	44.2	胱氨酸（%）	0.65
粗脂肪（%）	1.9	苏氨酸（%）	1.71
粗纤维（%）	5.9	异亮氨酸（%）	1.99
无氮浸出物（%）	28.3	亮氨酸（%）	3.35
粗灰分（%）	6.1	精氨酸（%）	3.38
钙（%）	0.33	缬氨酸（%）	2.09
磷（%）	0.62	组氨酸（%）	1.17
有效磷A-P（%）	0.21	酪氨酸（%）	1.47
代谢能（鸡）（兆焦/千克）	10.00	苯丙氨酸（%）	2.21
赖氨酸（%）	2.68	色氨酸（%）	0.57

大豆饼（粕）中除脂肪含量大大减少外，其他养分并无实质差异，蛋白质和氨基酸含量均相应增加，而有效能则下降，但仍属高能饲料。除含硫氨基酸外，其他必需氨基酸含量都很高，尤其是赖氨酸含量最高，是饼粕类中含量最高者，可溶性碳水化合物主要是糖类，脂肪含量较低，钙、磷和维生素含量少，适口性好。豆饼与豆粕相比，后者的蛋白质和氨基酸略高些，但有效能值略低些。

影响大豆饼（粕）利用的主要因素是加工技术。由于大豆中含有胰蛋白酶抑制因子、胰凝乳蛋白酶抑制因子、血细胞凝集素等不良因子，通常热处理后使用；但若加热过度，不仅使蛋白质变性，而且使糖类与赖氨酸的氨基相结合，生成不可利用的聚合物，影响大豆饼（粕）的营养价值。正常加热的饼（粕）呈黄褐色。近年来，人们利用热膨化技术提高了蛋白质的利用率。

3. 原料标准　饲料用大豆饼（粕）国家标准规定的感官性状为：呈黄褐色饼状或小片状（大豆饼），呈浅黄褐色或淡黄色不规则的碎片状（大豆粕）；色泽一致，无发酵、霉变、结块、虫蛀及异味、异嗅；水分含量不得超过13.0%；不得掺入饲料用大豆饼（粕）以外的东西。标准中除粗蛋白质、粗纤维、粗灰分为质量控制指标（大豆饼增加粗脂肪一项）外，规定脲酶活性不得超过0.4。饲料用大豆饼和大豆粕国家质量标准见表3-27、表3-28。

表3-27　饲料用大豆饼质量标准（%）（NY/T 130—1989）

质量指标	一级	二级	三级
粗蛋白质	≥41.0	≥39.0	≥37.0
粗脂肪	<8.0	<8.0	<8.0
粗纤维	<5.0	<6.0	<7.0
粗灰分	<6.0	<7.0	<8.0

表 3-28 饲料用大豆粕质量标准（%）（GB/T 19541—2004）

质量指标	一级	二级	三级
粗蛋白质	≥44.0	≥42.0	≥40.0
粗纤维	<5.0	<6.0	<7.0
粗灰分	<6.0	<7.0	<8.0

4. **评判大豆饼（粕）质量的指标**　大豆饼（粕）不可避免地存在着大豆中含有的多种抗营养因子。大豆饼粕的质量及饲用价值主要受加热处理程度的影响，大豆饼（粕）生产过程中的适度加热可使大豆饼（粕）中抗营养因子破坏，还可使蛋白质展开，氨基酸残基暴露，易于被动物体内的蛋白酶水解吸收。但是温度过高、时间过长会使赖氨酸等碱性氨基酸的ε-氨基与还原糖发生美拉德反应，减少游离氨基酸的含量，从而降低蛋白质的营养价值；反之如果加热不足，由于大豆饼（粕）中的胰蛋白酶抑制因子等抗营养因子的活性破坏不够充分，同样地影响豆粕蛋白质的利用效率（表 3-29）。大量研究认为：大豆胰蛋白酶抑制因子活性失活 75%～85%时，大豆饼（粕）蛋白质的营养价值最高。

表 3-29 不同加热条件下大豆粕的营养价值与化学性质

	蛋白质相对效率（%）	抗胰蛋白酶活性（阻害）（%）	脲酶活性（pH 增值）	可溶性蛋白质（%）	维生素 B_1（%）
正确加热	100	33	0.20	14.2	2.02
加热过度	91	15	0.05	5.1	0.29
加热不足	78	57	1.70	41.6	5.45
未加热	40	57	1.90	76.2	9.13
生黄豆	33	57	1.75	76.4	9.67

注：引自王和民等（1990）。

目前认为在生产大豆饼（粕）过程中，较好的方法为：先100℃的流动蒸汽处理 60 分钟；再在相对高压蒸汽 0.035 兆帕时处理 45 分钟，或 0.07 兆帕时处理 30 分钟或 0.1 兆帕时处理 20

分钟或 0.14 兆帕时处理 10 分钟。

目前评定大豆饼（粕）质量的指标主要为胰蛋白酶抑制因子活性、脲酶活性、水溶性氮指数、维生素 B_1 含量、蛋白质溶解度等。许多研究结果表明，当大豆饼（粕）中的脲酶活性为 0.03～0.4 时，饲喂效果最佳，而对家禽来说，为 0.02～0.2 时最佳。大豆饼（粕）最适宜的水溶性氮指数值标准不一，一般为 15%～30%。日本大豆标准的水溶性氮指数小于 25%。

对大豆饼（粕）加热程度适宜的评定，也可用饼（粕）的颜色来判定，正常加热时为黄褐色，加热不足或未加热，颜色较浅或灰白色，加热过度呈暗褐色。

5. 饲用价值　正常加热的优质豆饼（粕）对各种畜禽都是很好的饲料，适口性好，饲喂价值在各种饼（粕）饲料中最高，常用于比较其他饼（粕）和大豆的参照物。大豆饼（粕）适当加热后添加蛋氨酸，即为养鸡最好的蛋白质来源，适用任何阶段的家禽，幼雏效果更好，其他饼（粕）原料不及大豆饼（粕）。此外，大豆饼（粕）含有未知营养因子，可代替鱼粉应用于家禽饲料，生豆粕和加热不足的豆粕均会降低雏鸡生产性能，导致胰脏肿大，即使添加蛋氨酸也不能改善。而适当加热的豆粕能提高雏鸡生长性能（表 3-30）。

表 3-30　加热对大豆粕饲喂雏鸡效果的影响

大豆粕种类	加热处理			弱加热处理			无处理		
豆粕水溶性氮(克)	0.85			2.14			6.83		
DL-蛋氨酸(%)	0.25	—	0.5	0.25	—	0.5	0.25	—	0.5
始重（克）	67	67	67	67	67	67	67	67	67
4 周龄重(克)	375±9	403±7	387±9	321±13	330±15	296±14	188±13	188±13	184±5
料重比	2.6	2.5	2.5	3.0	2.8	2.9	4.4	4.2	4.1
胰脏重(克/100 千克体重)	425	438	438	545	467	573	1 049	942	1 139

（二）棉籽饼（粕）

1. 概述　棉籽脱壳后经压榨或浸提脱油的产品即为棉籽饼或棉籽粕，我国棉籽饼（粕）年总产量为600万吨左右，仅次于豆饼，在饼（粕）饲料中列第二位，是重要的植物蛋白质饲料资源。

棉花品种很多，分为有腺体棉和无腺体棉两大类，前者的棉籽仁含有大量棕红色的色素腺体，其中含有棉酚等有毒物质；在脱油时一部分随油脱出，仍有一部分残留在饼（粕）内，残留于饼（粕）内的棉酚大部分呈与蛋白质、氨基酸等的结合态，少部分呈游离态，如长期、大量使用未脱毒的棉籽饼，会造成内脏水肿、充血等中毒现象，并引起食欲减退、生长不良，因此，在生产中应使用经脱毒处理的棉籽饼（粕）。棉酚的含量与脱油工艺有一定关系，压榨饼和浸提粕中的含量远低于土榨饼，并与加热与否有关。脱去棉籽饼（粕）中游离棉酚的方法主要有浸泡法、化学法和微生物法。无腺体的棉籽仁内不含色素腺体，种仁几乎不含棉酚，又称无酚棉。我国目前栽培的主要是有腺体棉。

根据棉花品种和处理情况的不同，常见的棉籽有光籽和毛籽两种。种籽外面没有短绒或脱绒后仅有少量短绒的棉籽为光籽。种籽外面包有短绒的为毛籽。一般短绒约占毛籽重量的10%～14%。我国种植的棉籽大多是毛籽。光籽或脱绒后的毛籽由棉籽壳和棉仁组成。一般棉籽壳占39%～52%，棉仁占48%～61%。棉籽壳以粗纤维和灰分为主。棉仁以油脂（35%～46%）和蛋白质（30%～35%）为主，碳水化合物仅15%左右，棉仁蛋白质以球蛋白和清蛋白为主，品质较好，赖氨酸含量可达蛋白质的3.69%～7.59%（平均为6%）。棉籽榨油可直接用未脱壳的棉籽进行，副产物称为棉籽饼（粕）；也可用经过脱绒或脱壳后的棉仁进行，此法可提高油和饼（粕）的质量，由此得到的榨油副产物应称为棉仁饼（粕），但习惯上也称为棉籽饼（粕）。

2. 营养特性　由于粗纤维含量主要取决于制油过程中棉籽

脱壳程度。国产棉籽饼（粕）粗纤维含量较高，达13%以上，为豆饼（粕）的2倍以上，有效能值低于大豆饼（粕）。脱壳较完全的棉仁饼（粕）粗纤维含量约12%，代谢能水平较高。

棉籽饼（粕）粗蛋白质含量较高，达34%以上，棉仁饼（粕）粗蛋白质可达41%～44%。但氨基酸中赖氨酸较低，为1.3%～1.5%，仅相当于大豆饼（粕）的50%～60%，这与棉仁蛋白质品质不符，可能加工过程中发生了美拉德反应。蛋氨酸含量也较低，只有0.3%～0.38%，精氨酸含量较高，达3.67%～4.14%。赖氨酸与精氨酸之比在100∶270以上。远远超出了赖氨酸与精氨酸之比的理想值，容易产生赖氨酸与精氨酸的拮抗作用。矿物质中钙少磷多，其中71%左右为植酸磷，含硒少。维生素B_1含量较多，维生素A、维生素D少。

棉籽饼（粕）中的抗营养因子主要为棉酚、环丙烯脂肪酸、单宁和植酸。

棉籽饼（粕）成分及营养价值见表3-31、表3-32和表3-33。

表3-31　棉籽饼成分及营养价值（中国饲料数据库，2011年第22版）

名　称	含量	名　称	含量
干物质（%）	88.0	蛋氨酸（%）	0.41
粗蛋白质（%）	36.3	胱氨酸（%）	0.70
粗脂肪（%）	7.4	苏氨酸（%）	1.14
粗纤维（%）	12.5	异亮氨酸（%）	1.16
无氮浸出物（%）	26.1	亮氨酸（%）	2.07
粗灰分（%）	5.7	精氨酸（%）	3.94
钙（%）	0.21	缬氨酸（%）	1.51
磷（%）	0.83	组氨酸（%）	0.90
有效磷A-P（%）	0.28	酪氨酸（%）	0.95
代谢能（鸡）（兆焦/千克）	9.04	苯丙氨酸（%）	1.88
赖氨酸（%）	1.40	色氨酸（%）	0.39

表 3-32 棉籽饼成分及营养价值（中国饲料数据库，2011 年第 22 版）

名　称	含量	名　称	含量
干物质（%）	90.0	蛋氨酸（%）	0.58
粗蛋白质（%）	43.5	胱氨酸（%）	0.68
粗脂肪（%）	0.5	苏氨酸（%）	1.25
粗纤维（%）	10.5	异亮氨酸（%）	1.29
无氮浸出物（%）	28.9	亮氨酸（%）	2.47
粗灰分（%）	6.6	精氨酸（%）	4.65
钙（%）	0.28	缬氨酸（%）	1.91
磷（%）	1.04	组氨酸（%）	1.19
有效磷 A-P（%）	0.36	酪氨酸（%）	1.05
代谢能(鸡)（兆焦/千克）	8.49	苯丙氨酸（%）	2.28
赖氨酸（%）	1.97	色氨酸（%）	0.51

表 3-33 棉籽饼（粕）的矿物质含量

元　素	棉籽饼	棉籽粕	元　素	棉籽饼	棉籽粕
钙（%）	0.22	0.25	铜（毫克/千克）	18.0	19.8
磷（%）	0.83	0.93	锰（毫克/千克）	16.0	18.1
植酸磷（%）	0.55	0.64	锌（毫克/千克）	38.7	45.8
铁(毫克/千克)	224	226			

3. 质量标准　我国农业部标准规定：棉籽饼的感官性状为小片状或饼状，色泽呈新鲜一致的黄褐色；无发酵、霉变、虫蛀及异味、异嗅；水分含量不得超过 12.0%；不得掺入饲料用棉籽饼以外的东西。具体质量标准见表 3-34。

表 3-34 饲料用棉籽饼质量标准（%）（GB/T 21264—2007）

质量指标	一级	二级	三级
粗蛋白质	≥40.0	≥36.0	≥32.0
粗纤维	<10.0	<12.0	<14.0
粗灰分	<6.0	<7.0	<8.0

4. 饲用价值　棉籽饼（粕）对鸡的饲用价值主要取决于游离棉酚和粗纤维的含量。含壳多的棉籽饼（粕），粗纤维含量高，热能低，应避免在肉鸡中使用。用量以游离棉酚含量而定，通常游离棉酚含量在0.05%以下的棉籽饼（粕），在肉鸡饲粮中的用量可达10%～20%，产蛋鸡饲粮可达5%～15%，未经脱毒处理的饼（粕），饲粮中用量不得超过5%。蛋鸡饲粮中棉酚含量在200毫克/千克以下，不影响产蛋率，若要防止"桃红蛋"，应限制在50毫克/千克以下。亚铁盐的添加可增强鸡对棉酚的耐受力。鉴于棉籽饼（粕）中的环丙烯脂肪酸对动物的不良影响，棉籽饼（粕）中的脂肪含量越低越安全。

（三）花生仁饼（粕）

1. 概述　我国是花生生产大国，播种面积及总产量均居印度之后，为世界第二位，总产量约占世界总产量的26.8%。花生饼（粕）是指脱壳后的花生仁经脱油后的副产物，是重要的蛋白质来源，年产量约200万吨，以山东省最高，占全国总产量的1/4；其次为河南、广东等省。

花生荚果含壳率为20%～30%，壳中含大量的粗纤维（60%～80%）。花生仁富含脂肪（35%～60%，平均50%）和蛋白质（25%～30%，平均27%）。花生仁种皮较薄，约占花生仁重量的7%左右，含有较高的脂肪（最高可达14%）和蛋白质。因此，花生仁可不脱皮直接榨油。

花生脱壳取油的工艺可分浸提法、机械压榨法、预压浸提法和土法夯榨法。用机械压榨法和土法夯榨法榨油后的副产品为花生饼，用浸提法和预压浸提法榨油后的副产品为花生粕。

2. 营养特性　不带壳花生饼（粕）的粗纤维含量一般为4%～6%，与大豆饼（粕）相当。花生（仁）饼蛋白质含量约44%，花生（仁）粕蛋白含量约47%，蛋白质含量高，比大豆饼（粕）高3～5个百分点，但63%为不溶于水的球蛋白，可溶于水的白蛋白仅占7%。蛋白质品质不如大豆蛋白。氨基酸组成不平衡，赖氨酸、蛋氨酸含量偏低，精氨酸含量在所有植物性饲料中最高，赖氨酸与精氨酸之比在100∶380以上，饲喂家畜时适于和精氨酸含量低的菜籽饼（粕）、血粉等配合使用。在无鱼粉的玉米-豆粕型饲粮中，产蛋鸡的第一、二、三、四位限制性氨基酸依次是蛋氨酸、亮氨酸（肉仔鸡为赖氨酸）、精氨酸、色氨酸。蛋氨酸、赖氨酸有合成品可直接添加补充，精氨酸和色氨酸无合成品可用花生（仁）饼（粕）补其不足。花生（仁）饼（粕）的有效能值在饼（粕）类饲料中最高，约12.26兆焦/千克，无氮浸出物中大多为淀粉、糖分和戊聚糖。残余脂肪熔点低，脂肪酸以油酸为主，不饱和脂肪酸约占53%～78%。钙磷含量低，磷多为植酸磷，铁含量略高，其他矿物元素较少。胡萝卜素、维生素D、维生素C含量低，B族维生素较丰富，尤其烟酸含量高，约174兆焦/千克。核黄素含量低，胆碱约1 500～2 000兆焦/千克。

花生（仁）饼（粕）中含有少量胰蛋白酶抑制因子。花生（仁）饼（粕）极易感染黄曲霉，产生黄曲霉毒素，引起动物黄曲霉毒素中毒。我国饲料卫生标准中规定，其黄曲霉素含量不得大于0.05兆焦/千克。

花生仁饼及花生仁粕成分及营养价值见表3-35、表3-36。

表3-35 花生仁饼成分及营养价值（中国饲料数据库，2011年第22版）

名　称	含量	名　称	含量
干物质（%）	88.0	蛋氨酸（%）	0.39
粗蛋白质（%）	44.7	胱氨酸（%）	0.38
粗脂肪（%）	7.2	苏氨酸（%）	1.05
粗纤维（%）	5.9	异亮氨酸（%）	1.18
无氮浸出物（%）	25.1	亮氨酸（%）	2.36
粗灰分（%）	5.1	精氨酸（%）	4.60
钙（%）	0.25	缬氨酸（%）	1.28
磷（%）	0.53	组氨酸（%）	0.83
有效磷A-P（%）	0.16	酪氨酸（%）	1.31
代谢能(鸡)（兆焦/千克）	11.63	苯丙氨酸（%）	2.81
赖氨酸（%）	1.32	色氨酸（%）	0.42

表3-36 花生仁粕成分及营养价值（中国饲料数据库，2011年第22版）

名　称	含量	名　称	含量
干物质（%）	88.0	蛋氨酸（%）	0.41
粗蛋白质（%）	47.8	胱氨酸（%）	0.40
粗脂肪（%）	1.4	苏氨酸（%）	1.11
粗纤维（%）	6.2	异亮氨酸（%）	1.25
无氮浸出物（%）	27.2	亮氨酸（%）	2.50
粗灰分（%）	5.4	精氨酸（%）	4.88
钙（%）	0.27	缬氨酸（%）	1.36
磷（%）	0.56	组氨酸（%）	0.88
有效磷A-P（%）	0.17	酪氨酸（%）	1.39
代谢能(鸡)（兆焦/千克）	10.88	苯丙氨酸（%）	1.92
赖氨酸（%）	1.40	色氨酸（%）	0.45

3. 原料标准　饲料用花生（仁）饼（粕）国家标准规定：感官要求花生饼为小瓦块状或圆扁块状，花生粕为黄褐色或浅褐色不规则碎屑状，色泽新鲜一致；无发霉、变质、结块及异味、异嗅；水分含量不得超过12.0%。具体质量指标见表3-37、表3-38。

表3-37 饲料用花生饼质量标准（%）（NY/T 132—1989）

质量指标	一级	二级	三级
粗蛋白质	≥48.0	≥40.0	≥36.0
粗纤维	<7.0	<9.0	<11.0
粗灰分	<6.0	<7.0	<8.0

表3-38 饲料用花生粕质量标准（%）（NY/T 133—1989）

质量指标	一级	二级	三级
粗蛋白质	≥51.0	≥42.0	≥37.0
粗纤维	<7.0	<9.0	<11.0
粗灰分	<6.0	<7.0	<8.0

4. 饲用价值　花生饼（粕）的适口性极好，有香味，所有动物都爱吃，但生花生含有胰蛋白酶抑制因子，含量约为生黄豆的20%，可在榨油过程中经加热除去。花生饼（粕）极易感染黄曲霉，产生黄曲霉毒素引起畜禽中毒。

为避免黄曲霉毒素中毒，雏鸡、肉鸡前期最好不用花生饼（粕）。其他阶段用量宜在4%以下。花生（仁）饼（粕）应用于成鸡，因其适口性好，可提高鸡的食欲，育成期可用到6%，产蛋鸡可用到9%，若补充赖氨酸、蛋氨酸或与鱼粉、豆饼、血粉配合使用，效果更好。在鸡饲粮中添加蛋氨酸、硒、胡萝卜素、维生素或提高饲粮蛋白质水平，都可以降低黄曲霉毒素的毒性。

（四）菜籽饼（粕）

1. 概述　菜籽饼（粕）是一种良好的蛋白质饲料，但因含有毒物质，使其应用受到限制，实际用于饲料的仅占2/3，其余用作肥料，极大浪费蛋白质饲料资源。菜籽饼（粕）的合理利用，是解决我国蛋白质饲料资源不足的重要途径之一。

为解决菜籽的毒性问题，改善菜籽饼（粕）的饲用价值，植物育种学家一直致力于“双低”（低芥酸和低硫葡萄糖苷）油菜品种的培育，并于1974年第一个“双低”油菜品种在加拿大诞生，之后许多“双低”油菜品种陆续育种成功并得到迅速推广，到20世纪80年代末，欧洲一些国家基本实现了油菜品种双低化。我国双低油菜品种的研究始于70年代中后期，但发展迅速，已选育出多个双低油菜品种，推广面积也迅速扩大，达到目前油菜种植总面积的30%以上。

油菜品种可以为4大类：甘蓝型、白菜型、芥菜型和其他型油菜，不同品种含油量和有毒物质含量不同。油菜籽的榨油工艺主要为动力螺旋压榨法和预压浸提法，目前生产上以后者占主导地位。其工艺流程分别见图3-1、图3-2。

2. 营养特性　油菜籽榨油时不脱皮，种皮可占菜籽饼（粕）

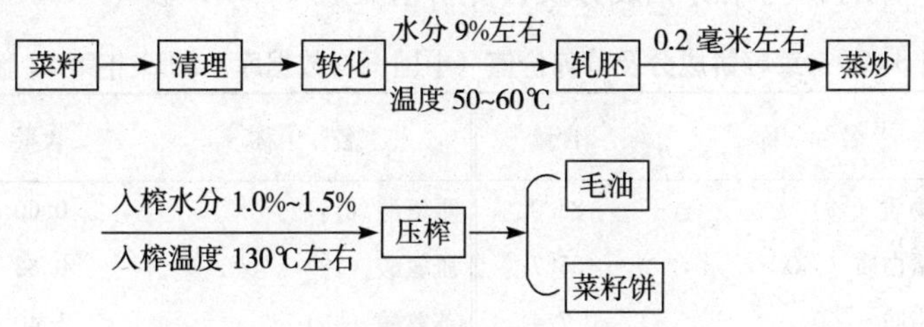

图 3-1　动力螺旋压榨法工艺流程

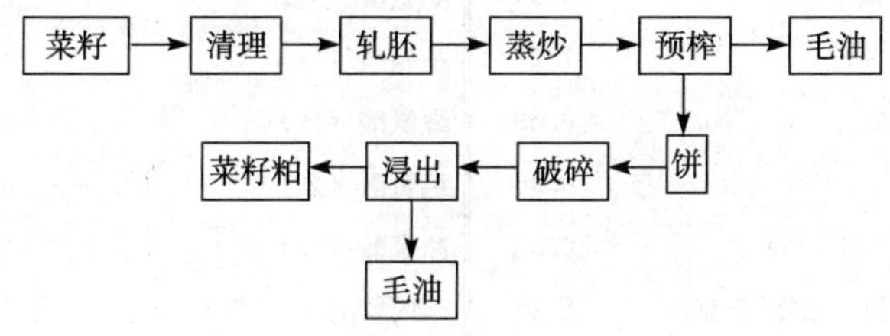

图 3-2　预压浸提法工艺流程

干重的25%～30%，因此粗纤维含量较高，约12%～13%，有效能值较低。菜籽饼（粕）均含有较高的粗蛋白质，约34%～38%。氨基酸组成平衡，含硫氨基酸较多，精氨酸含量低，精氨酸与赖氨酸的比例适宜，是一种良好的氨基酸平衡饲料。碳水化合物为不宜消化的淀粉，且含有8%的戊聚糖，雏鸡不能利用。菜籽外壳几乎无利用价值，是影响菜籽粕代谢能的根本原因。矿物质中钙、磷含量均高，但大部分为植酸磷，富含铁、锰、锌、硒，尤其是硒含量远高于豆饼。维生素中胆碱、叶酸、烟酸、核黄素、硫胺素均比豆饼高，但胆碱与芥子碱呈结合状态，不易被肠道吸收。

“双低”菜籽饼（粕）与普通菜籽饼（粕）相比，粗蛋白质、粗纤维、粗灰分、钙、磷等常规成分含量差异不大，“双低”菜籽饼（粕）有效能略高。赖氨酸含量和消化率显著高于普通菜籽饼（粕），蛋氨酸、精氨酸含量略高。

菜籽饼与菜籽粕成分及营养价值见表3-39、表3-40。

表3-39 菜籽饼成分及营养价值（中国饲料数据库，2011年第22版）

名　称	含量	名　称	含量
干物质（%）	88.0	蛋氨酸（%）	0.60
粗蛋白质（%）	35.7	胱氨酸（%）	0.82
粗脂肪（%）	7.4	苏氨酸（%）	1.40
粗纤维（%）	11.4	异亮氨酸（%）	1.24
无氮浸出物（%）	26.3	亮氨酸（%）	2.26
粗灰分（%）	7.2	精氨酸（%）	1.82
钙（%）	0.59	缬氨酸（%）	1.62
磷（%）	0.96	组氨酸（%）	0.83
有效磷A-P（%）	0.33	酪氨酸（%）	0.92
代谢能(鸡)（兆焦/千克）	8.16	苯丙氨酸（%）	1.35
赖氨酸（%）	1.33	色氨酸（%）	0.42

表3-40 菜籽粕成分及营养价值（中国饲料数据库，2011年第22版）

名　称	含量	名　称	含量
干物质（%）	88.0	蛋氨酸（%）	0.63
粗蛋白质（%）	38.6	胱氨酸（%）	0.87
粗脂肪（%）	1.4	苏氨酸（%）	1.49
粗纤维（%）	11.8	异亮氨酸（%）	1.29
无氮浸出物（%）	28.9	亮氨酸（%）	2.34
粗灰分（%）	7.3	精氨酸（%）	1.83
钙（%）	0.65	缬氨酸（%）	1.74
磷（%）	1.02	组氨酸（%）	0.86
有效磷A-P（%）	0.35	酪氨酸（%）	0.97
代谢能(鸡)（兆焦/千克）	7.41	苯丙氨酸（%）	1.45
赖氨酸（%）	1.30	色氨酸（%）	0.43

3. 原料标准　饲料用菜籽饼（粕）国家标准规定：感官性状为褐色、小瓦片状、片状或饼状（菜籽饼），为黄色或浅褐色、碎片或粗粉状（菜籽粕）；具有菜籽油的香味；无发酵、霉变、结块及异嗅；水分含量不得超过12.0%。具体质量指标见表3-41、表3-42。

表3-41　饲料用菜籽饼质量标准（%）（NY/T 125—1989）

质量指标	一级	二级	三级
粗蛋白质	≥37.0	≥34.0	≥30.0
粗脂肪	<10.0	<10.0	<10.0
粗纤维	<14.0	<14.0	<14.0
粗灰分	<12.0	<12.0	<12.0

表3-42　饲料用菜籽粕质量标准（%）（NY/T 126—2005）

质量指标	一级	二级	三级
粗蛋白质	≥40.0	≥37.0	≥33.0
粗纤维	<14.0	<14.0	<14.0
粗灰分	<8.0	<8.0	<8.0

4. 饲用价值　菜籽饼（粕）因含有多种抗营养因子，饲喂价值明显低于大豆粕。并可引起甲状腺肿大，采食量下降，生产性能下降。近年来，国内外培育的“双低”（低芥酸和低硫葡萄糖苷）品种已在我国部分地区推广，并获得较好效果。

在鸡配合饲料中，菜籽饼（粕）应限量使用。一般幼雏应避免使用。品质优良的菜籽饼（粕），肉鸡后期可用至10%～15%，但为防止肉鸡风味变劣，用量宜低于10%。蛋鸡、种鸡可用至8%，超过12%即引起蛋重和孵化率下降。褐壳蛋鸡采食多时，鸡蛋有鱼腥味，应谨慎使用。

（五）葵花籽饼（粕）

葵花籽形状扁平，具厚壳。一般含壳30%～32%、油

20%～32%脱壳葵花籽含油可达40%～50%；葵花籽适应性强，耐盐碱和干旱，适宜我国北方各地种植，产量以内蒙古最高，约占1/3以上，其次为吉林、新疆，约占1/5，是我国重要的油料作物之一。

1. 营养价值　葵花籽壳大约占葵花籽重量的76%，粗纤维含量高达64%（干物质基础）、而蛋白质（6.0%）、脂肪（2.0%）含量低。葵花籽仁干物质中蛋白质和脂肪含量分别可达22.4%和53.9%；因此，脱壳程度对葵花籽饼（粕）的营养价值影响很大（表3-43），葵花籽饼（粕）的蛋白质含量均较高，但粗纤维含量高，按国际饲料分类原则已不属于蛋白质饲料，而属于粗饲料。而脱壳葵花籽仁饼（粕）的粗纤维含量较低，与棉、菜籽饼（粕）相当，蛋白质含量高达41%以上，与豆饼（粕）相当，属于蛋白质饲料。

表3-43　葵花籽饼（粕）的一般成分（%）

成分	葵花籽饼	葵花籽粕	脱壳葵花仁	
			饼	粕
水分	10.0	10.0（9～11.5）	10.0	10.0
粗蛋白质	28.0	32.0（29～34）	41.0	46.0
粗脂肪	24.0	22.0（20～25）	13.0	11.0
粗纤维	6.0	2.0（0.5～2.5）	7.0	3.0
粗灰分	6.0	6.0（5～7）	7.0	7.0
钙	—	0.56	—	—
磷	—	0.90	—	—

国内生产的葵花籽饼（粕）含壳量不同，营养成分差异较大。从国产葵花籽饼（粕）的养分平均值（表3-43）来看，葵花籽饼（粕）都应算作粗饲料，但实测44个葵花籽饼，其中有28个属粗饲料，约占2/3；22个葵花籽粕中有15个属粗饲料，占2/3；而用于蛋白质饲料的葵花籽饼蛋白质含量低于30%，且

粗纤维含量较高（10%以上），与菜、棉籽饼（粕）接近，因而有效能值较低，属低档蛋白质饼（粕）饲料。

葵花籽饼（粕）的氨基酸含量与其蛋白质含量有关，蛋白质含量高，则氨基酸含量也高。葵花籽饼（粕）必需氨基酸含量低，基本上处于猪、鸡需要的水平上。尤其是赖氨酸较低，不能满足幼龄畜禽的需求。

2. 饲用价值　葵花籽饼（粕）缺乏赖氨酸、苏氨酸等，饲用价值不如豆粕，随用量增加，肉用仔鸡生产性能变差，即使添加氨基酸，也不能达到豆粕价值，生长前期尤其如此。蛋鸡饲粮中用量宜在10%以下。脱壳葵花仁饼（粕）用量可增至20%，但用量太高会导致蛋壳产生斑点。此外，以粉状饲喂雏鸡时，因原料太细会黏在鸡喙周围，影响采食量；制粒则可以消除此影响。

（六）芝麻饼（粕）

我国年产芝麻70万吨左右，是世界第一大芝麻生产国。芝麻榨油后可得到52%芝麻饼和47%的芝麻油。芝麻饼不含不良影响因子，属安全饼（粕）类，芝麻饼的一般成分见表3-45。其成分因品种、脱脂方法不同而有所差异。其代谢能值为9.12兆焦/千克左右，比豆饼低，粗蛋白质含量达40%以上，与豆饼接近。蛋氨酸含量较高，可达0.8%以上，比大豆饼、亚麻饼高1倍，是所有植物性饲料中蛋氨酸含量最高的；色氨酸含量也较高。但赖氨酸含量低，仅1.0%左右，且精氨酸含量高，在4.0%左右。赖氨酸与精氨酸比极不平衡。因此，需与富含赖氨酸的大豆饼（粕）饲料配合使用。芝麻饼的钙含量很高，远高于其他植物性饲料和饼（粕）饲料，而且钙高于磷，磷以植酸磷为主。芝麻饼（粕）的肌醇三磷酸含量很高，导致磷利用率降低，对钙和其他养分的利用均有影响，含有芝麻饼的日粮也需额外添加钙。

芝麻带有苦涩味，适口性较差，芝麻饼喂鸡的效果仍不如大豆粕，芝麻饼（粕）的残留油脂是高度不饱和的，喂量太高，还可能引起脚软和生长抑制。雏鸡饲粮应避免使用芝麻饼，其他阶段也尽可能少用。据报道，将芝麻饼、棉籽饼和花生饼合用，按15%比例添加，效果较好。

表3-44 芝麻饼的一般成分（%）

种类	平均值	范围
水分	7.0	6.0～11.0
粗蛋白质	44.0	42.0～46.0
粗脂肪	5.0	4.0～6.5
粗纤维	6.0	5.5～7.5
粗灰分	11.0	10.5～13.0
钙	2.0	1.90～2.25
磷	1.3	1.25～1.75

二、动物性蛋白质饲料

动物性蛋白质饲料主要指水产、畜禽加工、乳制品等加工副产品。该类饲料的主要营养特点是：粗蛋白质含量高（40%～85%），用量小，不是作为畜禽主要蛋白质来源使用，而是用以补充某些必需氨基酸的不足，此外，动物性蛋白质饲料可为动物提供丰富的矿物质营养，并提供各种B族维生素。

（一）鱼粉

1. 概述　全世界鱼粉年产量约600万吨，我国至少需要70万吨（近年由于大肠杆菌和沙门氏菌的影响，鱼粉在养禽业的使用有所下降）。国产鱼粉仅能满足配合饲料需要的8%～10%，大量靠进口。在英国，鱼粉的法定含义是指各种鱼类的整体或其部分经干燥、磨碎所获得的产品。在我国广泛使用的鱼粉，是指以全鱼作原料制成的不掺杂异物的纯鱼粉。

国际鱼粉生产者协会从贸易和质量评价角度对鱼粉进行了分类：

（1）高蛋白鱼粉　蛋白质含量在68.0%以上，脂肪含量低于9.0%，多数鲱鱼粉将归入这一类。

（2）普通鱼粉　蛋白质含量为64.0%～67.9%，脂肪含量为13%，这类鱼粉有毛鳞鱼粉和南美鱼粉。

（3）普通低脂鱼粉　蛋白质含量为64.0%～67.9%，脂肪在6.0%以下，含有大量下等鱼的鱼粉归入这一类。

（4）标准鱼粉　蛋白质含量为60.0%～63.9%，这类鱼粉包括美洲步鱼鱼粉。此外，鱼粉的品质还因加工制造方法不同而有区别。

2. 鱼粉的营养特性　鱼粉的主要营养特点是蛋白质含量高，一般脱脂全鱼粉的粗蛋白质含量高达60%以上。氨基酸组成齐全、平衡，尤其是主要氨基酸与猪、鸡体组织氨基酸组成基本一致。钙、磷含量高，比例适宜。微量元素中碘、硒含量高。富含维生素B_{12}、脂溶性维生素A、维生素D、维生素E和未知生长因子。所以，鱼粉不仅是一种优质蛋白源，而且是一种不易被其他蛋白质饲料完全取代的动物性蛋白质饲料。但其营养成分因原料质量不同，变异较大。

通常真空干燥法或蒸汽干燥法制成的鱼粉，蛋白质利用率比用烘烤法制成的鱼粉约高10%。鱼粉中一般含有6%～12%的脂类，其中不饱和脂肪酸含量较高，极易被氧化产生异味。进口鱼粉因生产国的工艺及原料而异。质量较好的是秘鲁鱼粉及白鱼鱼粉，粗蛋白质含量可达60%以上。含硫氨基酸约比国产鱼粉高1倍，赖氨酸也明显高于国产鱼粉。国产鱼粉由于原料品种、加工工艺不规范，产品质量参差不齐。

鱼浸膏中含水分约为50%，粗蛋白质30%，含硫氨基酸、色氨酸等含量均低于鱼粉。鱼粉不含纤维素与木质素等难消化和不易消化的物质，其能值主要取决于粗脂肪的含量，一般认为鱼粉属高能量饲料。鱼粉的蛋白质含量高，品质好，赖氨酸、蛋氨酸含量高，精氨酸含量少，适宜与其他饲料配合使用。肉仔鸡、雏鸡、产蛋鸡日粮中为3%～5%。对于生长肥育后期的畜禽日粮不用鱼粉，一方面出于经济原因，另一方面是为了避免胴体出现鱼腥味。在购买和使用鱼粉时，要注意是否掺杂、含盐量、大肠杆菌污染和发霉、变质等问题。

3. 鱼粉的质量标准

(1) 鱼粉的品质鉴别

①色泽与气味：不同种类的鱼粉色泽具有差异性，正常鲱鱼粉应呈淡黄或淡褐色；沙丁鱼粉应呈红褐色；鳕鱼等白体鱼粉应呈淡黄色或灰白色，均具鱼腥味。蒸煮不透、压榨不完全、含脂较高的鱼粉颜色都较深；如果具有酸、臭及焦灼腐败味，品质欠佳。

②定量检测：鱼粉中水分含量一般应在10%左右，过高不宜贮藏，过低有可能是加热过度，会导致氨基酸利用率降低。粗蛋白质含量一般应在60%左右。正常鱼粉胃蛋白酶消化率应在88%以上。粗脂肪含量一般不应超过12%，大于12%可能是加工不良或原料不新鲜，这样的鱼粉贮藏时容易发生酸败，出现异味，并影响其他营养物质的消化利用。

一般进口鱼粉含盐约2%左右，国产鱼粉含量应小于5%。但有些国产鱼粉含盐量很高，易造成畜禽食盐中毒。故检测鱼粉含盐量非常重要。

全鱼粉粗灰分含量多在20%以下，超过26%为非全鱼鱼粉。

(2) 鱼粉的标准　迄今我国还没有正式发布饲料用鱼粉质量的国家标准，现仍执行原农牧渔业部发布的《鱼粉》标准。卫生标准则按中华人民共和国标准《饲料卫生标准》(强制性标准)执行。

我国鱼粉专业标准适用于以鱼、虾、蟹类等水产动物或鱼品加工过程中所得的鱼头、尾、内脏等为原料，进行干燥、脱脂、粉碎或先经蒸煮再压榨、干燥、粉碎而制成的作为饲料用的鱼粉。其质量标准与卫生标准见表3-45和表3-46。

表3-45 饲料用鱼粉的质量标准

质量指标	特级品	一级品	二级品	三级品
色泽	黄棕色、黄褐色等鱼粉正常颜色			
组织	蓬松、纤维状组织明显，无结块、无霉变	较蓬松、纤维状组织较明显，无结块、无霉变	松软粉状物，无结块、无霉变	
气味	有鱼香味，无焦灼味和油脂酸败味		具有鱼粉正常气味、无异臭及焦灼味	
粉碎粒度	至少98%能通过筛网宽度为2.80毫米的标准筛网			
粗蛋白质（%）	≥60	≥55	≥50	≥45
粗脂肪（%）	≤10	≤10	≤12	≤12
水分（%）	≤10	≤10	≤10	≤12
盐分（%）	≤2	≤20	≤25	≤4
灰分（%）	≤15	≤3	≤3	≤25
砂分（%）	≤2	≤3	≤3	≤4

表3-46 饲料用鱼粉的卫生标准（GB/T 19164—2003）

卫生指标	范围
砷（毫克/千克，以As计）	≤10
铅（毫克/千克，以Pb计）	≤10
汞（毫克/千克，以Hg计）	≤0.5

4. 鱼粉的饲用价值　因鱼粉中不饱和脂肪酸含量较高并具有鱼腥味，故在畜禽饲粮中使用量不可过多，否则可导致畜产品产生异味。在家禽饲粮中使用鱼粉过多可导致禽肉、蛋产生鱼腥味，因此当鱼粉中脂肪含量约10%时，在鸡饲粮中用量应控制在10%以下。鱼油含量要求小于1%。火鸡宰前8周应停喂鱼粉。幼龄畜禽饲粮中鱼粉添加量应小于10%，成年畜禽小于5%。

鱼粉应贮藏在干燥、低温、通风、避光的地方，防止发生变质。鲱鱼、西鲱鱼及鲤科鱼类，体内含有破坏硫胺素的酶，特别是鱼粉不新鲜时，会释放出硫胺素酶，大量摄入会引起硫胺素缺乏症。因此，在使用劣质鱼粉时应考虑提高硫胺素的添加量。当加工温度过高、时间过长或运输、贮藏过程中发生自燃，都会使鱼粉产生过多的肌胃糜烂素，这是鱼粉中的组胺（组胺酸的衍生物）与赖氨酸反应生成的一种化合物，以沙丁鱼制得的鱼粉（红鱼粉）最易生成这种化合物。正常的鱼粉中含量不超过0.3毫克/千克，如果鱼粉中这种物质含量过高，喂鸡常因胃酸分泌过度而使鸡嗉囊肿大，肌胃糜烂、溃疡、穿孔，最后呕血死亡。此病又称为"黑色呕吐病"，生产中对该类鱼粉应慎用或不用。

配方计算时应考虑鱼粉的含盐量，以防食盐中毒。

（二）肉骨粉、肉粉

肉骨粉或肉粉是以动物屠宰场副产品中除去可食部分之后的残骨、脂肪、内脏、碎肉等为主要原料，经过脱油后再干燥粉碎而得的混合物。产品中不应含毛发、蹄、角、皮革、排泄物及胃内容物。含磷量在4.4%以上的为肉骨粉，在4.4%以下的为肉粉。肉骨粉的产地主要在澳大利亚、美国及新西兰。随着南美鱼粉生产量有限和中国市场进口鱼粉价格高涨，肉骨粉在中国养殖业中的应用越来越普遍。优质进口肉骨粉的蛋白质水平为50%，粗脂肪含量8%，含钙8%、磷4%，磷的利用率高，此外肉骨粉中维生素B_{12}含量丰富，硒和锌含量亦较高。国产肉骨粉蛋白质含量较低，为20%～26%，因原料变化较大，质量较难以保持稳定，影响使用效果。

1. 营养特性　新鲜肉骨粉或肉粉为淡褐色，具烤肉香及牛油或猪油味，贮藏不良时出现酸败味。肉骨粉的养分含量见表3-47，具有以下特点：

（1）蛋白质含量高，猪肉骨粉的蛋白质含量高于牛肉骨粉。

必需氨基酸中赖氨酸、苏氨酸等含量较高，而色氨酸、酪氨酸含量较低。因肉骨粉的蛋白质来源主要是结缔组织、脯氨酸、羟脯氨酸和甘氨酸含量也高。不同肉骨粉的蛋白质含量变异较大，而氨基酸含量的变异比蛋白质还要大。与鱼粉和豆粕相比，优质肉骨粉氨基酸消化率除胱氨酸外，比鱼粉的低3%～8%，约为豆粕的95%，胱氨酸消化率较低。

（2）肉骨粉粗灰分含量高。其中，钙磷含量高，磷为无机磷，利用率高。牛肉骨粉的粗灰分含量高于猪肉骨粉，钙磷含量也高。钠高，钾低。硒含量为0.25毫克/千克。

（3）骨粉含有较高的脂肪，因而能值较高。猪肉骨粉的脂肪含量高于牛肉骨粉。

（4）肉骨粉的维生素含量比鱼粉低。维生素 B_{12} 含量为0.07毫克/千克。

肉骨粉的饲用价值比豆粕和鱼粉差，随用量增加，饲粮适口性下降，故应限量使用。一般幼龄畜禽不宜使用，猪鸡饲粮以5%以下为宜。

表3-47 肉骨粉营养成分（%）

营养成分	肉骨粉①	猪肉骨粉②	牛肉骨粉②
水分	5（3～8）	5.33（2.88～7.93）	5.13（3.53～7.17）
粗蛋白质	50（48～53）	52.8（48.7～59.3）	49.2（42.1～57.0）
粗脂肪	10（8～12）	13.2（10.3～16.2）	8.5（6.6～10.7）
粗纤维	—	1.64（1.60～1.70）	2.75（1.80～3.80）
粗灰分	30（22～35）	26.1（23.9～29.9）	34.5（28.7～43.4）
钙	10（8～12）	8.68（7.09～10.38）	11.82（8.77～15.55）
磷	5（3～6）	4.71（4.22～5.44）	6.19（4.59～8.16）
食盐		0.85（0.49～1.51）	0.67（0.46～0.91）
钠	0.5（0.4～0.6）	0.63（0.54～0.82）	0.67（0.58～0.77）

①引自吕景旭（1998）。②引自胡少昶（1998）。

表 3-48　肉骨粉氨基酸含量及消化率（%）

氨基酸	含量			禽消化率
	典型值①	猪肉骨粉②	牛肉骨粉②	
赖氨酸	2.80	2.46	2.46	80.0
蛋氨酸	0.64	0.67	0.66	84.5
胱氨酸	0.60	0.41	0.47	—
色氨酸	0.29	—	—	50.0
苏氨酸	2.00	1.56	1.51	81.3
精氨酸	3.35	3.43	3.42	—
缬氨酸	2.35	2.06	2.02	78.3
亮氨酸	3.60	—	—	84.3
异亮氨酸	1.45	1.26	1.20	80.3
组氨酸	0.90	—	—	74.1

①引自吕景旭（1998）。②引自胡少昶（1998）。

2. 使用注意事项

（1）肉骨粉养分含量及品质受原料种类、成分、加工方法、脱脂程度及储藏期影响变异较大，因此，应监测肉骨粉的养分含量。以可利用基础配制饲粮能提高肉骨粉的饲用价值。

（2）肉骨粉含脂较高，易于氧化酸败，应避免使用变质肉骨粉。

（3）肉骨粉原料可能来自患病动物（如疯牛病患牛），并极易污染沙门氏菌和其他有害微生物，因此，应注意监控肉骨粉的卫生指标。

（4）肉骨粉含钙磷高，在饲粮中用量过高会导致饲粮钙磷过高，影响动物生产性能。

（三）血液制品

1. 概况　血液制品有血粉、血浆蛋白粉和红细胞蛋白。

（1）血粉　是畜禽鲜血经脱水加工而成的一种产品，是屠宰场的主要副产品之一。我国畜禽血液资源丰富，估计年血粉生产能力为40万吨以上，但目前实际利用率不到20%。是一项值得开发利用的饲料资源。血粉的生产工艺可分为蒸煮干燥和喷雾干燥两种，工艺流程和产品特征不同。

蒸煮血粉的工艺流程：

鲜血→蒸汽凝固→脱水→干燥→粉碎→成品

喷雾血粉的工艺流程：

鲜血→搅血→浸提（抽提）→沉淀→过滤→喷雾干燥→成品

该工艺较先进，产品中不含血纤维成分，水溶性蛋白质较多，生产过程温度较低，对蛋白质质量影响较小，成本高。

（2）血浆蛋白粉　是鲜血分离出红细胞后经喷雾干燥而制成的产品。生产工艺为：鲜血收集在加有抗凝剂柠檬酸钠的冷藏容器中，离心分离红细胞，血浆经膜技术分离水分，再经喷雾干燥成为血浆蛋白粉。

（3）红细胞蛋白　是由分离出的红细胞经喷雾干燥而得。目前，国内市场的血浆蛋白粉和红细胞蛋白主要为进口。

2. 营养特性　血粉、血浆蛋白粉和红细胞蛋白的养分含量见表3-49。

表3-49　血粉和血浆蛋白粉的常规养分含量（%）

养分	血粉①	血浆蛋白粉②
水分	9.8±1.6	7.0
粗蛋白质	83.5±2.6	78.0
粗脂肪	0.31±0.1	2.0
粗灰分	3.7±1.1	8.5
钙	0.29±0.21	0.12
磷	0.31±0.13	1.78

①引自杨胜等（1992）。②引自宋国隆等（1999）。

表3-50 血粉、血浆蛋白粉和红细胞蛋白的氨基酸含量和利用率（%）

氨基酸	氨基酸含量			氨基酸利用率	
	血粉①	血浆蛋白粉②	红细胞蛋白②	血浆蛋白粉①	红细胞蛋白②
粗蛋白	81.3	70.80	88.00	78	87
赖氨酸	6.91	6.33	8.24	86	94
蛋氨酸	0.77	2.40	1.15	63	84
胱氨酸	—	2.36	1.12	—	—
苏氨酸	3.14	4.22	3.93	80	86
色氨酸	1.11	1.29	1.12	92	92
缬氨酸	6.66	4.77	7.76	84	92
组氨酸	4.63	2.33	5.39	89	95
亮氨酸	8.88	7.03	11.16	83	92
异亮氨酸	0.76	2.75	0.93	83	67
苯丙氨酸	5.78	4.15	6.17	85	92
精氨酸	3.22	4.25	3.64	86	90

①引自杨胜等（1992）。②引自易敢峰等（1998）。

（1）血粉　血粉中碳水化合物和脂肪含量低，蛋白质含量很高，必需氨基酸含量也高，尤其是赖氨酸、色氨酸、组氨酸和苏氨酸。但蛋氨酸含量偏低，异亮氨酸缺乏，属于高能高蛋白，而氨基酸不平衡的蛋白质饲料。血粉本身不含粗纤维，粗灰分和粗脂肪含量低，如原料中混入植物性饲料和杂质，可测出粗纤维，粗灰分和粗脂肪含量也偏高。血粉钙磷含量低，且变异较大，但磷的利用率高。其微量元素中铁含量高达2 800毫克/千克，而其他元素含量较少。血粉的血纤维蛋白不易消化，氨基酸利用率低，赖氨酸和含硫氨基酸利用率受加工过程的温度影响较大，温度过高，利用率下降。血粉味苦，适口性差，用量不宜高，一般禽饲粮为2%左右。血粉吸湿性和黏性强，用量过高还会造成饲料加工过程中产生堵塞或黏附现象。

（2）血浆蛋白粉　血浆蛋白粉含粗蛋白质70%～78%、赖氨酸6%～7.6%。血浆蛋白粉的蛋白质含量比血粉低，但蛋白质品质优于血粉，必需氨基酸含量高且平衡。适口性好，蛋白质和氨基酸的利用率均高，分别为76%～80%和86%～90%，是一种品质极佳的动物性蛋白质饲料。尤为可取的是还含有大量的功能性蛋白质，如免疫球蛋白、白蛋白、营养结合蛋白等。免疫球蛋白的含量高达22%，比初乳中含量（15%）还高。其中有大量的IgG，具有结合抗原、激活抗体、调节代谢等功能。

（3）红细胞蛋白　红细胞蛋白的蛋白质含量高，其中赖氨酸和组氨酸含量高，而蛋氨酸和异亮氨酸含量低，氨基酸不平衡。红细胞蛋白蛋白质和氨基酸的利用率高，可与脱脂奶粉相比。铁含量高达2 700毫克/千克，可防止动物贫血。鸡饲粮中用量以2%为宜。

发酵血粉是开发我国饲用血粉的一个重要方向，利用米曲霉接种发酵后，血粉的营养价值有所提高，消化吸收率得以改善。发酵血粉的蛋白质含量一般为60%～65%，赖氨酸为3.47%～4.32%，氨基酸表观消化率较普通干燥血粉提高20%左右。

（四）羽毛粉

羽毛粉是家禽羽毛的加工产物。羽毛蛋白质为角蛋白，含有丰富的二硫键，羽毛粉的营养价值取决于加工工艺。生羽毛粉对畜禽无利用价值，高压酸水解可破坏二硫键，提高羽毛粉的营养价值。故羽毛粉产品常称为水解羽毛粉。水解羽毛粉的蛋白质含量一般为81%～83%，但蛋白质品质较差，蛋氨酸、赖氨酸、组氨酸与色氨酸含量较低，而精氨酸与胱氨酸含量较高。

表3-51　羽毛粉的养分含量（%）

养分	平均	范围
水分	8.0	5.0～10.0
粗蛋白质	84.0	79.0～88.0

（续）

养分	平均	范围
粗脂肪	2.5	2.0～4.0
粗纤维	1.5	1.0～2.0
粗灰分	2.8	2.0～3.8
钙	0.40	
磷	0.70	

羽毛粉粗脂肪和粗灰分含量低，代谢能值可达 10 兆焦/千克。钙低磷高，并含有丰富的硫，可达1.5%，是所有饲料含硫最高者，约为其他动物性和植物性饲料的 3 倍以上。锌和硒较高，其他微量元素和维生素含量较少。

羽毛粉蛋白质中，氨基酸组成最显著的特点是甘氨酸（6.3%）、丝氨酸（9.3%）、异亮氨酸（6.4%）、胱氨酸（3.3%）含量高，而赖氨酸（2.2%）、蛋氨酸（0.5%）、色氨酸（0.7%）含量很低，氨基酸极不平衡，氨基酸消化率平均为70%左右。

羽毛粉的饲用价值较低，主要用于家禽，可改善羽毛生长发育，防止啄癖，应注意羽毛粉的饲用价值受加工条件影响较大，养分含量因混杂物含量不同变异较大，原料容易污染有害微生物或发霉变质。使用时应与其他蛋白质饲料搭配，保证氨基酸平衡，适宜用量为3%～5%。

第四节 氨基酸添加剂

一、家禽氨基酸营养

1. *必需氨基酸和非必需氨基酸* 动物营养学理论已经阐明，蛋白质的营养主要就是作为其组成成分的约 20 种氨基酸的营养。根据动物体自身是否能够在体内合成足够的数量，可以将这些氨基酸划分为必需氨基酸和非必需氨基酸。

必需氨基酸指动物自身不能合成或合成的数量不能满足动物的需要，必须由饲粮供给的氨基酸。对家禽来说必需氨基酸有11种，包括赖氨酸、蛋氨酸、色氨酸、亮氨酸、异亮氨酸、苯丙氨酸、苏氨酸、缬氨酸、甘氨酸、胱氨酸和酪氨酸，其中前8种为动物机体生长普遍必需的氨基酸。非必需氨基酸为动物体内能够合成并可以满足需要，可不由饲粮提供的氨基酸，非必需氨基酸并不是指动物在生长和维持生命的过程中不需要这些氨基酸。实际上，非必需氨基酸绝大部分由日粮提供，不足部分才由体内合成。

2. 限制性氨基酸　限制性氨基酸指一定饲料或饲粮所含必需氨基酸的量与动物所需蛋白质的必需氨基酸的量相比，比值偏低的氨基酸。比值最低的称为第一限制性氨基酸，以后依次叫第二、三……限制性氨基酸等。限制性氨基酸的确定可通过与参比蛋白质比较，求出化学比分（如奶蛋白、肉蛋白、蛋蛋白、毛蛋白等）和与需要量比较求出满足需要的程度的方法。

常见的禾谷类及其他植物性饲料，对于猪而言，赖氨酸为第一限制性氨基酸，蛋氨酸为第二限制性氨基酸；对于家禽，蛋氨酸为第一限制性氨基酸，赖氨酸为第二限制性氨基酸。

3. 氨基酸的拮抗　化学结构相似的氨基酸之间会发生拮抗作用，即在结构相似的氨基酸之间，如果有一种氨基酸过量，动物生长就会受到不良影响。在这种情况下，补充一种在结构上与过量氨基酸类似的氨基酸，可以消除过量氨基酸所产生的不良作用。

氨基酸的拮抗作用主要有以下两种情况：

（1）赖氨酸和精氨酸之间的拮抗　这两种氨基酸在体内共用转运系统，血液中赖氨酸浓度升高，会降低精氨酸在肾小管的重吸收，由尿中排出的精氨酸便增多。另外，赖氨酸过剩可使肾脏的精氨酸酶活性增加几倍，从而造成精氨酸的分解增多，这种情况下分解的精氨酸数量可达到其摄入量的30%～40%。

(2) 支链氨基酸之间的拮抗　包括亮氨酸、异亮氨酸和缬氨酸。这三种氨基酸化学结构相似，在体内共用转运系统，从而相互竞争转运系统，影响吸收。另外，由于支链氨基酸在转氨基作用和氧化脱羧作用中分别由相同的酶催化，因此，一种氨基酸引起酶活性升高后，将导致所有支链氨基酸的分解增加。

4. 氨基酸中毒　指某种或几种氨基酸大大超过需要量而造成的不良作用不能被补充另一种氨基酸所消除的现象。氨基酸中毒常由于添加工业氨基酸数量出现错误引起，一般情况下不易发生氨基酸中毒。

5. 氨基酸缺乏　指饲粮中一种或几种氨基酸不能满足动物需要。在配合饲料中，常通过添加工业氨基酸来解决。氨基酸缺乏不完全等于蛋白质缺乏，例如，玉米蛋白粉、棉籽粕、菜籽粕等，作为猪的主要蛋白质饲料时，可能造成蛋白质水平达到饲养标准，而可利用赖氨酸不足的现象。

6. 氨基酸的互补作用（效应）　将多种饲料混合使用可使各种饲料中的氨基酸取长补短，从而提高饲料的营养价值，取得1+1>2的效果，这一效应叫氨基酸的互补作用。对反刍动物，互补作用尤为突出。

7. 日粮氨基酸平衡及“板桶理论”　动物的蛋白质营养在很大程度上是氨基酸的营养。为实现动物蛋白质生产的效率和效益，必须保证合理的蛋白质营养。所谓合理的蛋白质营养，一方面要提供足够数量的必需和非必需氨基酸，另一方面必须注意各种必需氨基酸之间以及必需氨基酸和非必需氨基酸之间的比例。氨基酸平衡，指饲粮中各种氨基酸的数量和比例与动物维持、生长、繁殖、泌乳等的需要相符合。因此，氨基酸平衡包括数量和比例两方面的含义，通常仅指氨基酸之间的比例关系。

氨基酸营养的“板桶理论”：板桶由一块块儿的木板组成，板桶盛水量不取决于最长的木板，而是取决于最短的木板。由于动物机体没有储存游离氨基酸的能力，饲粮中某一种必需氨基酸不足将影响动物对其他足量氨基酸的利用，这一法则被称为氨基酸营养的“板桶理论”。它将蛋白质比喻为由20块木板组成的板桶，每块木板代表一种氨基酸。当每种氨基酸的数量（板桶高度）都恰好达到板桶的上沿时，这个桶就是一个完整的蛋白质，这种情况下各种氨基酸之间的比例是最佳的，即氨基酸是平衡的。由于饲粮中氨基酸通常是不平衡的，必然会有些木板超过桶的上沿，有些则达不到上沿，用这个桶装水，水的深度只能达到最低的那块木板那么高，这块最低的木板就是第一限制性氨基酸，它决定了整个蛋白质的质量。

8. 可消化、可利用和有效氨基酸

（1）可消化氨基酸是指食入的饲料蛋白质经消化后被吸收的氨基酸，可消化氨基酸可通过消化实验测得。传统的收粪法测得的氨基酸消化率比其真消化率高5%～10%。

（2）可利用氨基酸是指食入蛋白质中能被动物消化吸收并可用于蛋白质合成的氨基酸。

（3）有效氨基酸有时是对可消化、可利用氨基酸的总称，有时却特指用化学方法测定的氨基酸，或用生物法测定的饲料中的可利用氨基酸。对可消化氨基酸，可利用氨基酸和有效氨基酸也无严格的区分。

（4）饲粮氨基酸含量的表示法。氨基酸占饲粮的百分比是指整个饲粮中各种氨基酸占饲粮风干物质或干物质的百分比。氨基酸占粗蛋白质的百分比是指饲粮中各种氨基酸含量占饲粮粗蛋白质的百分比。

二、氨基酸添加剂

目前应用最多的氨基酸添加剂是限制性氨基酸，人工合成作为添加剂使用的主要是赖氨酸和蛋氨酸，近年来，苏氨酸和色氨酸也逐步受到重视。

1. 氨基酸添加剂的一般作用

(1) 改善饲粮氨基酸平衡，提高蛋白质利用效率，促进动物生长　氨基酸营养的核心是氨基酸之间的平衡。用氨基酸添加剂来平衡或补足饲粮限制性氨基酸的不足，使其他氨基酸得到充分利用，可提高蛋白质的营养价值，提高饲料利用率，节约蛋白质资源，改善动物生产性能。添加合成氨基酸，可以降低饲粮的蛋白质水平，从而减少氮排泄对环境的污染。

(2) 改进肉的品质　饲料中添加赖氨酸能改善屠体质量，提高瘦肉率。有资料表明，欧洲市场上20%～30%的赖氨酸用于提高瘦肉率。此外，蛋氨酸的添加能改善雏鸡和肉用仔鸡蛋白质的沉积，降低脂肪沉积。

(3) 促进钙的吸收　用小鼠进行的试验表明，赖氨酸能促进小肠对钙的吸收。其机制可能是钙与蛋白质特异结合形成的钙结合蛋白（CaBP）在肠黏膜上起转运作用，促进钙的吸收，而钙结合蛋白含有大量的赖氨酸（雏鸡钙结合蛋白含赖氨酸11%左右）。当赖氨酸不足，钙结合蛋白合成下降，钙吸收减少。

(4) 抵抗应激症　研究证明注射色氨酸可减少小鼠断食期间相互攻击、残杀，减少的程度与色氨酸注射量成正比。这是由于血液和脑中色氨酸通过其代谢产物5-羟色胺起到了这种生理作用。添加蛋氨酸可以减少家禽的啄羽、啄肛现象。

(5) 提高抗病力　色氨酸可使动物体γ-球蛋白的含量增加，从而增强了抗病能力。

(6) 改善和提高动物消化机能，防止消化系统疾病的发生　在工厂化、集约化饲养鸡的日粮中粗蛋白质含量较多时，容易发生腹泻等消化系统疾病，这不仅造成饲粮的浪费，而且影响动物生长。目前，国外采取降低动物日粮的蛋白质水平后补加蛋氨酸、赖氨酸以及谷氨酸等方法，有效地改善了动物的消化机能，减少了疾病，增强了动物抵抗力。另外，甘氨酸还可以减轻犊牛的腹泻及脱水症状。

2. 主要氨基酸添加剂的特性及应用　动物生产是以碳水化合物为能源，使必需氨基酸得以浓缩的动物加工过程。畜禽产品中的蛋白质含量都比饲粮的蛋白质含量高，而且这些产品的蛋白质中，必需氨基酸的含量又明显高于饲粮蛋白质中必需氨基酸含量。因此畜产品的营养价值高于其他植物性食品的营养价值。尽管构成动植物蛋白质的氨基酸种类基本相同，但数量和比例上差别却很大，所以单纯依靠植物性饲料原料作为蛋白源，往往不能满足动物营养需要，同时也常常由于利用率低，造成植物性蛋白质的浪费。动物产品中的蛋白质来源于饲粮中的蛋白质，饲料资源尤其是蛋白质资源的缺乏是制约畜牧业发展的首要因素。在饲料中补充限制性氨基酸，除了可以明显提高蛋白质营养价值、提高蛋白质的消化利用率（平均提高10%～20%）、降低饲料中蛋白质的水平（一般可降低2%～3%）外，还可明显降低粪便中氮的排出量（平均为30%～50%），保护环境，且还获得了其他许多有益的作用。自20世纪50年代氨基酸工业诞生起，经过半个多世纪的发展，除天然蛋白质中的20种，其他一些种类的氨基酸已可以进行工业化生产。氨基酸添加剂的使用开辟了常规蛋白质以外的蛋白质资源，为解决畜牧业发展与蛋白质饲料短缺的矛盾开辟了途径。

近年来，随着氨基酸工业化生产工艺的改进，合成氨基酸成本大大下降，产量大幅提高，其价格已能够为饲料生产所接受，所以使用范围越来越广，需要量也越来越大。饲用氨基酸主要包括赖氨酸、蛋氨酸、苏氨酸、色氨酸、甘氨酸、精氨酸和谷氨酸，由于成本高，有些仅用于试验研究，目前在生产中使用的主要是赖氨酸、蛋氨酸、苏氨酸，色氨酸偶有使用。

3. 赖氨酸

(1) 赖氨酸的理化性质　赖氨酸是由2个氨基和1个羧基组成的碱性氨基酸，分子式为$C_6H_{14}N_2O_2$，相对分子量为146.19，只有L型才具有活性。L-赖氨酸是白色结晶或结晶性粉末，有旋光性，易溶于水，难溶于乙醇，不溶于乙醚，易吸收CO_2。赖氨酸分子上的两个氨基，ε位氨基活泼，在适当条件下容易与还原性糖上的醛基发生美拉得反应，生成氨基糖复合物，从而使赖氨酸不能被吸收而失去活性，在饲料加工贮存过程中，发热会使赖氨酸活性降低。

（2）生产方法　L-赖氨酸盐酸盐生产方法有发酵法和化学合成-酶法两种。发酵法是采用淀粉或糖蜜为原料，用硫铵等营养物培养微小物菌种，经多级接种、发酵得L-赖氨酸，用离子交换法并加入氨水进行提取、脱氨、浓缩，加入盐酸进行中和，最后以盐酸盐状态析出，经干燥、粉碎得成品L-赖氨酸盐酸盐。化学合成-酶法是日本东丽公司于20世纪80年代初期开发的技术。采用环己烯为原料与亚硝酰氯进行二聚反应，用液氮进行肟化，再与硫酸作用，用水解酶和消旋酶进行酶反应后加盐酸而得L-赖氨酸盐酸盐。经精制后得成品。

（3）常用赖氨酸产品的形式与规格　L-赖氨酸化学性质不稳定，商品用赖氨酸有两种形式。

①L-赖氨酸盐酸盐：化学名称是L-2，6-二氨基己酸盐酸盐，由1分子赖氨酸和1分子盐酸构成，易溶于水，外观为白色或浅褐色结晶粉末，无味或稍有异味。熔点为263～264℃，难溶于乙醇和乙醚，有旋光性。产品规格含$C_6H_{14}N_2O_2HCl$＞98.5%，含L-赖氨酸79.24%，盐酸19.76%，其生物活性只有L-赖氨酸78.5%。

②L-赖氨酸硫酸盐：是近几年开始生产和使用的饲用赖氨酸添加剂。淡褐色颗粒，分离分布为500～1 500微米大小的颗粒含量在90%以上。略带香味，有效成分赖氨酸含量在51%以上，10%的其他氨基酸（蛋氨酸、苏氨酸、缬氨酸等）和14%的矿物质、粗脂肪、糖、铵盐及其他无机物等，硫酸根19%。

L-赖氨酸硫酸盐的缺陷：65%赖氨酸产品是一个完全靠微生物发酵而成的产品，没有提炼过程，而98.5%赖氨酸由于还有一个提炼过程，品质相对比较稳定。65%赖氨酸产品如果进行稳定的话，需要很长的时间。65%赖氨酸产品的营养价值其实要比98.5%赖氨酸产品要高（因为含有额外的氨基酸及其他营养成分），但由于中国饲料产业的特殊性，主要是受到配方技术水平的限制，这一特性没有得到体现，或者根本没有被发现。在中国，65%赖氨酸存在适口性及吸潮性问题，但是我们发现，在国外一些养殖业比较发达的国家，没有这些问题出现。原因有二：一是是欧美一些国家制造饲料的工艺比较先进，绝大多数为膨化料，且现生产现使用，65%赖氨酸的吸潮性和适口性问题都得到了很好的解决，国内饲料中浓缩料与预混料都是粉末状的，没有膨化类工艺，所以没有改善适口性，而且简单混合，比较容易吸潮。另外，国内饲料厂和养殖企业是分离的，中间还有很多经销商，流通时间长，65%赖氨酸接触水分的时间长，吸潮的可能性就大一些。

（4）我国赖氨酸市场　2005年国内赖氨酸生产厂家虽然已有20家左右，拥有60多万吨的年产能，但真正开工的只有七八家。国内厂家纷纷寻找出口途径，2005年中国的赖氨酸出口量实现了历史性突破，出口量与进口量相当，并在国际市场上引起了较大的影响。

（5）潜在价值及注意事项（使用剂量）　赖氨酸在平衡日粮氨基酸营养、降低动物性饲料用量方面有明显效果。在动物体蛋白质中赖氨酸含量高，因而也就要求饲料中供给足够量的赖氨酸，才能完成蛋白质的合成，使动物生长。饲料缺乏赖氨酸时会造成负氮平衡（蛋白质分解并被排出），使饲料中的蛋白质不能充分利用。动物不仅生长慢，还会出现脂肪肝、骨齿钙化率降低等症状。由于在饲养标准中是以L-赖氨酸形式来规定畜禽的需求量的，故在使用L-赖氨酸盐酸盐时涉及一个含量及纯度转化问题。在标称含量为98.5%的商品L-赖氨酸盐酸盐中，如果扣除其中盐酸的含量，则其事实上L-赖氨酸的含量只有78%左右。故在使用这种产品时，通常按78%作为L-赖氨酸的实际含量。

值得注意的是，在精氨酸与赖氨酸之间存在拮抗作用。虽然精氨酸是非限制性氨基酸，但在日粮中如果因为赖氨酸过多乃至影响雏鸡生长时，应考虑添加精氨酸，这是因为过量的赖氨酸会抵消精氨酸的营养作用，应补精氨酸以克服之。

4. 蛋氨酸添加剂　蛋氨酸（MET）又名甲硫氨酸，是畜禽所需的必需氨基酸之一。在动物体内的20余种氨基酸中，有3种是含硫的，以蛋氨酸使用最广泛。可以使用的蛋氨酸添加剂有蛋氨酸（DL型或L型）或其衍生物——羟基蛋氨酸、羟基蛋氨酸钙、N-羟甲基蛋氨酸钙。

（1）蛋氨酸　蛋氨酸具有旋光性。在动物体内，L型易被肠壁吸收，D型要经过酶转化为L型才能参与蛋白质的合成。由于D型可以在动物体内转化成L型，故饲料中可以使用D型和L型混合的化合物。用化学法合成的产物是其消旋化合物DL-蛋氨酸。

市售蛋氨酸一般是以石油产品为底物，采用化学合成工艺制得的DL-蛋氨酸。产品一般为白色至淡黄色结晶粉末，纯度98%以上。

①理化特性：DL-蛋氨酸是白色或浅黄色片状或粉末状晶体，具有微弱的硫化氢气味。易溶于水、稀酸和稀碱，微溶于乙醇，不溶于乙醚，熔点281℃。

②生产方法：蛋氨酸均采用化学合成法生产，虽然各厂所有原料的起点不一样、工艺条件有些差别，但基本路线是一致的。常用的方法是：首先将丙烯酸、甲硫醇在催化剂作用下进行加成反应生成甲硫基丙醛，甲硫基丙醛与氰化钠（或氢氰酸）、碳酸氢铵反应，生成甲硫基乙基乙内酰脲，将后者用氢氧化钠水解，生成蛋氨酸钠盐，再将蛋氨酸钠盐用硫酸中和，即得DL-蛋氨酸，经浓缩、结晶、干燥和分离得纯品。用化学方法合成的产物是D型和L型的外消旋化合物。

（2）蛋氨酸羟基类似物　又名羟基蛋氨酸（MHB）、艾丽美，化学名为2-羟基-4-甲硫基丁酸。

①理化特性：羟基蛋氨酸是L-蛋氨酸的前体，褐色或棕色液体，有含硫基团的特殊气味，易溶于水，含水量12%。农业部规定的质量标准是含$C_5H_{10}O_3S$在88%以上。羟基蛋氨酸是以单体、二聚体和三聚体组成的平衡混合物（主要因羟基和羧基之间的酯化作用而聚合），其含量分别为65%、20%和3%。在胰脏中酯酶作用下，羟基蛋氨酸的多聚体可很快水解成单体；另外，在小肠组织中存在D-羟基脱氢酶，有可能使羟基蛋氨酸转化成L-型蛋氨酸，使二聚体水解速度加快。

虽然分子结构中不含有氨基，但所特有的碳链可在动物体内酶的作用下合成蛋氨酸，所以具有蛋氨酸的生物活性。羟基蛋氨酸到达肝脏后可以被转化成L-蛋氨酸。在肝脏和肾脏中都发现羟基酸氧化酶和D型氨基酸转化酶存在，因而羟基蛋氨酸和D-蛋氨酸可以氧化成酮式蛋氨酸，再经转氨基酶作用生成L-蛋氨酸。由于是液体，使用时需要用喷雾装置加入到饲料中。

②生产方法：羟基蛋氨酸是美国孟山都公司于1956年开发出来的，并于1979年正式建厂生产，1987年进入我国。由于生产工艺简单，羟基蛋氨酸在生产成本上明显低于蛋氨酸，因此具有价格优势。

羟基蛋氨酸也是用化学法合成的，但是比DL-蛋氨酸的生产路线简单。首先是在催化作用下，用丙烯酸与甲硫醇进行加成反应，生成甲硫基丙醛。在催化剂作用下，甲硫基丙醛再与氢氰酸反应，生成2-羟基-4-甲硫基丁腈，再在过量硫酸存在下，经反应生成2-羟基-4-甲硫基乙酸，经精制而得成品。

(3) DL-羟基蛋氨酸钙　是羟基蛋氨酸的钙盐，又称蛋氨酸羟基钙（MHA-Ca），呈浅褐色粉末或颗粒，带有硫化氢的气味，溶于水。

羟基蛋氨酸钙盐是以液态羟基蛋氨酸为原料，与氢氧化钙或氧化钙进行中和，经干燥、粉碎筛分而成。农业部规定的

MHA-Ca的质量标准为：含（$(C_5H_9O_3S)_2Ca$）应为97%以上，粒度为全部通过直径1.10毫米、0.44毫米筛上物不超过30%，无机酸钙盐≤1.5%，砷（以As计）≤2毫克/千克，重金属（以Pb计）≤20毫克/千克。

该产品由美国孟山都公司生产，我国于1987年批准进口。

（4）N-羟甲基蛋氨酸钙　又叫保护性蛋氨酸，是德国德固萨（Degussa）公司近年来推广的一个新品种。商品名为麦普伦（Mepron）。外观为自由流动的白色粉末，带有硫化氢的气味，N-羟甲基蛋氨酸钙的生产是以DL-蛋氨酸为原料制成的。

5. 苏氨酸　苏氨酸（THR）是畜禽必需氨基酸，可使用的添加剂是L-苏氨酸。

（1）理化特性　苏氨酸的化学名称为L-2-氨基-3-羟基丁酸，L-苏氨酸是无色至黄色结晶体，易溶于水，不溶于乙醇、乙醚和氯仿。L-苏氨酸含量98.5%以上。

（2）生产方式

①发酵法：以糖、氨、高丝氨酸为原料，用黄色短杆菌为主要菌种发酵，然后精制而成。

②水解法：用酸、碱或酶来水解含苏氨酸高的蛋白质，然后用离子交换树脂分离，精制便可获得苏氨酸。

③化学合成法-酶法：用巴豆酸、乙酰乙酸乙酯及甘氨酸铜进行合成反应，然后用消旋酶消旋为L-苏氨酸。

（3）规格标准　我国于2009年制定了饲用苏氨酸的国家标准（表3-52）。

表3-52　饲用苏氨酸国家标准（GB/T 21979—2008）

项　目	指　标	
	一级	二级
含量（以干基计）（%）	≥98.5	≥97.5
比旋光度	−26.0°～−29.0°	

（续）

项目	指标	
	一级	二级
干燥失重（%）	≤1.0	
灼烧残渣（%）	≤0.5	
重金属（以铅计）（毫克/千克）	≤20	
砷（毫克/千克）	≤2	

（4）潜在价值及注意事项（使用剂量） 在以小麦、大麦等谷物为主的饲料中，苏氨酸的含量往往不能满足需要，故需添加。由于苏氨酸主要是由国外进口，价格偏贵，目前国内只少量用于科学研究试验．尚未在生产中推行。随着苏氨酸以及色氨酸的性能价格比的提高，将会有越来越多的饲料生产厂家在实践中使用之。

6. 色氨酸 色氨酸（TRP）是动物生长的必需氨基酸之一，色氨酸通常是谷物饲料的第二或第三限制性氨基酸［在玉米饲料中为第二限制性氨基酸，在大豆饼（粕）中为第三限制性氨基酸］。近年来，在配合饲料中大量使用合成赖氨酸和蛋氨酸，使色氨酸在饲粮中的重要性明显地体现出来。

（1）理化特性及生物存效价 色氨酸的化学名称是α-氨基-β-吲哚基内酸，为白色或类白色结晶。色氢酸有L-色氨酸、D-色氨酸和DL-色氨酸3种异构体，天然存在的只有L-色氨酸。可使用的形式为L-色氨酸和DL-色氨酸两种，其中DL-色氨酸的效价大致仅为L-色氨酸的60%～80%。由于L-色氨酸是以在动物体小肠被吸收的形式存在的，其消化率为100%。

（2）生产方法 共有3种。一是发酵法，是以葡萄糖为原料，利用基因重组技术提高色氨酸发酵用酶的活力；二是天然蛋白水解法；三是化学合成-酶法，既可以用吲哚，也可以用邻硝基乙苯为起始原料来进行化学合成得到DL-色氨酸，再经消旋酶消旋后即可制得L-色氨酸。合成的色氨酸有L-型和DL-型两个品种，DL-型对猪的相对活性是L-色氨酸的80%，对鸡是50%～60%。

（3）潜在价值及注意事项（使用剂量） 色氨酸在动物体内的作用是多方面的。除了作为动物体蛋白质的组成部件之外，色氨酸可用来生成5-羟色胺，该物质在大脑内作为神经传递物质，可控制动物行为和改善睡眠持续时间；在其他组织中的5-羟色胺可刺激血管收缩、止血等。色氨酸在体内可用来制造尼克酸（烟酸）；它还可以影响家禽的脂类代谢，其降低肝脏脂肪合成的作用较为明显。缺乏色氨酸会导致动物产生采食量下降、生长迟缓、被毛粗糙等症状。

科学证明，通过精确地平衡氨基酸的供给，饲料的粗蛋白质水平可以合理降低，而动物的生产性能不但不会受到损害，反而会得到改善。

氨基酸平衡不仅取决于动物营养研究的发展，同时取决于单体氨基酸的供给，随着人们对氨基酸平衡认识的深化，随着氨基酸生产效率的提高和生产成本的降低，今后会有更多种类的单体氨基酸成为饲料原料。当每一种新的单体氨基酸成为饲料原料时，必然推动人们对氨基酸平衡的认识加深，推动饲料蛋白质水平和配方成本的降低。

第五节 维生素添加剂

维生素是一类有机化合物，按其溶解性质可分为脂溶性维生素和水溶性维生素。脂溶性维生素包括维生素A、维生素D、维生素E、维生素K。水溶性维生素常用的有9种，即维生素B_1（硫胺素）、维生素B_2（核黄素）、泛酸（维生素B_3）、维生素B_6（吡哆醇）、烟酸（维生素B_5）、叶酸（维生素B_{11}）、生物素（维生素H）、胆碱（维生素B_4）、维生素C（抗坏血酸），此外肌醇和氨基苯甲酸等也属于水溶性维生素。

常用的一些饲料中均含有不同种类与数量的维生素。在植物，角甾醇经紫外线照射后可转变为维生素D。谷实类、糠麸类及饼粕类饲料均含有一定量的B族维生素，但均不含维生素B_{12}。维生素E在谷实类和糠麸类饲料含量较高，维生素K则在谷实类和饼粕类饲料中含有少量。动物性蛋白质饲料鱼粉中含有丰富的B族维生素，尤其是维生素B_{12}，脂溶性维生素也有较多含量。由于饲料中维生素含量不多，且变化较大，在贮存过程中损失较多，家禽日粮中需添加维生素添加剂以满足其生产的需要。

一、维生素生理功能

维生素不同于蛋白质、碳水化合物、脂肪、矿物质和水，既不能提供能量，也不能形成动物体的结构物质。虽然在饲料中含量少，但为正常组织的健康发育、生长和维持所必需，主要以辅酶和催化剂的形式参与代谢过程中的生化反应，保证细胞结构和功能的正常。动物机体不能自身合成维生素（除烟酸、胆碱和维生素C外），须由日粮提供。大多数动物肠道微生物能合成多种维生素，但家禽消化道短，合成量极有限。当日粮中缺乏或吸收利用不良时，会导致特定的缺乏症。维生素及其功能很多是通过治疗缺乏症发现的。维生素缺乏引起的代谢障碍，往往不限于机体的某一器官，其影响扩展到与生命活动有关的一系列组织中。在一般的生产条件下维生素缺乏症的表现程度，很少像书上所描述的那么典型，因此在生产中很容易被忽视（表3-53）。

表3-53 维生素的生理生化作用及其缺乏症

维生素	生理生化功能	缺 乏 症
维生素A	骨的生长需要；暗视觉需要（眼内视紫质形成）；保护上皮组织；维持健康（呼吸道、泌尿生殖道、消化道与皮肤）	生长迟缓，体重减轻，食欲丧失，干眼病，夜盲，神经调节不协调，步态蹒跚；雏鸡步履摇摆；母鸡产蛋与孵化率降低

（续）

维生素	生理生化功能	缺 乏 症
维生素D	有助于钙、磷的同化与利用，为动物体（包括胎儿）正常的骨骼发育所必需	雏鸡生长减慢，软骨（佝偻），腿变形；母鸡产薄壳蛋，孵化率低
维生素E	抗氧化剂；构成肌肉结构，有利繁殖	肌肉营养不良，繁殖障碍，雏鸡脑软
维生素K	凝血酶的形成与血凝所必不可少	延缓血凝时间，全身出血，严重时死亡
烟酸、尼克酸、尼克酰胺、烟酰胺	辅酶成分；生物化学反应中运输 H^+	生长迟缓，食欲减退；鸡出现羽毛生长不良，痂性皮炎
泛酸（遍多酸）	能量代谢所需的辅酶A的成分	表现生长迟缓、脱毛与肠炎
维生素 B_6	蛋白质与氮代谢中作为辅酶；与红细胞形成有关；在内分泌系统中有重要作用	表现抽搐；雏鸡生长迟缓，羽毛不正常；母鸡产蛋减少，孵化率低
维生素 B_2	促生长，作为碳水化合物与氨基酸代谢中某些酶系统的组分而发挥作用	生长受阻；禽类出现曲爪麻痹
维生素 B_1	能量代谢中的辅酶，碳水化合物代谢所必需；促进食欲和正常生活，有助繁殖	食欲减退，体重减轻，心血管功能紊乱，体温降低；雏鸡多发神经炎（头向后仰），母鸡产蛋减少
维生素C	形成齿、骨与软组织的细胞间质；提高对传染病的抵抗力	坏血病，齿龈肿胀、出血、溃疡，牙齿松动，骨软
维生素 B_{12}	几种酶系统中的辅酶与叶酸代谢有密切联系	生长迟缓，母鸡所产蛋不能孵化
生物素	多种酶系统中的重要组分	雏鸡、雏火鸡有皮炎与滑腱症，母鸡产蛋孵化率降低
胆碱	有关神经冲动的传导和磷脂的成分；供给甲基	出现脂肪肝、肾出血；雏鸡滑腱症

二、脂溶性维生素添加剂

1. 维生素A添加剂　维生素A化合物为视黄醇，不稳定而且易被氧化破坏，故其商品形式为维生素A酯化产品，并经微囊技术或颗粒技术处理，稳定性得以很大提高。维生素A的酯化产品主要有维生素A醋酸酯、维生素A棕榈酸酯和维生素A丙酸酯。

维生素A的活性以国际单位表示，1国际单位等于0.300微克视黄醇（表3-54），维生素A添加剂商品规格一般为50万国际单位/克，为黄色至淡褐色颗粒，对热、酸及光敏感。

表3-54　维生素A及其酯化后的国际单位

化合物	活性（国际单位/微克）
维生素A醋酸酯	0.344
维生素A棕榈酸酯	0.550
维生素A丙酸酯	0.358
维生素A	0.300

2. 维生素D添加剂　维生素D分为2种：维生素D_2（麦角甾醇）和维生素D_3（胆钙甾醇）。维生素D活性一般用国际单位表示，1国际单位等于0.025微克结晶维生素D_3。

维生素D_3易被氧化破坏，其商品是经酯化后的产品，商品规格一般为50万国际单位/克，为白色粉末，包被后稳定性较好。

3. 维生素E添加剂　维生素E又名生育酚，是一种天然抗氧化剂。但维生素E本身也极易被氧化，故维生素E添加剂是酯化形式，并加以包被处理。

维生素E活性以国际单位表示，1国际单位等于1mg DL-α-生育酚醋酸酯。维生素E添加剂商品形式的纯度一般为50%或25%，为微黄色粉末，在中性条件下较为稳定。

4. 维生素K添加剂　维生素K又名凝血维生素，有K_1（叶绿醌）、K_3（甲萘酯）和K_2（异戊烯甲萘醌）3种形式。维生素K添加剂为维生素K衍生物，有效成分为甲萘醌，常见形式有亚硫酸氢钠甲萘醌的包被物（MSB，有效含量50%）、亚硫酸氢钠甲萘醌复合物（MSAC，有效成分25%）及亚硫酸二甲嘧啶甲萘醌（MPB，有效成分50%）

三、水溶性维生素添加剂

1. 维生素B_1　又名硫胺素。维生素B_1的商品形式有2种：盐酸硫胺素和硝酸硫胺素。两者均为白色粉末，易溶于水；耐酸、耐热而对碱敏感，其中硝酸硫胺素较盐酸硫胺素更为稳定，商品维生素B_1的含量一般为96%。

2. 维生素B_2　又名核黄素，为黄色粉末，微溶于水，吸附性较强，易吸潮。维生素B_2商品中核黄素含量为96%或80%，也有55%或50%的。对光、碱及紫外线较敏感。

3. 烟酸和烟酰胺　又称尼克酸、维生素PP等。白色至微黄色结晶粉末，较为稳定，商品中有效成分含量为98%～99.5%。

4. 泛酸　又称遍多酸。其添加剂形式为泛酸钙，D-泛酸钙的活性为100%，而DL-泛酸钙的活性仅为50%。1毫克泛酸钙活性相当于0.92毫克泛酸。泛酸钙添加剂纯度一般为98%，也有经稀释后的产品，为白色粉末，对湿热敏感。

5. 吡哆醇　商品形式为盐酸吡哆醇，为白色结晶粉末，含活性成分82.3%，对热和氧稳定，碱性溶液中遇光分解。

6. 叶酸　叶酸为黄或橙黄色结晶粉末，有黏性，其商品形式常为稀释后产品，叶酸含量为1%、3%或4%。对空气和热稳定，而对光、酸、碱等均敏感。

7. 生物素　又名维生素H，纯品为白色针状结晶，商品形式主要为1%或2%含量2种，对热敏感。

8. 维生素B_{12}　又名氰钴素，纯品为褐色粉末，商品形式为

1%有效含量，对湿、热敏感。

9. 胆碱　胆碱用作饲料添加剂的形式为氯化胆碱，氯化胆碱为黏稠的液体，碱性较强，对其他维生素有破坏作用，不宜与其他维生素混合。氯化胆碱添加剂一般是将其液体形式经吸附剂吸收后变成固体粉状，固体形式添加剂氯化胆碱含量为50%。

10. 维生素C　又名抗坏血酸，其商品形式为L-抗坏血酸或其钠盐与钙盐。抗坏血酸有较强酸性，应避免与其他维生素直接混合使用。维生素C易氧化，对高温敏感。

目前，维生素添加剂的一些理化特性见表3-55。

表3-55　饲料维生素添加剂理化特性

项　目	指　标
维生素 AD_3 微粒	GB/T 9455—2009
含量，维生素A乙酸酯（以 $C_{22}H_{32}O_2$ 计）	标示量的90.0%～120.0%
含量，维生素 D_3（以 $C_{27}H_{44}O$ 计）	标示量的90.0%～120.0%
干燥失重	≤5.0%
重金属，以铅计（毫克/千克）	≤10
砷（毫克/千克）	≤2
粒度	97%以上通过孔径为0.6毫米的分析筛
维生素E粉	GB/T 7293—2006
含量，以 $C_{31}H_{52}O_3$ 计	≥50%
干燥失重	≤5.0%
重金属，以铅计（毫克/千克）	≤10
砷（毫克/千克）	≤3
粒度	90%通过孔径为0.84毫米分析筛
维生素 K_3（亚硫酸氢钠甲萘醌）	GB/T 7294—2009
含量，以甲萘醌计	≥50%

（续）

项　　目	指　　标
游离亚硫酸氢钠	≤5.0%
磺酸甲萘醌	无沉淀
铬	≤50毫克/千克
水分	≤13.0%
重金属，以铅计（毫克/千克）	≤22
砷盐（毫克/千克）	≤5
溶液色泽	≤黄绿色标准比色液4号
维生素 B_1（盐酸硫胺素）	GB/T 7295—2008
含量，以 $C_{12}H_{17}ClN_4OS \cdot HCl$ 干基计	98.5%～101.0%
酸碱度	2.7～3.4
硫酸盐，以 SO_4^{2-} 计	≤0.03%
炽灼残渣	≤0.1%
干燥失重	≤5.0%
维生素 B_1（硝酸硫胺素）	GB/T 7296—2008
含量，以 $C_{12}H_{17}N_5O_4S$ 干基计	98.0%～101.0%
酸碱度	6.0～7.5
干燥失重	≤1.0%
灼烧残渣	≤0.2%
氯化物，以Cl计	≤0.06
铅	≤10毫克/千克
维生素 B_2（核黄素）	GB/T 7297—2006
含量，以 $C_{17}H_{20}N_4O_6$ 干燥品计	（规格96%）96%～102% （规格98%）98%～102%
感光黄素（吸收值）	≤0.025

（续）

项　　目	指　　标
比旋度	－115°～－135°
干燥失重	≤1.5%
灼烧残渣	≤0.3%
砷	≤3.0毫克/千克
铅	≤10.0毫克/千克
D-泛酸钙	GB/T 7299—2006
泛酸钙（$C_{18}H_{32}CaN_2O_{10}$，以干燥品计）	98%～101%
钙含量（以钙计）	8.2%～8.6%
氮含量（以氮计）	5.7%～6.0%
比旋度	＋25°～＋28.5°
重金属（以铅计	≤0.002%
干燥失重	≤5.0%
甲醇	≤0.3
烟酸（尼克酸）	GB/T 7300—2006
含量（以$C_6H_5NO_2$干燥品计）	99%～100.5%
熔点（℃）	234～238
重金属（以铅计）	≤0.002%
干燥失重	≤0.5%
灼烧残渣	≤0.1%
氯化物（以氯计）	≤0.02%
烟酰胺	GB/T 7301—2002
含量（以$C_6H_6N_2O$计）	≥99.0%
熔点（℃）	128～131
酸碱度（pH，10%溶液）	5.5～7.5
水分	≤0.1%
重金属（以铅计）	≤0.002%
灼烧残渣	≤0.1%

（续）

项　　目	指　　标			
叶酸	GB/T 7302—2008			
分子式	$C_{19}H_{19}N_7O_6$			
相对分子质量	441.4			
含量（以 $C_{19}H_{19}N_7O_6$ 干基计）	95%～102%			
干燥失重	≤8.5%			
灼烧残渣	≤0.5%			
氯化胆碱*	HGT 2941—2004			
	水剂		粉剂	
	70%	75%	50%	60%
氯化胆碱含量	≥70.0%	≥75%	≥50%	≥60%
酸碱度	6.0～8.0	6.0～8.0	—	—
乙二醇含量	≤0.50%	≤0.50%	—	—
重金属（以铅计）	≤0.002%	≤0.002%	≤0.002%	≤0.002%
总游离胺/氨［以（CH_3）$_3$N 计］含量	≤0.1%	≤0.1%	≤0.1%	≤0.1%
灰分	≤0.2%	≤0.2%	≤0.2%	≤0.2%
干燥减重	—	—	≤4.0%	≤4.0%
加热碱量	≤4.0%			
细度（R40/3，850 微米筛）过筛率	—	—	≥90%	≥90%
维生素 C	GB 7303—2006			
含量（以 $C_6H_8O_6$ 计）	99.0%～101.0%			
熔点（℃）	189～192			
比旋度	+20.5°～ +21.5°			
灼烧残渣	≤0.1%			
铅	≤10.0mg/kg			

*表中%均为质量分数。总游离胺/氨［以（CH_3）$_3$N 计］含量、重金属（以 Pb 计）含量为强制性要求。粉剂氯化胆碱含量亦以干基计。

第六节　矿物元素添加剂

矿物元素是动物生长中的一大类无机营养素，现已确认动物体组织中含有约45种矿物元素，但是并非动物体内的所有矿物元素都在体内起营养代谢作用。

体内存在的矿物元素，有一些是动物生理过程和机体代谢必不可少的，这一部分就是必需矿物元素，在体内的分布和数量由其生理功能决定。这类元素在体内具有重要的营养生理功能，有的参与体组织的结构组成，如钙、磷、镁是骨骼和牙齿的主要组成部分，有的作为酶（参与辅酶或辅基的组成）的组成成分（如锌、锰、铜、硒等）和激活剂（如镁、氯等）参与体内物质代谢；有的作为激素组成（如碘）参与体内的代谢调节。

必需矿物元素必须由外界供给，当外界供给不足，不仅影响动物生长或生产，而且引起动物体内代谢异常、生化指标变化和缺乏症。在缺乏某种矿物元素的饲粮中补充该元素，相应的缺乏症会减轻或消失。

必需矿物元素按在动物体内含量或需要量不同分成常量元素和微量元素。常量元素一般指在动物体内含量高于0.01％的元素，主要包括钙、磷、钠、钾、氯、镁、硫等7种。微量元素一般指在动物体内含量低于0.01％的元素，目前查明的必需微量元素有铁、锌、铜、锰、碘、硒、钴、钼、氟、铬、硼等12种。

一、常量元素饲料原料

（一）钙源

1. *石粉*　石灰石、白垩、方解石、白云石等均为天然碳酸钙，但其中含有少量其他矿物质元素，它们均可作为石粉原料；石粉是一种廉价的钙质补充料，其中含钙量应为33％～39％，石粉中有毒有害元素含量应控制在中华人民共和国国家标准饲料卫生标准规定的范围以内。

根据石粉颗粒大小，可将其分为轻质碳酸钙和重质碳酸钙，我国已制定了饲用轻质碳酸钙的国家标准，其技术要求见表3-56。

一般而言，石粉的粒度越小，其吸收率越高。为了使蛋鸡饲料中的钙更好地转化为蛋壳中的钙质，作为产蛋鸡饲料中的钙源粒度要求应粗细搭配。

表3-56 饲料碳酸钙质量标准

质量指标	含量（%）
碳酸钙（以干物质计）	≤98.0
碳酸钙（以钙计）	≤39.2
水分	≤1.0
盐酸不溶物	≤0.2
重金属（以铅计）	≤0.003
砷	≤0.000 2
钡盐（以钡计）	≤0.005

2. 贝壳粉　贝壳粉是将贝类的外壳经烘干粉碎而成的粉状或颗粒状补钙饲料。贝壳粉含钙量为32%～36%，是丰富的补钙资源。由于贝壳粉本身含有一定量的有机物质，因此新鲜贝壳在加工过程中应注意严格消毒，否则，蛋白质腐败，甚至可能传播疾病。贝壳粉用于蛋鸡、种鸡饲料中效果较好，可提高蛋壳强度，减少破软蛋率。

3. 蛋壳粉　是由蛋壳和蛋壳膜等加热干燥而成。其含钙量为30%～40%，另含7%的蛋白质、0.09%的磷及2%～5%的有机物，蛋壳粉的利用率较高，使用蛋壳粉的蛋鸡及种鸡所产蛋的蛋壳强度优于石粉。使用新鲜蛋壳生产蛋壳粉时应注意严格消毒，以保证产品的质量。

相对而言，补钙的饲料价格较为便宜，它除可补充基础饲粮中钙的不足外，还可以作为微量元素添加剂的载体，因此在配制全价饲粮时应注意钙的添加不能过多，以免影响钙、磷平衡。

（二）钙及磷源

1. 磷酸盐　常用的磷酸盐品种有：磷酸氢钙、磷酸二氢钙、磷酸三钙及磷酸钠盐和磷酸铵盐，具体含量见表3-59。

表3-57　几种磷酸盐的成分（%）

磷酸盐名称	分子式	磷	钙	钠
磷酸氢钙	$CaHPO_4 \cdot 2H_2O$	18.00	23.29	
磷酸二氢钙	$Ca(H_2PO_4)_2 \cdot H_2O$	24.58	15.9	
磷酸三钙	$Ca_3(PO_4)_2$	20.00	38.76	
磷酸氢钠	NaH_2PO_4	25.80		19.17
磷酸氢二钠	Na_2HPO_4	21.81		32.38

磷酸钙盐可给动物同时补充钙、磷两种元素，其中磷酸氢钙是最普遍使用和最令人满意的产品，它的产量可占饲用磷酸盐产量的70%。磷酸氢钙的质量标准见表3-58。

表3-58　饲用磷酸氢钙质量标准

项　目	指　标	项　目	指　标
磷含量（%）	≥16.0	重金属含量（以铅计）（%）	≤0.002
钙含量（%）	≥21.0	氟化物含量（以氟计）（%）	≤0.18
砷含量（%）	≤0.003	细度（通过400微米试验筛）	≥95

使用过磷酸钙（磷酸二氢钙）及磷矿石，要考虑其中氟及其他重金属含量，这两种饲料中通常含有一定量的铅、砷、汞等重金属及过多的氟，使用前应进行脱氟处理，否则不适于用作饲料。

2. 骨粉　骨粉分为蒸骨粉、骨炭、骨灰、骨质磷酸盐等，这些骨粉均能为动物补充钙、磷两种元素，但由于它们的加工方式不同，所含钙、磷的数量有较大的差异。

蒸骨粉是使用动物骨头经高压蒸煮，除去有机物后再经粉碎制得的产品。一般含钙量为30%～36%，磷为11%～16%，脱脂或脱胶差的骨粉含有少量的蛋白质和脂肪，钙、磷含量有所下降。

骨质磷酸盐是将动物骨头用酸碱液处理后，再用石灰沉淀后干燥制成的产品。其磷含量为11%左右，钙含量为28%左右。

骨炭是在密闭的容器中将骨头灰化而成，其中钙含量为22%，磷含量为11%。

表3-59　几种骨粉的成分

骨粉种类	含磷（%）	含钙（%）	含氯（毫克/千克）
蒸骨粉	10.95	24.53	
蒸骨粉（脱脂）	11.65	25.40	
蒸汽骨粉	12.86	30.71	3 569.0
蒸汽骨粉（脱脂）	14.88	33.59	
骨质磷酸钙	11.35	28.77	

选择骨粉给动物补充钙、磷时应慎重，有些骨粉的加工质量较差，适口性不良，带有异臭味，还有些骨粉没有脱去有机物，因此容易寄生大量的病原微生物，导致动物生产性能下降，危害动物的健康。另外，在使用骨粉时需注意氟中毒的问题，加工骨粉时要进行脱氟处理。

（三）钠源

1. 氯化钠　氯化钠又称食盐，用于补充植物性饲料中钠、氯离子的不足，保持动物机体的生理平衡。但由于不同动物对食盐的耐受能力不同，因此在动物饲粮中添加食盐一定要注意适量，尤其是家禽，否则会导致食盐中毒。

食盐通常是直接添加到基础饲粮中，在饲料生产过程中要注意混合均匀。另外，若饲粮中配有一定比例的鱼粉，且鱼粉的食盐含量较高时，再添加食盐时，应扣除鱼粉的食盐含量。

表 3-60　食盐的质量标准及添加量

指　标	标　准
粒度（通过 0.61 毫米筛）	100%
含水量	0.5%
纯度	95%
饲粮添加量	0.37%（占饲粮）

2. 碳酸氢钠　又称小苏打。近几年的研究发现，在蛋鸡饲粮中添加一定量的碳酸氢钠，不但可以为蛋鸡补充生产所需的钠、氯离子，而且在炎热的夏季，还可以缓解蛋鸡的热应激反应，改善蛋鸡的蛋壳质量。

3. 硫酸钠　又名芒硝，分子式是 Na_2SO_4，为白色粉末。钠含量 32%以上，硫含量 22%以上，可补充钠和硫，避免氯同时增加。在家禽饲料中添加，有利于羽毛生长发育，防止啄癖。

二、微量元素

研究证实，动物必需的矿物质微量元素如铁、铜、锰、锌、钴、碘、硒、铬等，存在于动物肌肉、内脏、血液的蛋白质及消化液中，具有调节体组织的胶质性、膨化性、渗透性、穿透性及各种化学反应，保持身体的恒定和肌肉或神经的兴奋，促进酶激活、排毒等重要生理功能。动物必需的微量元素需要量虽低，却不可缺乏。随着集约化养殖业的发展，动物对微量元素需要量与基础饲粮中微量元素提供量差距较大，因此，一般情况下，需要使用含微量元素的饲料添加剂。

（一）铁（Fe）

1. 营养功能及缺乏症　铁的生物学作用主要是参与一些

重要酶类的合成和组成，如血红蛋白、肌红蛋白、细胞色素氧化酶、过氧化物酶等，特别是对体内氧的输送和各个氧化系统起着重要作用。动物体内铁约有60%～70%存在于血红素中，约20%和蛋白质结合形成铁蛋白，贮存于肝、脾、骨髓中，其余铁存在于细胞色素酶及多种氧化酶中，在呼吸过程中起重要作用。

畜禽缺铁常表现为贫血、腹泻、饲料利用率降低、免疫功能降低，还可能对免疫系统有持久的作用，以至体重和体长的生长发育受到影响。动物体内铁含量过高过低都可增加细菌和寄生虫感染的敏感性。

绝大多数饲料中铁的含量是比较丰富的，多在80毫克/千克以上，此外，铁在动物体内循环利用率很高，因此在一般情况下的成年家畜很少缺铁。但由于饲料中铁的吸收率很低，在地区性缺铁（如盐碱干燥土壤中铁溶解性差）、动物有肠道疾患和寄生虫、用未脱毒棉籽饼以及为了相关微量元素间平衡需要等情况下，需注意补铁。

无机铁化物比植物饲料中的结合态铁易于吸收，在无机铁盐中 Fe^{2+} 比 Fe 易吸收。

2. 常用的铁源——硫酸亚铁　分子式是 $FeSO_4 \cdot 7H_2O$，相对分子质量为278.01。

（1）产品简述　硫酸亚铁由硫酸与废铁屑反应而得；或从钢铁酸洗废硫酸和钛白粉（硫酸法）生产中钛铁矿酸浸液中回收。

（2）成分　根据HG/T 2935—2006，其技术要求如表3-61。

（3）性质　天蓝色或绿色结晶，相对密度1.98。热至56.6℃由7水合物转变为4水合物，64.4℃又转化为1水合物，300℃成无水合物。在干燥空气中易风化，在潮湿空气中易氧化成棕黄色的碱式硫酸铁。溶于水，微溶于醇。

表 3-61 硫酸亚铁质量标准

项目	指标	
	一水硫酸亚铁 ($FeSO_4 \cdot H_2O$)	七水硫酸亚铁 ($FeSO_4 \cdot 7H_2O$)
硫酸亚铁质量分数（以 $FeSO_4 \cdot H_2O$ 计）	≥91.4%	—
硫酸亚铁质量分数（以 $FeSO_4 \cdot 7H_2O$ 计）	—	≥98.0%
铁质量分数	≥30.0%	≥19.7%
砷质量分数	≤0.000 2%	≤0.000 2%
铅质量分数	≤0.002%	≤0.002%
细度（180 微米试验筛通过率）	≥95%	—

(二) 铜（Cu）

1. 营养功能及缺乏症　铜在动物体内的作用十分广泛，主要是通过多种含铜酶（如血浆铜蓝蛋白、超氧化物歧化酶、黄嘌呤氧化酶、细胞色素氧化酶等数 10 种酶）在生物氧化还原过程中起重要作用。铜参与造血过程与髓蛋白的合成，促进骨与胶原的形成，参与羽毛角化作用与色素沉着，也与神经细胞的正常发育有关。动物体内含铜量不高，但分布颇广，多存在于肌肉中，肝脏、骨髓中也不少。

铜是细胞色素氧化酶、酪氨酸酶的重要成分之一。铜对血红蛋白卟啉核的形成很重要，是铁吸收后参与血红蛋白形成的必需成分。

畜禽对铜的需要量不多，供给 4～6 毫克/千克即可满足需要。我国常用饲料中含铜量为 5～20 毫克/千克，因此除缺铜地区以及喂高锌、高硫饲料诱发缺铜症外，一般是不易缺乏的。由于铜是必需微量元素，植物饲料中铜的吸收率又较低，成年动物为 5%～10%，幼年动物为 15%～30%，所以仍应注意保证满足需要。但不可滥用，因为在一般情况下铜的化合物是有毒害作用的。

2. 铜源生物利用率　在铜源中，硫酸铜、氧化铜、氯化铜、碳酸铜均有效，但亚硫酸铜则无促生长作用。目前多使用硫酸铜。

3. 铜的应用

(1) 高铜的促生长作用　在生产实践中，家禽饲喂常规日粮，一般不会出现铜缺乏现象。高达250毫克/千克的高剂量铜对生长的促进作用，首先是在1955年从猪身上发现的，其后也在生长鸡和蛋鸡上观察到。但是长时间饲喂高铜饲料（>250毫克/千克）是有毒的，抑制生长，损伤肾脏，严重时畜禽会死亡。如果日粮中铁、锌不足会加重铜的毒性作用，因为两者与铜是相互拮抗的，如果饲料中添加高铜，那么铁和锌的添加量要提高。畜禽铜中毒的日粮铜剂量是300毫克/千克左右。高铜导致家禽精神抑郁、羽毛蓬乱，肌胃、腺胃糜烂，呕吐、腹泻、肠道弥漫性出血性炎症、便血；厌食、黏膜黄疸；生产性能下降、死亡。还可引起锌、铁缺乏症。

(2) 有机铜的应用　有机铜和无机铜的代谢途径不同，有机铜的吸收率较高。蛋白质螯合铜比硫酸铜的利用率要高得多。蛋白质螯合铜的吸收机制和无机铜不同，它的吸收不干扰锌或铁的吸收。蛋白质螯合金属元素主要是以二肽样的氨基酸复合物吸收，穿过肠系膜进入血液。在日粮中添加高水平的铜对铁或锌的吸收没有干扰作用。有研究表明与无机铜相比，有机铜能提高饲料氨基酸和能量的利用率，从而提高饲料的营养价值，有机铜的使用可使种蛋的孵化率提高并且也能降低雏鸡死亡率，尤其在应激存在的情况下更为明显。

4. 常用的铜源——硫酸铜　分子式是$CuSO_4 \cdot 5H_2O$，相对分子质量为249.68。

(1) 产品简述　硫酸铜由铜氧化焙烧成氧化铜，再与硫酸作用，经澄清、结晶、过滤而得。

(2) 成分　根据国家标准HG 2932—1999，其技术要求如

表3-62。

表3-62　硫酸铜质量标准

项　目	指　标	项　目	指　标
$CuSO_4 \cdot 5H_2O$	≥98.5%	砷	≤0.000 4%
铜	≥25.06%	重金属（铅）	≤0.001%
水不溶物	≤0.2%	细度（通过800微米试验筛）	≥95%

（3）性质　深蓝色块状大结晶或蓝色结晶粉末，有毒，无臭，有金属涩味。相对密度为2.284。溶于水及氨水，微溶于甲醇，不溶于无水乙醇，水溶液呈弱酸性反应。加热至45℃失去2个结晶水，至110℃失去4个结晶水，至250℃以上则失去全部结晶水，变成白色无水硫酸铜。继续加热则分解成$CuO \cdot SO_2$和O_2。

（4）应用　杂质及游离硫酸含量不可太高，长期贮存易产生结块现象。铜会促进不稳定脂肪的氧化而造成酸败，同时破坏维生素，配制时应注意。本品操作时应避免眼、皮肤的接触及吸入体内。硫酸铜有毒性，作为饲料添加剂原料以一水硫酸铜为好。

（三）锰（Mn）

1. *营养功能与缺乏症*　锰是许多酶的辅助因子，是丙酮酸羧化酶的组成部分。锰与以下酶系统的活性密切相关：水解酶、激酶、脱羟酶、转移酶以及依赖锰的含铁酶。锰通过这些酶系统参与碳水化合物、脂肪和蛋白质的代谢，锰为骨骼的生长和维持结缔组织的正常所必需，锰也参与机体繁殖和免疫反应。锰遍布动物全身，有25%在骨骼中，它参与形成硫酸黏多糖软骨素，是软骨必需成分。

缺锰时，家畜生长受阻，骨骼畸形，生殖机能异常，产奶少，胎儿弱且运动失调，家禽缺锰时可见骨短粗症（跛行，腿短而弯曲，关节肿）或溜腱症。试验证实，家禽日粮中应有100～120毫克/千克的锰含量。猪缺锰导致骨骼生长不良，肌间脂肪沉积增加，繁殖性能和产奶量降低，事实上，降低背膘厚的有效的方法之一是饲喂含锰化合物。在欧洲所做的一些现场试验表明，在育肥猪日粮中添加有机锰可以降低脂肪的沉积，提高胴体瘦肉率。

2. 锰源生物利用率　不同锰源生物利用率不同。MnO和$MnSO_4$是常用的锰源，以$MnSO_4$为100%。其他锰源的相对的生物学效价为：MnO，60%～80%；MnO_2，30%～40%；$MnCO_3$，25%～40%。蛋白质或氨基酸锰的生物学效价较$MnSO_4$高。

3. 锰的应用　NRC（1994）家禽营养需要量建议肉仔鸡各阶段饲粮锰平均需要量为60毫克/千克，建议来航白壳蛋鸡育雏、育成及产蛋期的饲粮锰需要量分别为60、30、30毫克/千克，褐壳蛋鸡锰需要量是由上述白壳蛋鸡锰的需要量外推而来，缺乏直接的试验依据，各阶段分别为56、28、28毫克/千克。我国鸡的锰需要量标准借用NRC标准。

4. 常用的锰源-硫酸锰　分子式是$MnSO_4 \cdot H_2O$，相对分子质量为169.01。

（1）产品简述　以一氧化锰用硫酸酸解成对苯二酚副产品回收制得硫酸锰。

（2）成分　HG 2936—1999规定了饲料级硫酸锰的技术指标及含量（表3-63）。

（3）性质　白色带粉红色粉末状结晶，无臭，味微苦。相对密度2.95。易溶于水，不溶于乙醇。加热至20℃以上开始失去结晶水，500℃变为无水盐，700℃以上开始分解，释放出三氧化硫，最后变为四氧化三锰。1 150℃完全分解。

（4）品质判断与应用　本品水中溶解性高低可简易判断出品质优劣。高温多湿环境下，贮存太久会有结块现象。

表 3-63 饲料级硫酸锰技术指标

项目	指标	项目	指标
$MnSO_4 \cdot H_2O$	≥98.0%	重金属（以铅计）	≤0.001%
锰	≥31.8%	水不溶物	≤0.05%
砷	≤0.000 5%	细度（通过250微米试验筛）	≥95%

（四）锌（Zn）

1. 营养功能与缺乏症　锌是多种酶（碳酸酐酶和碱性磷酸酶等）和激素（胰岛素）的重要组分。锌对机体内蛋白质、碳水化合物和脂肪的新陈代谢非常重要，是维持毛发生长、皮肤健康和组织修补的必需元素。锌广泛分布于动物整个机体，在肌肉、毛发、公畜生殖液和眼的脉络膜上皮中含量较高。

缺乏锌时，动物表现为生长停滞和上皮细胞代谢异常。雏鸡缺锌造成生长受阻、腿骨短粗、肘关节肿大，皮肤有鳞片屑，尤其在腿上，羽毛蓬乱、饲料利用率差。

2. 常用的锌源-硫酸锌　分子式是 $ZnSO_4 \cdot 7H_2O$，相对分子质量为287.54。

（1）产品简述　将锌屑或氧化锌经硫酸水解后，过滤，除去氧化过的铁、锰等沉淀物，滤液中加入锌金属，重金属析出分离后，浓缩即得结晶硫酸锌。

（2）成分　根据 HG 2934—2000 规定饲料级硫酸锌的质量标准，如表 3-64。

表 3-64 饲料级硫酸锌质量标准

项目	指标	
	Ⅰ类（$ZnSO_4 \cdot H_2O$）	Ⅱ类（$ZnSO_4 \cdot 7H_2O$）
硫酸锌含量	≥94.7%	≥97.3%
锌含量	≥34.5%	22.0%
砷含量	≤0.000 5%	≤0.000 5%

（续）

项　目	指　标	
	Ⅰ类（$ZnSO_4 \cdot H_2O$）	Ⅱ类（$ZnSO_4 \cdot 7H_2O$）
铅含量	≤0.002%	≤0.001%
镉含量	≤0.003%	≤0.002%
细度，通过250微米试验筛	≥95%	—
通过800微米试验筛	—	≥95%

（3）性质　白色结晶粉末，相对密度1.97，在干燥空气中易风化，加热至100℃失去6个结晶水，变成$ZnSO_4 \cdot H_2O$，280℃失去全部结晶水，767℃高温分解，易溶于水，不溶于乙醇，水溶液呈弱酸性反应。

氧化锌为白色粉末，不溶于水和乙醇，易溶于有机酸和碱液，溶于乙酸不起泡，溶于氨和碳酸铵溶液。含锌量以分子式计为80.3%，含锌量高，成本低，稳定性好，对饲料中维生素影响小，储存时间长，不结块，不变性，具有良好的加工特性，生物学利用率同硫酸锌，是良好的补锌饲料添加剂。在保存时应注意不要接触二氧化碳，氧化锌易吸附二氧化碳变成碳酸锌。

（五）钴（Co）

1. 钴的功能和缺乏症　钴是维生素B_{12}（氰钴胺）的组成成分。维生素B_{12}在促进红细胞形成和蛋白质代谢中起重要作用。动物缺钴和缺少维生素B_{12}症状相近：食欲不振，消瘦，黏膜苍白等贫血症状。

2. 钴的应用　非反刍动物如猪、家禽等，由于其维生素B_{12}的来源主要靠日粮直接供给，因此，钴对于非反刍动物的营养意义并不显著。在一般情况下，家禽日粮配方并不考虑添加钴。由于家畜能限制钴的吸收，故不易引起中毒。但若钴摄入量过高，就可能出现厌食、贫血、红细胞增多、运动失调等与缺钴相似的临床症状。

3. 钴源　钴源中，硫酸钴、氯化钴、氧化钴、碳酸钴和硝酸钴都易被动物吸收。目前使用较多的是氯化钴和硫酸钴。根据HG 2938—2001规定，氯化钴的技术要求为：分子式为$CoCl_2 \cdot 6H_2O$，相对分子质量为237.93。外观为红色或红紫色结晶。钴源的技术指标见表3-65。

表3-65　钴源的技术指标

项　目	指　　标	项　目	指　　标
$CoCl_2 \cdot 6H_2O$	≥96.8%	砷	≤0.005%
钴	≥24%	铅	≤0.01%
水不溶物	≤0.03%	细度（通过800微米试验筛）	≥95%

（六）碘（I）

1. 碘的功能和缺乏症　碘与酪氨酸合成甲状腺素，且常以甲状腺球蛋白形态储存，依需要而逐渐释放出甲状腺素以调节体内代谢。动物体内70%的碘存在于动物甲状腺。甲状腺激素对家禽生长发育及繁殖等众多生理生化代谢过程起调节作用。母鸡血中T4含量在10～15纳克/毫升，T_3浓度在1纳克/毫升左右，血液中T_4及T_3的浓度表现很强的昼夜节律和受环境温度及应激的影响。高温时，T_3浓度降低，产热量减少，低温时血中碘离子浓度升高，T_4及T_3浓度均上升，T_4向T_3的代谢加快。应激抑制甲状腺激素的合成与分泌，而血浆皮质酮水平上升。缺碘导致甲状腺激素合成不足时，基础代谢率降低，对低温的适应能力降低，种蛋孵化率降低，鸡体内脂肪沉积加强，严重时甲状腺细胞代偿性增生肥大、生长受阻、繁殖力下降。胚胎缺碘时，孵化时间延长；雏鸡腹部愈合不全。缺碘抑制一些蛋白质的合成，组织硒沉积量及与此有关的含硒酶活力下降，加重硒缺乏症，家禽的碘需要量一般为0.30～0.70毫克/千克。碘摄入过量（600毫克/千克）时，产蛋量、蛋重和孵化率降低。

2. 碘的应用　目前配合饲料原料中所含碘不能满足动物需

要，常通过预混料添加碘补充。碘源中，碘化钾和碘化钠可以充分被动物利用，但它们不稳定，碘酸钙 $Ca(IO_3)_2$ 的利用率很好且稳定。大多数有机含碘化合物，如二碘水杨酸虽易吸收，但大量从尿中排出，因而生物学效价低。

3. 碘源

表 3-66　不同碘源产品简述

项目	不同碘源			
	碘化钠	碘化钾	碘酸钾	碘酸钙
分子式	NaI	KI	KIO_3	$Ca(IO_3)\cdot H_2O$
分子量	149.89	166.01	241.00	407.88
外观	白色结晶粉末	白色或无色立方晶体	白色结晶粉末	白色结晶粉末
含量	≥99%	≥99%	≥95%	≥99%
砷	≤0.000 2%	≤0.000 2%	—	≤0.000 05%
重金属（以 Pb 计）	≤0.001%	≤0.001%	≤0.001%	≤0.002%
水中溶解性	易溶	易溶	溶	微溶

（七）硒（Se）

1. 硒的功能和缺乏症　硒是谷胱甘肽过氧化物酶的必需成分。此酶能使代谢过程中产生的过氧化物变成无害的醇，保护细胞膜的类脂不被氧化，延长生物膜寿命。硒在体内参与其他酶的作用，有强的抗氧化作用，活化含硫氨基酸的作用，类似维生素 E。

我国许多地区土壤和饲料中硒含量少。易造成地区性缺硒症：如白肌病，鸡渗出性素质，胰腺纤维变性，营养性肝病和繁殖机能紊乱。最近研究表明，在满足机体对硒的需要量上，有机硒比无机硒更为有效。

动物日粮中硒需要量及中毒量见表 3-67。

表 3-67 动物日粮中硒需要量及中毒量（毫克/千克）

畜禽类别	需要量	中毒量
奶牛	0.1～0.2	5
肉牛	0.10～0.40	8.5
猪	0.1～0.2	5～8
羊	0.1～0.15	10～20
鸡	0.12～0.20	10

2. 常用的硒源-亚硒酸钠　我国目前较多应用亚硒酸钠，并已制订饲料添加剂亚硒酸钠国家标准 HG 2937—1999。其技术要求如表 3-69：分子式为 Na_2SeO_3，相对分子质量为 172.94，外观为无色结晶粉末。

表 3-68 饲料级亚硒酸钠技术要求

项　目	指　标
Na_2SeO_3	≥98.0%
硒	≥44.7%
干燥减量	≤1.0%
溶解实验	全溶，清澈透明
硒酸盐及硫酸盐	≤0.03%

(八) 铬 (Cr)

1. 铬的功能和缺乏症状　铬是人和多数单胃动物的必需微量元素，三价铬的化合物是有营养意义的，六价铬化合物对人则是有毒的。Cr^{3+} 是葡萄糖耐受因子（GTF）的活性成分之一，GTF 可以提高细胞受体对胰岛素的敏感度。胰岛素促进机体内许多器官的合成代谢，抑制其分解代谢。

缺铬的后果：不能代谢碳水化合物，组织对胰岛素的敏感性降低，影响蛋白质代谢，降低生长速度，血清胆固醇含量升高，缩短寿命，对应激敏感。

2. 铬的应用　关于有机铬在葡萄糖、脂肪代谢以及降低胆固醇和改善胴体品质与繁殖性能和衰老调节方面已有不少研究。研究表明在动物饲料中补充3价铬是安全的，但3价的无机铬吸收率非常低，效果低于有机铬源。

机体缺铬有许多不利的影响。一些因素会影响动物体内铬的含量。其中两个最重要的因素是：①常用饲料中铬的生物学效价较低；②应激加大了铬的排出量。在日粮中添加有机铬可以弥补这些缺陷，同时通过提高糖的利用有利于动物健康和生产性能的充分发挥。

（1）铬的形态与剂量　铬的形态有无机铬与有机铬两种，无机铬有氯化铬、硫酸铬、硝酸铬等，有机铬有酵母铬、烟酸铬、醋酸铬、草酸铬、甲基吡啶铬、氨基酸铬、蛋白铬等，有机铬比无机铬吸收率高。因此，有机铬的生物学效价高于无机铬，而甲基吡啶铬则是目前为实践所证实的最为有效的铬的形态。

（2）铬的时效性及对动物不同生长阶段的影响　铬的作用效果具有一定的时效性。大多数的研究表明，在提高生产性能及改善胴体品质方面，在生长期补铬效果不明显，而在肥育阶段对提高生产性能及在生长肥育全期对改善胴体品质效果比较显著。补铬的作用效果与补铬的时间长短密切相关，从开始补铬到产生效果需要一段时间，铬的作用效果具有累积性，早补铬比晚补铬作用效果显著。

（3）不同动物种类的影响　铬对不同动物作用效果不同。对肉鸡的作用效果是改善胴体品质。

重点难点提示

了解鸡饲料的分类。掌握鸡常用的饲料，包括能量饲料、蛋白质饲料、矿物质饲料和维生素饲料。熟悉我国肉鸡常用的能量饲料、蛋白质饲料的添加。

7日通——第四讲
鸡常用饲料添加剂

本讲目的

重点介绍鸡常用饲料添加剂，包括酶制剂、生长促进剂、饲料品质改进剂、饲料保藏剂等，介绍饲料添加剂的主要作用、应用注意事项等。其目的主要是让读者了解饲料添加剂的分类、来源、功能等，重点掌握添加剂的使用，尤其是抗生素等生长促进剂的使用。

第一节　饲用酶制剂

酶是一类具有生物催化性的蛋白质。随着科学技术的发展，目前除采用微生物发酵技术或从动植物体内提取的方法批量生产酶制剂外，生物技术已广泛用于酶制剂的生产。

饲用酶制剂按其特性及作用主要分为两大类：一类是内源性消化酶，包括蛋白酶、脂肪酶和淀粉酶等。畜禽消化道能够合成与分泌这类酶，但因种种原因需要补充和强化。内源添加酶主要是补充幼年动物如仔猪、犊牛、雏禽、幼鱼等体内消化酶分泌的不足，以强化生化代谢反应，促进饲料中营养物质的消化与吸收。另一类是外源性降解酶，包括纤维素酶、半纤维素酶、β-葡聚糖酶、木聚糖酶和植酸酶等。这些酶，动物组织细胞不能合成与分泌，但饲料中又有相应的底物存在（多数为抗营养因子）。近年来，采用微生物发酵技术或转基因生物技术，这类酶制剂已有生产并应用于畜牧生产。这类酶制剂的主要功能是降解动物难以消化或完全不能消化的物质或抗营养物质，提高饲料营养物质的利用率，同时可为开发新的饲料资源开辟新途径。由于饲用酶制剂无毒、无残留、可降解，使用酶制剂不但可提高畜禽的生产性能，充分挖掘现有饲料资源的利用率，而且还可降低畜禽粪便中有机物、氮和磷等的排放量，缓解发展畜牧业与保护生态环境间的矛盾，开发应用前景广阔。

由于酶对底物选择的专一性，其应用效果与饲料组分、动物消化生理特点等有密切关系，故使用酶制剂应根据特定的饲料和特定的畜种及其年龄阶段而定，并在加工及使用过程中尽可能避免高温及高温处理。

一、酶制剂的分类、作用和来源

（一）饲用酶制剂的主要种类

目前，世界上已经发现的酶有 5 000 多种，生产用酶多达 600 多种，常用的饲用酶制剂有单一酶制剂和复合酶制剂。

1. 单一酶制剂

（1）消化碳水化合物的酶　植物性能量饲料中的碳水化合物含量通常在 60%以上。饲料中的碳水化合物是一组化学组成、物理特性和生理活性差异特别大的化合物，有易消化的淀粉，也有难消化的非淀粉多糖。

因此，这类酶包括淀粉酶和非淀粉多糖酶。非淀粉多糖酶又包括半纤维素酶、纤维素酶和果胶酶。

①淀粉酶：包括α-淀粉酶和β-淀粉酶、糖化酶以及支链淀粉酶和异淀粉酶。α-淀粉酶作用于α-1，4-糖苷键，将淀粉水解为双糖、寡糖和糊精，只能分解直链淀粉和支链淀粉的直链部分。淀粉酶作用于淀粉的β-1，6-糖苷键（支链淀粉分支处），

将淀粉也水解为双糖、寡糖和糊精。糖化酶水解底物为双糖、寡糖和糊精，生成葡萄糖和果糖，并从淀粉的非还原末端，依次水解 α-1，4-糖苷键生成葡萄糖。饲料中添加多用 β-淀粉酶，使用时应加少量的碳酸氢钠或碳酸钠以中和胃酸，以利于淀粉酶的活化，防止该酶在胃肠道失活。

②半纤维素酶：包括木聚糖酶、甘露聚糖酶、阿拉伯聚糖酶和半乳聚糖酶等。主要作用是将植物细胞中的半纤维素水解为多种五碳糖，且降低半纤维素溶于水后的黏度。

小麦和黑麦等谷物中含有阿拉伯糖基木聚糖，这种糖可以与细胞壁的其他成分紧密结合，含有 1，4-糖苷键，可以吸收其自身重量 10 倍的水，形成一种非常黏的液体。这种高黏性液体表现对动物的影响就是减缓生长速度，降低饲料利用效率。在含小麦的鸡日粮中加入木聚糖酶，能水解阿拉伯糖基木聚糖的木聚糖碳架，从而使其高黏性的特性消除。

③纤维素酶：分为 C_1 酶、C_x 酶和 β-葡萄糖苷酶。C_x 酶作用于活性纤维，将其分解为纤维二糖和纤维寡聚糖，β-葡萄糖苷酶将纤维二糖、纤维三糖及其他低分子纤维糊精分解为动物机体可以利用的葡萄糖。纤维素酶可破坏富含纤维素的细胞壁，一方面使其包围的淀粉、蛋白质、矿物质等内含物释放并消化利用，另一方面将纤维素部分降解为可消化吸收的还原糖，从而提高动物对饲料干物质、粗纤维、淀粉等的消化率。

④果胶酶：果胶酶可裂解单糖之间的糖苷键，并脱去水分子，分解包裹在植物表皮的果胶，促使植物组织的分解，降低肠内容物的黏度。

（2）蛋白酶　蛋白酶将蛋白质水解成为可被肠道消化吸收的小分子物质。根据最适 pH 不同，将其分为酸性蛋白酶、中性蛋白酶和碱性蛋白酶。由于动物胃液呈酸性，小肠液多为中性，所以饲料中多添加酸性和中性蛋白酶，其主要作用是将饲料蛋白质水解为氨基酸。主要蛋白酶的来源和特性见表 4-1。

表4-1 蛋白酶来源及特性

类别	名称	来源	最适 pH	可耐受最高温度（℃）
植物酶	木瓜蛋白酶	木瓜	5～7	70
	菠萝蛋白酶	菠萝	5～7	50
真菌酶	酸性蛋白酶	A. sanoi	2～3	45
	中性蛋白酶	米曲霉菌	4～7	45
	碱性蛋白酶	米曲霉菌	8～9	45
细菌酶	中性蛋白酶	枯草杆菌	5～8	50
	碱性蛋白酶	地衣芽孢杆菌	8～9	55
动物酶	胃蛋白酶	牛、猪胃	2～3	60
	凝乳酶	犊牛胃	4～6	45
	胰蛋白酶	牛、猪胰和小肠	6～9	45

（3）脂肪酶　脂肪酶是水解脂肪分子中甘油酯键的一类酶的总称，微生物产生的脂肪酶通常在 pH 3.5～7.5 时水解力最好，最适温度 38～40℃，因此微生物脂肪酶非常适用于饲料。脂肪酶一般从动物消化液中提取。外源性脂肪酶的作用与动物的年龄有关，生长动物体内的脂肪酶足以满足自身的需要，幼畜日粮中添加脂肪酶有益于脂肪的消化分解。

（4）植酸酶　植酸酶又称为肌醇六磷酸水解酶，是一种可使植酸磷复合物中的磷变成可利用磷的酸性磷酸酯酶。植酸酶广泛存在于植物组织中，也存在于微生物（细菌、真菌和酵母）体内。目前分离出的植酸酶主要有两种：3-植酸酶（EC 3.1.3.8）和 6-植酸酶（EC 3.1.3.26），前者最先水解的是肌醇 3 号碳原子位置的磷酸根，主要存在于动物和微生物；后者最先水解的是 6 号碳原子的磷酸根，主要存在于植物组织中。尽管曾经从猪的肠道分离出植酸酶，家畜体内的植酸酶数量和活性十分有限。目前作为商品生产的植酸酶主要是来源于真菌的发酵产物，也有一部分是用生物技术生产的。

2. 复合酶制剂　复合酶制剂由一种或几种单一酶制剂为主体，加上其他单一酶制剂混合而成，或由一种或几种微生物发酵获得。可以同时降解日粮中多种需要降解的底物，最大限度地提高饲料的营养价值。包括：

（1）以蛋白酶和淀粉酶为主的饲用酶制剂，主要用于补充动物内源酶的不足。

（2）以β-葡聚糖酶为主的复合酶制剂，主要用于大麦、黑麦为主原料的饲料中。

（3）以纤维素酶、木聚糖酶和果胶酶为主的饲料酶制剂，主要作用为破坏植物细胞壁，使细胞中营养物质释放出来，促进消化吸收，消除饲料中的抗营养因子，降低胃肠道内容物的黏稠度，促进动物消化吸收。

（4）以纤维素酶、葡聚糖酶、蛋白酶、淀粉酶等为主的复合酶制剂，此类酶综合了各种酶的作用，具有更强的助消化作用。

（二）饲用酶制剂的来源

酶制剂的来源有多种渠道，可以从动物体内提取，也可以由微生物分泌产生，甚至利用植物细胞遗传工程和转基因植物开发酶制剂的途径也在探索之中。目前，饲用酶制剂主要是由微生物发酵产生的。

1. 产酶菌种的筛选　微生物的来源主要有两个途径：一是从自然界中寻找，大自然中广泛存在细菌、霉菌和酵母菌等各种微生物。为了筛选产生某种酶的产酶菌种，可以根据产酶微生物的特性，从富含该酶作用底物的地方采集含菌样品。二是从保藏有菌种机构的菌种库中筛选产酶菌株，通过这种途径筛选产酶菌种时，可以有目的地寻找、收集有关菌种或相近种类的微生物。采集的各种含菌样品，一般都含有大量的各种微生物，需要进一步的分离。微生物的分离通常采用平板分离法，在琼脂培养基培养皿中铺成平板，使各个微生物分别长成菌落。在产酶微生物的筛选过程中，还包括对从各种渠道来源的微生物中分离获得的酶进行评定。最常用的方法是让微生物生长在含有合适酶底物的琼脂平板上，从而鉴定所需菌种的产酶活力。为了淘汰那些产酶较差的菌株还要进行复筛，将初步选出的产酶菌株作进一步的筛选。

2. 微生物发酵工艺　发酵方式的选择是以最低成本获得最大生产能力为标准的。发酵的生产方式有分批式、补料式和连续式3种。可以通过检测和估测某些特定的参数，如温度、pH、溶解氧、氧化还原电位、呼吸速率、泡沫水平和物质转化效率对发酵过程进行控制。发酵方法的设计需要综合运用多学科的知识。只有把有关化学工程和微生物生理学的概念和方法进行有机结合，才能完成发酵过程的放大设计，满足工业生产的要求。发酵过程的研究也必须考虑菌种的特定要求，菌种的选用必须同时考虑发酵过程的设计选择和限制因素。

所有的微生物都有基本营养需求，如水、能源、碳源、氮源、盐、微量元素和某些生长因子。通过优化培养基组成、发酵参数（包括温度、pH、通风等）和碳源的补加，可以使菌种的潜力得到充分发挥。在通常情况下，生产用发酵培养基是由组分复杂的天然原料组成的，同时根据需求添加适量的无机盐、有机盐、碱和酸。培养基的设计需要琼脂平板、微量效价测定平板、三角瓶培养和发酵罐等相关知识。设计一个组分合理、营养平衡的发酵培养基，不仅需要依据微生物生理知识，同时还需要依据实际工作经验。设计用于生产发酵的培养基时，需要考虑许多影响蛋白质表达和分泌的因素；考虑如何清除不必要的代谢副产物。一旦完成了培养基的配制和发酵罐的灭菌，操作过程的参数得到了优化，则在控制的环境条件下进行发酵生产。

3. 酶制剂形成　下游加工和配制的总体目标是以有效成本，获得足够高产、纯度和浓度的酶，以稳定、安全、方便使用为目的生产酶制剂。即使是作为粗制品的酶产品也需要进行发酵后的回收处理。把酶蛋白从发酵液中分离出来，首先需要经过过滤、沉淀、萃取和其他方式进行浓缩，然后进行复配。复配是为了满足产品的稳定性要求，使之适用于特定的作用条件和使用者利用的操作要求。对于固体产品酶浓缩液或复配制剂，如果可能，可以制成结晶，以满足健康安全的要求。酶产品的产量和纯度标准需要与每一步分离纯化操作的经济性进行综合平衡考虑。新的酶制剂必须经过毒性检验，以确保使用是安全的，才能投入到实际中应用。

二、酶制剂的功能

归纳起来，饲用酶制剂的主要作用是：补充内源性消化酶的不足，消除、降解日粮抗营养因子和消化内源酶不能消化的养分。上述作用主要是通过以下4种机制实现：

（一）破坏植物细胞壁，提高养分消化率

植物细胞中淀粉和蛋白质等营养物质被细胞壁包裹，细胞壁是由纤维素、半纤维素、果胶等组成的一种复杂聚合物，除草食动物外，其他动物不能消化这类物质，因此大大影响了植物饲料中淀粉、蛋白质等营养物质的消化率。在饲料中适当地添加能分解这类聚合物的酶，以破坏饲料中存在的植物细胞壁，使细胞中的营养物质充分释放出来，则可提高饲料中能量和蛋白质的利用率。

（二）降低消化道食糜黏性，减少疾病的发生

构成植物细胞壁的非淀粉多糖能够结合大量的水，增加了消化道食糜的黏度，使营养物质和内源酶难以扩散，这不仅影响了蛋白质、淀粉等营养物质的消化吸收，而且也使畜禽产生黏粪现象。饲料中添加酶制剂可降低食糜的黏稠度，缩小胰脏和胃肠道的体积，减少粪便量，降低氮的排出率，提高畜禽的生产性能。

（三）消除抗营养因子

有些饲料组分（如日粮纤维和植酸磷）是无法被动物内源酶

消化的，同时这些不能被消化的养分还会产生抗营养作用。畜禽饲料原料中的抗营养因子及难于消化的成分较多，它们以不同方式和不同程度影响养分的消化吸收和畜禽的健康。添加外源性酶制剂可以部分或全部消除抗营养因子所造成的不良影响。消化和降解这些抗营养因子的外源酶包括：植酸酶、β-葡聚糖酶、木聚糖酶、果胶酶、α-半乳糖苷酶。

（四）补充内源酶的不足，激活内源酶的分泌

消化机能正常的成年动物，能分泌足够的消化饲料中淀粉、蛋白质、脂类等养分的酶。补充这些消化酶对成年健康动物的作用甚微。对于幼小畜禽，其内源酶分泌不足，可添加外源酶以弥补这一缺陷。饲用酶制剂并不引起内源消化酶“反馈性”分泌减少，反而有利于内源消化酶的分泌。一般在常规日粮中适当地添加淀粉酶、蛋白酶和脂肪酶，以补充内源酶的不足，促进营养物质的消化和吸收，消除营养不良和减少腹泻的发生，提高饲料消化率。

三、合理使用酶制剂应注意的问题和要求

（一）选用酶制剂应考虑的因素

1. *酶的种类和酶活力*　酶制剂产品中所含酶的种类和活力是影响酶制剂应用效果的关键因素。产品中应含多少种酶和哪些酶取决于饲料类型。以大麦为基础的日粮应添加β-葡聚糖酶；豆类籽实为基础的日粮应使用果胶酶；而以小麦为基础的日粮中添加木聚糖酶。一般来说，单一酶制剂的效果没有复合酶制剂好。在以玉米、小麦和豆粕为基础混合日粮中应添加果胶酶、半乳糖酶和戊聚糖酶和纤维素酶；而在含豆粕的日粮中添加α-半乳糖酶、β-葡聚糖酶和蛋白酶复合制剂的效果比单独添加α-半乳糖酶效果要好。

衡量酶制剂品质的核心指标是酶的活力。酶活力单位是在一定条件下测得的相对值，受温度、pH、底物浓度、饲喂

方式等诸多因素的影响，不同厂家所使用的酶活单位可能不尽一致。所以，酶的标识单位大并不一定表示其酶活力就强，只有在相同的条件下测定酶活并将其与动物的消化生理和饲喂方式等结合起来才有意义。另一方面，酶的活力并不是愈高愈好。试验证明，酶活力过高不仅会造成产品的浪费，而且引起饲养效果的下降，这可能与酶作用产物的反馈抑制有关。

2. 动物因素　使用酶制剂的效果受动物种类、品种、年龄及生理阶段等诸多因素影响。一般来说，消化功能愈简单的动物，酶制剂的应用效果愈明显。家禽消化道较短，肠道后段的微生物也少，饲料中添加酶制剂的效果就好。在肉鸡日粮中主要添加β-葡聚糖酶、木聚糖酶、淀粉酶和果胶酶等。

（二）酶制剂的应用方法

1. 直接添加　酶制剂可用于生产全价配合饲料和浓缩料。由于大部分酶制剂产品为固体形态，且添加量较大，一般在配合饲料中的添加量为0.1%～0.3%，因而可以在配合饲料或浓缩料生产过程中直接添加。考虑到酶在饲料加工，特别是制粒过程中的损失，酶制剂的实际添加量应高于推荐量，提高比例一般为10%～50%。

2. 制粒后添加　在饲料制粒以后再将酶制剂加到饲料中，可以避免酶制剂在饲料制粒过程中的损失。按这种方法使用的酶制剂为液态产品，添加方法类似于油脂的喷雾涂膜工艺。制粒后添加工艺虽可减少加工损失，但因分布于颗粒的表面，在饲料的贮藏过程中容易受到外界因素的影响而失去活性。

3. 用于饲料调制　饲料原料在应用之前使用酶制剂进行调制，有利于改善饲料的营养价值和饲用价值。如豆粕用酸性蛋白酶预处理后再用于配制仔猪、雏鸡的饲粮，可明显提高动物的生产性能和饲料利用率。青饲料在青贮过程中添加酶制剂有利于提高青贮的质量。

（三）应用酶制剂应注意的问题

酶制剂发挥作用的前提是必须有一定活性的酶达到其在消化道中的作用部位。从酶制剂的生产出厂到进入动物消化道发挥作用，经过若干环节，每个环节都可能影响酶的活性。在购买时、使用前和饲料加工后均应检测酶的活性。

粉状饲料的混合过程对酶的活性影响不大。颗粒饲料制粒过程影响酶的活性。一定的温度、压力会使酶蛋白的结构发生变化，降低甚至丧失酶的催化活性，特别是在湿热条件下。因此，制粒温度过高会降低饲料中酶的活性。一般认为在60～65℃以下的制粒过程中，经稳定载体处理的酶制剂可保持约80%左右活性，某些经特殊包被处理的酶制剂在75℃以下可保持较高的活性。若考虑到沙门氏菌的灭活，制粒温度至85℃以上或膨化处理，最稳定的酶制剂也将变得无效。制粒或膨化冷却后将稳定的液体酶制剂喷于颗粒表面，能被饲料很好地吸收并保持较高的稳定性。

酶制剂在应用之前的贮藏条件对保存酶的活性尤为重要，在贮存过程中要防止潮湿和高温暴晒。一般来说，水分对酶的危害比高温更严重，饲料发霉会使酶活性受到很大影响。因此，在使用时应尽量缩短贮存时间，放在通风、干燥、阴凉和避光处。一旦开封使用，最好尽快用完；如果不能一次用完，用后应包装、封严，并尽早使用。

配合饲料中的某些成分可能会破坏酶的活性。许多矿物元素与酶制剂具有颉颃作用；有些抗生素可能对酶的活性有破坏作用；酸化剂、氧化剂、重金属等物质对酶的活性也有明显影响。因此，在使用过程中应避免酶制剂和这些物质的直接接触，特别不能将酶制剂用作生产预混料的原料。

第二节　饲用生长促进剂

作为生长促进剂的主要有抗生素和中草药添加剂等。

一、抗生素

抗生素是一类由微生物（细菌、放射菌、真菌等）代谢产生的具有抑制和杀灭其他微生物的产物。目前已有多种抗生素可人工合成或半合成生产。抗生素主要功能是抑制动物肠道中有害微生物的生长与繁殖，从而控制疾病发生和保持动物体健康；促进有益微生物的生长并合成对动物体有益的营养物质；防止动物肠道壁增厚，增进动物对营养物质的消化与吸收，促进动物的生长与生产。

抗生素作为促生长饲料添加剂，自20世纪中叶开始逐步被广泛应用。随着饲料工业的发展，西方发达国家每年应用于动物生产的抗生素总量已达数千吨，产生的经济效益十分显著。尽管抗生素作为添加剂在配合饲料中的添加量微乎其微（大多以毫克/千克计），但由于长期使用抗生素添加剂，会导致微生物产生耐药性；易造成畜禽内源性或二重性感染，使动物体内的正常微生物体系失衡；使动物体的免疫功能下降，抵抗力降低；超量使用会在畜产品中残留等弊端，特别是随着科学技术的发展，人们对环境质量及食品安全的认识与要求越来越高，许多国家都对抗生素作为饲料添加剂作出了明确的规定和限制，一些国家禁止在畜禽饲料中使用多种抗生素和抗菌类化学制剂，防止其在畜禽产品中的残留及不良效应。寻找无（低）药残、无（低）污染，能替代抗生素的促生长物质，已成为当今动物营养学研究的重点之一。目前，我国允许作为饲料添加剂的常用抗生素有：杆菌肽锌、硫酸黏杆菌素、北里霉素、恩拉霉素、维吉尼亚霉素、泰乐菌素、土霉素、盐霉素和拉沙里菌素钠等。

（一）杆菌肽锌

1. 杆菌肽锌是经地衣芽孢杆菌发酵而制得的杆菌肽与锌的络合物，为多肽类抗生素，干燥状态时较稳定。

2. 抗菌谱与青霉素相似，通过抑制细菌细胞壁的合成而产生杀菌作用，对革兰氏阳性菌十分有效，对部分革兰氏阴性菌、螺旋体、放线菌有抑制作用。

3. 根据中华人民共和国农业部有关规定：作为饲料添加剂，每吨饲料添加量：鸡 4～20 克（合 16.8 万～84 万效价单位）。

4. 配伍禁忌：不能与莫能霉素、盐霉素等聚醚类抗生素混用。

（二）硫酸黏杆菌素

1. 硫酸黏杆菌素是多肽类抗生素。为白色或深黄色粉末。性质稳定。

2. 对革兰氏阴性菌有极强的抑菌作用，可预防大肠杆菌和沙门氏菌引起的疾病。

3. 混饲（按每 1 吨饲料计）时，10 周龄以内的鸡 5～20 克，产蛋鸡禁用。各种动物在宰前 7 天停止用药。

4. 因其与杆菌肽锌协同作用较好，常与杆菌肽锌以 1∶5 比例配合使用。

5. 硫酸黏杆菌素口服后 60%～80%从粪便中排出，其他从尿中排出，脏器中分布极少，以 100～500 毫克/千克的剂量添加到鸡饲料，连续喂食 8 周，停药当天屠宰，各组织中硫酸黏杆菌素的残留量均低于 0.28 毫克/千克。

（三）维吉尼亚霉素

1. 维吉尼亚霉素是 2 种抗生素的复合体，预混剂的商品名为“速大肥”。

2. 对多种病原菌有很强的抑菌效果，能有效防止细菌性下痢，稳定性好。由于其能减缓肠道蠕动，影响肠黏膜上皮形态及功能，延长饲料在肠道内的消化时间，故能增加养分吸收，促进生长。

3. 不易吸收及产生耐药性，残留量很小，以 ^{14}C 标记的维吉尼亚霉素进行饲喂，添加20毫克/千克，连续5天后测定鸡组织中的残留量分别为肝0.14毫克/千克，肌肉0.10毫克/千克，皮下脂肪0.01毫克/千克，血0.03毫克/千克，均低于美国食品与药品管理局规定的允许残留量。

4. 维吉尼亚霉素预混剂（速大肥），规格：20、50千克。维吉尼霉素预混剂－20、－40、－100、－500，表示每1千克预混剂中含维吉尼霉素的量为20、40、100克及500克。混剂（按每1吨饲料添加维吉尼霉素计），肉用仔鸡或16周以内的后备青年母鸡2～5克，连续饲喂。

5. 产蛋期鸡禁用，宰前停药1天。

（四）恩拉霉素

1. 恩拉霉素是一种放线菌的发酵产物，属多肽类抗生素。

2. 对革兰氏阳性菌有很强的抑菌活性。

3. 不易被消化道吸收，长期使用不易产生抗药性，在饲料中的添加量小，安全性和稳定性好。

4. 鸡饲料添加量为1～10克/吨。

5. 禁止与四环素类、北里霉素、杆菌肽锌、维吉尼亚霉素等配伍应用。

6. 产蛋期禁用，肉鸡上市前应停药7天。

（五）盐霉素钠

1. 盐霉素钠属聚醚类抗生素，抗球虫药，具有广谱抗球虫作用，对鸡堆型、波氏、巨型、变位、毒害、柔嫩艾美耳球虫均有明显效果。

2. 盐霉素不易引起球虫耐药性。盐霉素与氨丙啉、氯苯胍、氯羟吡啶及莫能霉素等抗球虫剂之间不存在交叉耐药性。

3. 预混剂是以大豆粕、大豆粉、米糠、油渣、无水硅酸或硅藻土为基质配制而成。有效期为2年。混饲（按1吨饲料计）鸡50～60克。

4. 禁止与泰牧霉素和竹桃霉素并用（一般指在用过这两种

抗生素之前或之后 7 天内不得使用本品），否则发生脚麻痹症的中毒现象。蛋鸡产蛋期禁用，肉鸡上市前应停药 5 天。

（六）泰乐菌素

1. 属大环内酯类抗生素，最广泛应用的为磷酸泰乐菌素。

2. 对大部分革兰氏阳性菌（链球菌、葡萄球菌、双球菌等）有显著的抑菌效果，对支原体有特效。

3. 在肠道内不易吸收，毒性低，混入饲料后稳定。

4. 磷酸泰乐菌素混饲时（按每 1 吨饲料计），8 周龄肉鸡为 4～50 克。

5. 产蛋鸡禁用。屠宰前 5 天停药。

6. 与其他大环内酯类抗生素有交叉耐药性。

（七）莫能霉素

1. 属聚醚类抗生素，具有广谱抗球虫作用，对鸡毒害、柔嫩、堆型、布氏、巨型、变位等多种艾美耳球虫有高效抗球虫作用，在提高饲料报酬、促进增重等方面的效果也明显。

2. 莫能霉素预混剂，系以脱脂米糠、玉米粉、稻壳粉、碳酸钙为基质配制而成，有效期 2 年。混饲（每 1 吨饲料计）禽 90～110 克（特效）。

3. 不能与其他抗球虫药并用，禁止与泰牧霉素或竹桃霉素并用（一般指在用过这两种抗生素之前或之后 7 天内不得使用本品），否则引起严重生长抑制，甚至中毒死亡；珍珠鸡不宜饲喂，蛋鸡产蛋期禁用，肉鸡上市前应停药 3～5 天。

（八）黄霉素

1. 黄霉素为畜禽专用抗生素。主要对革兰氏阳性菌有强大的抗菌作用，对部分革兰氏阴性菌的作用微弱，对真菌、病毒无效。用作饲料添加剂，能提高饲料报酬和畜禽增重率，与氨丙啉、莫能菌素、盐霉素等抗球虫药配伍制成预混剂，能抗菌、抗球虫、促生长。

2. 肉用仔鸡、火鸡 1～5 克/吨，无停药期规定。

（九）四环素类抗生素

有关四环素类抗生素能否作为饲料添加剂的争议很多。此类抗生素主要对多数革兰氏阳性菌有效，其作用机理为干扰菌体蛋白合成。四环素抗生素能与多种金属离子，如钙、镁、铁等形成络合物，因此以钙盐形式添加较好。常用的四环素类抗生素为土霉素和金霉素。四环素类抗生素毒性较低，对肝、肾功能的影响较小，但从长远看，此类抗生素继续作为饲料添加剂的应用前景不大。

1. 土霉素　属广谱抗生素，抑制细菌生长。土霉素为淡黄色至暗黄色结晶或无定形粉末，无臭，在日光下颜色变暗。有土霉素钙盐、土霉素胺盐和土霉素盐酸盐等多种制剂形式。欧洲共同体已全部淘汰这种抗生素作饲料添加剂，日本淘汰了盐酸土霉素，只用土霉素季铵盐，美国还在使用土霉素（季铵盐、盐酸盐）。土霉素用作饲料添加剂，混饲（按每1吨饲料加入土霉素计）促进生长鸡5～50克；预防疾病鸡100～200克；控制疾病鸡200克。土霉素有残留，部分细菌对其产生耐药性。产蛋鸡禁用。停药期为宰前7天。

2. 金霉素　金霉素为黄褐色至黄色结晶粉末。抗菌作用与土霉素相似。肉鸡（10周龄以内）20～50克/吨；预防疾病鸡50～100克/吨；治疗疾病鸡100～200克/吨。产蛋鸡禁用。

二、合成抗菌剂

曾经作为促生长剂使用的化学合成剂有很多，如磺胺类、硝基呋喃类、卡巴氧和硝呋烯腙等抗菌药剂，其毒副作用大，大多数国家已禁止将这些药物作为饲料添加剂，而仅作为治疗动物疾病用药。目前我国仅批准使用喹乙醇。《中国兽药典》有明确规定，喹乙醇被禁止用于家禽。

三、中草药添加剂

中草药饲料添加剂有其深远的历史根源。我国自古就有中草药拌入饲料以促进动物生长、增重和预防疾病的文字记载。近年来，随着长期使用化学合成药物、饲用抗生素而引起药物残留、耐药性等问题，直接影响畜产品安全，进而危害人体健康，人们才开始重视天然饲料添加剂，大力提倡研究应用中草药添加剂。

（一）中草药饲料添加剂的特性

1. 天然性　中草药本身为天然有机物和无机矿物，并保持了各种成分结构的自然状态和生物活性。同时，这些物质经过长时间的实践和筛选，保留下来的是对人和动物有益无害的和最易被接受的外源精华物质，具有纯净的天然性。

2. 多能性　中草药添加剂的多能性产生于其本身的许多成分和合理组配。中草药多为复杂的有机物，其成分均在数十种，甚至上百种。如一个小的山楂，现已测知的成分有70余种。加之将中草药按传统物性理论合理组配后，使物质作用相谐调，并产生全方位的作用。这是化学合成物所不可比拟的。

3. 毒副作用小，不易产生抗药性　中草药所含绝大多数成分对畜禽有益无害，即使是用于防治疾病的一些有毒中草药，也经自然炮制或精制提取和科学配方（相杀、相恶等和君臣佐使的原则）而使毒性减弱或消除。同时中草药以其独特的抗微生物和寄生虫的作用机理，不产生抗药性和耐药性，并可长期添加使用。

（二）中草药饲料添加剂的应用效果

随着现代养殖业的发展，中草药饲料添加剂的种类不断增多，其作用也日趋广泛。中草药作为添加剂，具有促进食欲、催肥增重、提高饲料效率、缩短饲养周期、增强对疾病的抵抗力等功能。

中草药品种繁多，功用各异。各地的中草药添加剂配方也不胜枚举，各显其效。

1. 蒜辣粉　蒜辣粉是将大蒜和辣椒经晒干粉碎后，按照1∶1配制而成的一种饲料添加剂。具有大蒜和辣椒的双重作用。蒜辣粉具有抗菌、促进免疫、驱虫、健胃、消食和刺激味觉感受器等功能。

2. 枸杞子粉　枸杞子中含有1%的甜菜碱及胡萝卜素、核黄素、硫胺、烟酸、抗坏血酸、钙、磷、铁等。在鸡饲料中加入2%～3%的枸杞子粉，可提高肉鸡饲料利用率，提高日增重，提高母鸡产蛋率，节省饲料，还可使鸡体毛色光泽，肌肉丰满，同时还可增强鸡体免疫功能，增强抗病能力，降低死亡率，提高雏鸡成活率。

3. 蜂花粉　蜂花粉系蜜蜂采自植物花朵雄蕊的花粉，具有植物发育所需的全部营养物质。蜂花粉富含蛋白质、氨基酸、碳水化合物、维生素、脂类等营养成分，还含有酶和辅酶、激素、黄酮类、多肽及常量元素和微量元素等多种生物活性物质。具有补充营养，提高增重的功用。

4. 粉状松针生物活性物　粉末状。含有脂溶性维生素（维生素E、胡萝卜素等），水溶性维生素（维生素C、维生素B等），植物激素和植物杀菌素等活性物质，含有多种微量元素（硒、铜、锰、锌、钴、钼等）和必需氨基酸。

5. 止痢散　黄连、黄芩、苦参、金银花、白头翁、秦皮各等分，共研细末，拌匀。按每只雏鸡每日0.3克拌料。主治雏鸡白痢。

6. 驱球散　常山2 500克，柴胡900克，苦参1 850克，青蒿1 000克，地榆炭900克，白茅根900克。按以上组成煎煮3次，合并滤液，浓缩到25%，或按处方组成粉碎成粗粉，过筛，混匀备用。用“驱球散”煎剂拌料可治疗鸡球虫病。

7. 增重散　茯神、五味子、钩藤、黄芪、白术、香附、白芍、神曲、昆布等组成，粉碎、混匀即可。“增重散”降低肉仔鸡死亡率，提高增重，降低肉料比。

8. 腹水灵　由苍术、陈皮、山楂、桑白皮、猪苓、茯苓、泽泻、木通、二丑、扁蓄、车前草、甘草等组成，按比例粉碎过筛、混匀。“腹水灵”可治疗肉鸡腹水综合征。

9. 增色散　由辣椒、红花、黄芪、女贞子等味中草药组成，干燥后粉碎过孔径0.3毫米（60目）筛，混匀，分装备用。“增色散”作蛋鸡饲料添加剂，提高产蛋率和饲料报酬，提高蛋黄色泽，降低鸡蛋破损率。

10. 激蛋散　由虎杖、地榆、丹参、川芎、山楂、大云、罗勒、丁香等组成，粉碎、混匀备用。具有抗腺病毒，提高产蛋率，减免产蛋综合征的发生。

（三）中草药饲料添加剂的配制

1. 处方配制目标明确　中草药添加剂的处方配制要目标明确，药效集中，针对性强，防止药味多而造成药效抵消或浪费药材，达不到目的。

2. 配伍禁忌　传统中草药配伍禁忌有十八反、十九畏。配制中忌用某些具有对抗作用的中草药，如矿物质类中药勿与维生素添加剂或富含维生素的中药配合使用。使用挥发性小、异味少的中草药，以免影响适口性或残留在肉、奶、蛋等畜产品中。

3. 中草药不同药用部位的开发利用　中草药的根、茎、叶、花、皮、籽等不同药用部位，药用价值各异。应进一步对它们的主要有效成分及含量进行分析，注意不同药用部位的结合开发利用。尽量选用药源广泛、价格低廉的药物。

4. 中草药复方添加剂用量　一般占日粮的0.5%～2%，某些有毒中草药，单味作为添加剂时，剂量宜轻，特别是钩吻、细辛之类剧毒药应进行安全试验。

5. 中草药添加剂使用间隔时间　根据中草药的吸收慢、排泄慢、显效在后的特点，在使用中草药添加剂的间隔上，开始可每天喂一次，以后逐渐过渡到隔1天或3天一次，既不影响效果，又可以降低成本。

6. 中草药添加剂的日程添加法　根据中草药添加剂的作用和生产需要，大体可分为长程添加法、中程添加法和短程添加法三种。长程添加法，持续时间一般在4个月以上，甚至终身；中程添加法持续时间一般为1～4个月；短程添加法，持续时间在2～30天，有的甚至在1天内。每种日程内，又可采取间歇式添加法，如三二式添加法（添3天，停2天）、五三式添加法（添5天，停3天）和七四式添加法（添7天，停4天）等。

第三节　饲用微生物添加剂

近年来，随着动物微生态学的发展，饲用微生物添加剂越来越受到人们的重视。由于抗生素的广泛使用，产生了很多弊端，动物内源性感染或二重感染不断增加，耐药菌株增多，长期使用抗生素还使动物细胞免疫、体液免疫功能下降，肉、蛋、奶中的残留增加。基于这些原因，促使科学家开发出能克服抗生素弊端、无副作用、无残留的天然促生长剂，饲用微生物添加剂由此应运而生。

微生物添加剂（又名益生素）是一类有益的活菌制剂，主要有乳酸杆菌制剂、枯草杆菌制剂、双歧杆菌制剂、链球菌制剂和曲霉菌类制剂等。活菌制剂可维持动物肠道正常微生物区系的平衡，抑制肠道有害微生物繁殖。活菌益生素以对酸、碱、热等变化抗性强的活菌作为有效成分，对有害微生物生长具有颉颃和竞争性排斥作用。活菌体含有多种酶及维生素，对刺激动物生长、降低腹泻等有一定作用。综合国内诸多试验结果表明，使用活菌制剂可提高畜禽日增重11%（2%～30%）；提高饲料转化率8%（3%～26%）；降低发病率54%（23%～90%）；降低死亡率17%（7%～37%）。一般添加量为0.02～0.2%。

作为益生素添加剂的活菌，多为厌氧菌，发酵生产的难度较大，产品质量标准也难以统一；储运过程中氧气、高温等条件均使其大量失活；动物胃酸对其有灭活作用；外源性活菌制剂生存、增殖所需要的营养、微环境条件与动物肠道所提供的并不完全一致，因而肠道定植能力不强；颗粒饲料制粒过程易导致益生菌失活等。为克服活菌益生素不耐高温、对抗生素敏感、不耐酸性环境等缺点，目前，已有灭活益生素产品，此类产品多是由经热灭活的嗜酸乳酸菌的菌体细胞及其培养过程所分泌的代谢产物组成，属于益生素性质的产品，主要用来预防及治疗畜禽特别是幼龄动物常见的细菌性和病毒性腹泻，具有耐高温、耐抗生素影响和使用效果稳定等优点。

一、饲用微生物添加剂的类型

（一）药用型

主要由正常消化道优势菌群的乳酸菌、双歧杆菌等种、属菌株组成，具有很强地调整消化道内环境和微生物区系平衡的作用，故又称为整肠剂。主要用于预防和治疗消化机能紊乱和消化道感染。此类以保健为主，间接起到促生长、提高饲料利用率的作用。

（二）助消化、促生长型

主要由真菌、酵母、芽孢杆菌等具有很强消化能力的种、属菌株组成，在消化道中能产生多种消化酶、丰富的B族维生素、维生素K、未知生长因子和菌体蛋白等，添加于饲料中主要起辅助消化、促进生长的作用，同时也有一定的防治疾病的作用。这类以直接提高饲料利用率、促进动物生长为主，同时可防治疾病，如芽孢杆菌制剂促菌生、8501、8801等。

（三）综合型

由多种种、属菌株配合而成，有的还配有多种消化酶或霉菌、酵母提取物，具有一定的整肠保健、防治疾病的作用，又有较好的辅助消化、促进生长等作用。例如：酪多精含有8种乳酸菌和3种消化酶以及B族维生素、菌体未知生长因子；百饲益含有乳酸菌、糖化菌和酪酸菌，普乐高宁由乳酸杆菌、链球菌、双歧杆菌、米曲霉菌、球拟酵母菌组成。

二、饲用微生物添加剂的理论依据

理论依据是动物微生态学，主要包括生态平衡理论、微生态失调理论、微生态营养理论。

（一）动物微生态平衡理论和微生态失调理论

在正常情况下，动物消化道内以乳酸菌群为优势微生物区系的各种菌群之间以及微生物与宿主之间处于一种相互依存、相互制约的平衡状态。而当动物处于应激（如更换饲料、断奶、运输、高温、寒冷、疾病等）状态，其消化道稳定的内环境（养分、pH、氧化还原电位等）失调，正常微生物区系平衡受到损坏，平衡向着有利于大肠杆菌、沙门氏杆菌等条件性病原菌及其他有害菌方向移动。条件性病原菌、腐败菌和少量潜入的其他病原微生物异常增殖，导致消化机能紊乱，重则导致肠炎、下痢及其他疾病，这在正常微生物区系尚未建立的幼龄动物中表现尤为突出。

（二）微生态营养理论

正常情况下，维持微生态平衡所需的消化道微生态环境（菌群因子）与菌群代谢效应（物质、能量和信息传递）及其代谢产物对维持动物（宿主因子）营养物质的消化、吸收、代谢及其正常的营养生理状态是必需的。因此，采取营养和非营养手段对动物消化道微生态环境进行调控，使其维系正常的微生态平衡而服务于动物。

三、饲用微生物添加剂的作用机理

（一）微生物作用方式

1. *优势种群说*　在正常微生物群与动物和环境之间所构成的微生态系统中，其优势种群对整个群落起决定作用。一旦失去了优势种群，则该微生态平衡失调，原有优势种群发生更替。使用饲用微生物添加剂的目的就在于恢复优势种群。何明清指出，在正常情况下，猪、鸡肠道内的优势种群为厌氧菌，占99%以上，需氧菌及兼性厌氧菌只占1%；当畜禽下痢时，该优势种群发生更替，上述专性厌氧杆菌显著减少，而兼性厌氧菌等显著增加。

2. 微生物夺氧说　饲用微生物添加剂中某菌种以孢子状态进入畜禽消化道后迅速生长繁殖，消耗肠内的氧气，造成厌氧环境，降低氧化还原电势，以利于厌氧微生物的生长，从而使失调的菌群调整恢复到正常状态。

3. 膜菌群屏障说　饲喂动物的有益微生物可竞争性抑制病原体附着在肠细胞上，此即屏障作用，也就是竞争性拮抗作用。同时，在非有益微生物区系建立前，给新生家畜接种有益的微生物有助于家畜建立正常的微生物区系，排除或控制潜在的病原体，此即人为的改变肠道微生物区系，也即所谓第一个学说所指出的建立新的优势种群。

4. “三流运转”理论　微生态制剂属正常菌群，它能促进肠道相关淋巴组织的活动，有助于维持这些淋巴组织处于高度反应的“准备状态”，这在普通动物与无菌动物中得到证实。普通动物与无菌动物相比，前者黏膜基底层细胞增加，出现淋巴细胞、组织细胞、巨噬细胞和浆细胞浸润，细胞吞噬功能增强，机体免疫特别是局部免疫提高，分泌型IgA的分泌增加，从而抵御感染。此外，它还可抑制腐败微生物的过度生长和毒性物质产生，促进肠蠕动，维持黏膜结构完整，从而保证了微生态系统中基因流、能量流和物质流的正常运转。

（二）微生物代谢方式

1. 产生乳酸　活性微生物进入肠道后，尤其乳酸杆菌和链球菌将产生乳酸，毫无疑问这对新生仔畜是有益的。在家畜饲料中添加芽孢属杆菌可使空肠内容物pH下降，乳酸、丙酸、乙酸的含量上升。

2. 产生过氧化氢　有些微生物在肠内一些特殊基质中可产

生过氧化氢，对几种潜在的病原微生物有杀菌作用。

3. 防止产生有害物质　肠内大肠杆菌活动增强，导致蛋白质转化为氨和胺，二者具有刺激性和毒性。而有益微生物则有使肠内粪便及血液中的氨含量下降的作用。

4. 合成酶　有益微生物在体内可产生各种消化酶，从而提高饲料转化率。如芽孢杆菌具有很强的蛋白酶、脂肪酶、淀粉酶的活性，且还能降解植物性饲料中某些较复杂的碳水化合物。

5. 合成B族维生素　有益微生物在动物体内还可产生多种B族维生素，从而加强动物体的营养代谢。

6. 产生抗生素类物质　某些乳酸杆菌和链球菌在体外可产生抗生素，如酸嗜菌素、乳酸菌素和酸菌素，但这些化合物在体内的作用尚不清楚。

目前对微生物添加剂的真正作用机理尚不十分清楚，还有待微生态学、动物营养学、动物生理生化学及微生物学等多学科的科学工作者的通力协作才能全面深入地揭示其内在规律。

四、饲用微生物添加剂的菌种、分类及其特点

（一）饲用微生物添加剂的菌种

按美国药物和食品管理局公布的可以作为饲用微生物添加剂并且被认为是安全的菌种有40种，即黑曲霉、米曲霉、凝固芽孢杆菌、黏连芽孢杆菌、地衣芽孢杆菌、短小芽孢杆菌、枯草芽孢杆菌、厌氧性拟杆菌、发酵乳杆菌、纤维、糖乳杆菌、弯曲乳杆菌、载耳布吕克氏乳杆菌、乳酸杆菌、胚芽乳杆菌、罗特氏乳杆菌、肠系膜明串球菌、乳酸片球菌、毛状拟杆菌、瘤胃拟杆菌、猪拟杆菌、青春双歧杆菌、动物双歧杆菌、婴儿双歧杆菌、长双歧杆菌、嗜热性双歧杆菌、嗜酸乳酸杆菌、短乳杆菌、保加利亚乳杆菌、干酪乳杆菌、啤酒片球菌、戊糖片球菌、费氏丙酸菌、谢曼氏丙酸杆菌、酿酒酵母、乳酸链球菌、二乙酰乳酸链球菌、粪链球菌、中间链球菌、乳链球菌、嗜热链球菌。

目前，饲用微生物添加剂的菌种还比较少，主要有芽孢杆菌属、乳酸杆菌属（以嗜酸乳酸杆菌为主）、粪链球菌及酵母等。此外，在水产养殖中还有弧菌类、光合细菌和硝化细菌等。

（二）饲用微生物添加剂的分类

根据不同菌种，饲用微生物添加剂可分为：

1. 芽孢杆菌类　芽孢菌属于需氧芽孢菌中的非致病菌，以内孢子的形式零星存在于动物肠道微生物群落中，可耐碱、耐高温及耐挤压，在肠道酸性环境中具有高度的稳定性，同时可使空肠道 pH 及氨浓度降低，VBAS 浓度升高 18%，丙酸和乙酸含量提高。有些芽孢菌如枯草芽孢杆菌和地衣芽孢杆菌能产生较强活性的蛋白酶及淀粉酶。

目前主要应用的有地衣芽孢杆菌、枯草芽孢杆菌、蜡样芽孢杆菌、东洋杆菌等，在使用时多制成该菌休眠状态的活菌制剂。

2. 乳酸杆菌类　乳酸菌属是动物肠道中的正常微生物，厌氧或兼性厌氧生长，在 pH 3.0～4.5 的酸性条件下仍能生存。能够分解碳水化合物，主要代谢产物为乳酸，增加了肠道酸度，从而抑制肠道不耐酸厌氧病原菌繁殖。乳酸菌还可合成短链脂肪酸和 B 族维生素，能中和毒性产物，抑制氨和胺的合成，增强免疫力。乳酸菌在动物肠道的定植具有特异性，但其定植量受到营养因素、环境因素的影响，如受不饱和脂肪酸、氧化铬和盐分的影响。

能够作为饲料添加剂的乳酸杆菌有嗜酸乳酸杆菌、双歧杆菌、乳酪乳杆菌、发酵乳杆菌、短小乳杆菌以及粪链球菌等。水产动物肠道中的正常乳酸菌群有乳杆菌、链球菌、嗜柠檬酸明串球菌，这些菌能产生一种特殊的物质，有效抑制大肠杆菌、沙门氏菌的生长。

3. 酵母菌类　酵母菌是通过菌体在体内大量繁殖来有效地改善胃肠内环境和菌群的结构，促进乳酸菌、纤维素菌等有益菌群的繁殖和活力，加强整个胃肠对饲料营养物质的合成、吸收和利用，从而加大了采食量，提高了饲料的利用率和畜禽生产性能。同时，它参与病原微生物菌群的生存性竞争，有效地抑制病原微生物的繁殖，而且酵母还可提供丰富的维生素和蛋白质。

4. 光合细菌　它是一类有光合作用能力的异养微生物，主要利用小分子有机物而非二氧化碳合成自身生长繁殖所需要的各种养分。它富含蛋白质、B族维生素、辅酶Q抗活性病毒因子等多种生物活性物质及类胡萝卜素、番茄红素等具有抗氧化作用的天然色素。

另外，根据微生态制剂的菌株组成，还可将其分为单一菌属微生态制剂和复合菌属微生态制剂，生产中多采用后者。

（三）饲用微生物制剂应具备的特点

对动物及人无病原性；对胆汁及强酸有耐受性；发酵过程中能产生抑菌物质及乳酸等代谢产物；在培养中及在体内容易增殖；加工处理后具有高存活率，即使混合在饲料中室温也能存活很久；不能与病原微生物产生杂交等。

五、饲用微生物添加剂的使用方法及注意事项

（一）使用方法

使用方法上可分为单独使用、与抗生素不同期使用以及和抗生素配伍同时使用3种方法。

1. 单独使用　由于饲用微生物添加剂具有增强畜禽免疫、预防疾病的功能，因此可以不和抗生素同时使用，这对产蛋鸡产蛋期饲粮非常重要。按各国饲料法规或饲料管理条例规定，产蛋期日粮禁止抗生素的使用，以免造成抗生素在蛋中的残留。

2. 与抗生素不同期使用　研究发现，艾维茵肉用仔鸡，在0～14日龄日粮中加入金霉素、在15～49日龄日粮加蜡样芽孢杆菌周期配伍，其增重和饲料报酬都优于单独使用或同时使用，表现出较好的周期性配伍。

3. 与抗生素同时使用　饲用微生物添加剂的不同菌种和抗

生素、抗球虫药配合的研究还刚刚开始，尚需做更多的研究工作。

（二）使用的注意事项

饲用微生物添加剂使用要得当，否则不一定能获得满意的效果。

1. 饲用微生物添加剂一般都应禁止与磺胺类以及不能配伍的抗生素和化学类药物同时使用，因为它们在畜禽肠道的作用相互影响很大。

2. 在选用饲用微生物添加剂时必须注意含有一定的活菌数，一般要求10亿个/克以上。同时要选用能适应畜禽肠道内环境、能耐受饲料制粒高温和贮藏期长、菌种稳定性强的饲用微生物添加剂。

3. 畜禽处于应激情况下，如畜禽舍空气不良、日粮营养不平衡或中等以下营养水平、饲料突变、天气变化、运输、预防接种等，使用饲用微生物添加剂可使被扰乱的消化道菌群恢复正常，从而能尽快恢复因应激而致的畜禽生产力下降。

4. 所有的饲用微生物添加剂产品都要求于避光、低温和干燥处保存。

第四节　饲料品质改进剂

一、饲料风味剂

饲料风味剂不仅可以改善饲料适口性，增加动物采食量，同时可促进动物消化吸收，提高饲料利用率。

（一）饲料风味剂的分类

风味剂可分为多用型与专用型。多用型风味剂可用于各种动物饲料，主要以中和、掩盖某些组分或添加剂带来的异味。专用型则是为某种特定场合或针对某一特定对象而设计的。风味剂还可按形态分为固态和液态两种，每种形态均有其独特的应用范围。固态风味剂通常用于预混料，生产粉状或颗粒饲料。固态多为粉末状，又可分为吸附型和微胶囊型两种，目前国内外生产的大多是粉末状吸附型。液态风味剂也能在配制饲料或制粒时混入饲料中应用，也可在制粒后喷涂于饲料中。液态风味剂又分为脂溶性和水溶性，大都通过喷雾方式与饲料混合。目前最多见的是按动物种类而分类，可分为牛用、猪用、禽用、宠物用等。

（二）饲料风味剂构成及原理

风味剂的构成一般由嗅觉刺激部分和味觉刺激部分及辅助成分组成。品质优良的风味剂必须具有以下3种组分：①顶层组分，香料调整饲料气味，产生嗅觉刺激，有诱食作用；②中心组分，调味料产生味觉刺激，调整饲料口味；③基层组分，掩盖或缓解特殊条件下的不良气味。顶层和中心组分二者配合吸引动物，刺激食欲，促进神经反射调节，促进唾液、消化液的产生，使消化酶浓度提高，使胃肠蠕动次数强度增加，使物理、化学消化方式增强，从而增加采食量，改进消化作用。基底组分可长久不消失，维持中心组分的香味，遮蔽配合饲料中的不良味道。辅助成分有固定剂、抗氧化剂、表面活性物质、缓冲剂载体和抗结块剂等。载体有玉米粉、石粉、膨润土等。辅助成分对保持风味剂的挥发稳定平衡，保持风味剂的溶解性与分散性，以至整体功能发挥均有不可低估的作用。

（三）饲料风味剂介绍

1. 饲用香料　饲料使用香味剂的目的是改善饲料的适口性，使饲料产生动物喜欢的气味，同时掩盖由于添加药物添加剂等产生的不良气味，刺激消化道腺体的分泌功能、促进食欲以促进动物的生长。饲料香味剂用量微小，对减轻动物在断奶、患病、运输、气候骤变的情况下的应激反应而降低食欲有一定效果。

目前国际上认定能安全食用的香料有1 700多种，这些香料的香气与它们的分子结构有密切关系，各自都有稳定的发香官能团。香料绝大多数是低分子有机化合物，它们主要是酯类、酮类、醚类、脂肪酸类、脂肪族高级酸类、醛类、烃类、萜烯烃类、醚酚类、酚类、芳香族醇类、芳香族醛类、硫醇类以及内酯等具挥发性物质。

目前市场上采用的香料有油性和粉末状两大类。油性香料用喷雾方法喷洒在颗粒饲料上，香气可以很好地发挥出来。但这样添加的香料，香气不能持久。粉末状香料又可分为拌和型、吸附型和微胶囊型。拌和型粉末香味剂是将固体香料和粉末介质混合拌和而成，制造工艺比较简单，关键是使固体香料和粉末介质两者的颗粒度保持一致，否则在生产、运输过程中受到振动后产生分离，使香粉物质分布不均匀。吸附型香料是把液体香料吸附在阿拉伯树胶、糊精谷粉、纤维素上，然后制成粉末。微胶囊香料是将香料加入含有胶体物质的液体中通过喷雾干燥而成，这两种香料挥发性小，可长期保存，可用于伴有加热过程的颗粒料中。

适宜作为饲用香料的原料很多，凡国家批准作为食品添加剂而动物又喜爱的香料物质均可选用，以及一些植物中的辛香物质、动物体中的香气物质。如茴香油、甘草精、葱、蒜粉、姜、橙油、柑橘油、胡椒粉、柠檬酸、乙酸异丁酯、乳酸丁酯、乳酸乙酯，以及可可、巧克力、乳糖、葡萄糖、氨基酸、核苷酸等。

2. 饲用调味剂　哺乳动物及鸟类在口腔和咽腔黏膜内有味蕾，味蕾的作用是使动物挑选适口的食物，并避开有毒物质。调味剂是为了迎合动物味觉而添加到饲料中的能使畜禽产生良好味觉的物质，包括甜味剂、酸味剂、鲜味剂、咸味剂、辣味剂等。

使用调味剂的主要目的是改善饲料的适口性，促进动物采食，提高饲料利用率。一般无机化合物如电解质常具有咸性或酸味；甜味主要来源于有机化合物，如低碳糖、某些多碳糖、甘油、乙醇、乙醛、酮类等；某些碱溶液及无机化合物也可能有甜味。

(1) 甜味剂　有甘草和甘草酸二钠等天然甜味剂，也有糖精、糖山梨醇和甘素（甜度为蔗糖的250倍）、麦芽糖醇、木糖醇、甜叶菊、甘草、糖蜜等人工合成成品。使用得最多的是糖精钠。

甜味剂主要用于雏鸡、仔猪、犊牛饲料中。动物饥饿时，对甜的敏感度增高。甜味剂的效用与饲料质量成反比，饲料原料越好，甜味剂的效果就越低。

（2）酸味剂　酸味剂不仅可提高饲料的适口性，促进采食，而且还具有防腐保健作用。有些有机酸可预防饲料被霉菌污染。酸味物质还可减少胃肠道中有害微生物的繁殖。具有微生物的作用，同时可降低饲料 pH，激活消化酶，有助于消化吸收某些营养物质，提高饲料转化率，以及为动物提供能量等功能。近年来，酸味剂在饲料中的应用逐步扩大。

用作酸味剂的主要有柠檬酸、酒石酸、苹果酸、甲酸、乳酸、丙酸、富马酸、延胡索酸、琥珀酸、乙酸、己二酸、葡萄糖酸、草酸、抗坏血酸和酪酸等有机酸，无机酸有磷酸。饲料添加剂常用的是柠檬酸和乳酸。

（3）鲜味剂　氨基酸、核苷酸和肽等都是具有鲜味的物质，作为鲜味剂的有谷氨酸钠、5’-鸟苷酸及5’-肌苷酸钠等。饲料中最常用的是谷氨酸钠。

谷氨酸钠有很好的调味作用，促进采食效果明显，对产蛋鸡和发育旺盛期的鸡作用尤其明显，能提高产蛋鸡及生长家禽食欲。

（4）辣味剂　刺激口腔及舌上的味蕾，增强动物食欲，提高胃肠消化能力，也有加速血液循环，改善机体代谢、促进生长的功能。辣味剂主要指大蒜、辣椒粉、胡椒粉、茴香油、干姜等。生产中最常用的是大蒜粉和辣椒粉。鸡饲料中添加辣椒粉可促进其脂肪代谢，增强抵抗力，并有刺激味觉，促进消化，促进食欲和血液循环的作用。

（四）影响饲料风味剂的因素

1. 颗粒大小　风味剂本身加工颗粒越小，与饲料颗粒的接触机会就越多，越能发挥风味剂的作用。加了风味剂的饲料颗粒越小，香味散发面积越大，香气相对就越浓。

2. 温度　随着温度的升高，香气散发加快，香味的持久性就差；随着温度降低，香气散发慢，香味的持久性就好些。在饲料制粒过程中，由于高压产生80～90℃高温，随后采用抽气快速降温，这两道工序易造成调味剂的香气损失。

3. 湿度　湿度大，不利于香气散发，外在表现为香气不足。

4. 压力　如与饲料混合后制粒，香料在颗粒里面，制粒时压得越紧密、间隙越小，越不利于香气的散发。

5. 防霉剂　化学保存剂影响饲料的香味。

6. 药物、矿物质、胆碱和尿素等影响香味。

7. 有不良气味的原料，原料的氧化、霉变以及腐败等影响香味。

(五) 使用风味剂应注意的问题

1. 大多数香料具有挥发性，应尽量避免因添加方法不当、贮存过久，与饲料中其他物质起反应等原因失去应有风味。酯类化合物及芳香族醛类化合物对碱很不稳定，要避免风味剂与碱性饲料及其他碱性物质混用。风味剂贮存时要注意避光，并注意环境湿度不能太高，使用时避免不必要的挥发损失，与饲料混合后不宜久贮，最好在3个月内完成。

2. 饲料风味剂种类很多，有多用型、专用型，有液体的、固体的或粉状的。要根据不同畜禽类别、不同年龄及生长阶段选择用不同种类的风味剂。必须考虑到经济成本及添加有效性。各种动物以及同种动物在不同阶段的嗜好都各不相同，选用风味剂决不能以人的喜好为标准。

3. 目前多数饲料厂自制饲料只考虑营养与价格，而把适口性完全寄希望于调味剂上，却忽视有些原料的“缺陷”是调味剂不能“弥补”的，一些含有较高有毒有害成分的原料，像含胰蛋白酶抑制因子的大豆饼粕、含抗硫胺素因子的生鱼粉等，常常伴有苦、涩、辣、麻等不良口味，如制定配方时不加选择、处理和限制，调味剂就会面临双重的影响，不能有效发挥其作用。

4. 饲料霉变、氧化均会严重败坏饲料原料风味。不要试图用风味剂掩盖腐败变质和污染霉变的饲料，引诱动物采食，这样会对动物健康和正常生长造成极严重的后果。霉变的原料加调味剂不仅不能起掩盖作用，还会因香气组分的挥发而增大不好的霉变气味，饲料中腐败油脂味在香味的使用下极易挥发增大。

5. 许多风味剂有多重功能，使用时应注意与其他饲料原料间的协同与拮抗作用。不要用与调味剂香味有拮抗作用的原料预混合。应避免香味剂与矿物质、药物等直接接触，以保护调味剂香气在饲料中发挥其作用。

二、着色剂

随着生活水平的提高，人们不仅要求有足够的畜产品，而且对畜产品的质量要求也越来越高，除对肉类的香味外，许多消费者对肉色、蛋黄色泽、肉鸡肤色等有特殊的偏爱。多数人偏好金黄色或橙黄色的蛋黄，喜欢羽黄、皮肤黄的肉仔鸡，因此，从养禽业的经济角度考虑，色泽鲜艳的禽蛋卵黄以及禽类肤色和肉质色泽深浅都直接影响它们的商品价值。随着科学技术的发展，通过使用饲料着色剂，可使禽蛋卵黄、肉鸡外皮色泽改善，从而提高产品的质量档次。着色剂的作用主要有二：一是通过饲料中添加色素，使其转移到畜产品中去，从而迎合用户心理，满足市场竞争需要；二是改善饲料色泽，以提高饲料的感观性状。

（一）着色剂的分类

着色剂按来源可分为天然着色剂和化学合成着色剂两类。

动物的皮肤、羽毛、蛋黄及甲壳类的颜色主要由氧化类胡萝卜素（另有含氧功能基胡萝卜素的衍生物）产生，其色泽的深浅决定于动物采食这类胡萝卜素的数量。此类胡萝卜素主要存在于自然界各种蓝、红、绿、紫等深色植物与某些动物体和一些菌体。动物采食后可将某些色素转移到动物组织中或转化为动物体色素而表现出不同的色泽，这类化合物中无论是天然来源还是人工合成的色素都能使皮肤、蛋黄等着色。

着色剂的安全问题是人们关心的主要问题，尤其是人工合成色素。由于着色剂是由饲料转移到畜产品中去的，最终仍被人们食用。故饲料用着色剂必须是对人类无害无毒的。凡是国家药物管理部门批准使用的所有食用色素、类胡萝卜素和叶黄素类都可用作饲料着色剂。欧美国家广泛使用的β-胡萝卜素、阿朴胡萝卜素、阿朴胡萝卜素盐酸盐及茜草色素等合成类胡萝卜素着色剂毒性较低，对人体相当安全，其中阿朴胡萝卜素主要用于蛋黄及肉鸡皮肤着色，其利用率较高，色素沉着也较好，为最有效的类胡萝卜素。

（二）着色剂的来源

1. 天然着色剂　天然着色剂具有来源丰富、着色自然和使用安全的特点。因而成为着色剂研究开发的主要方向。目前生产中开发利用的主要有下列几种：

（1）金盏菊　每千克金盏菊花瓣粉中含叶黄素 8 000 毫克、玉米黄素 6 400 毫克，在肉鸡料中添加 0.2%，可使皮肤和蛋黄呈金黄色。

（2）万寿菊　每千克花瓣粉含类胡萝卜素 2.35 毫克，一般用量为饲料的 0.3%，可作为家禽蛋黄、皮肤和脂肪的增色剂。

（3）苜蓿草粉　每千克含叶黄素 250（50～250）毫克、黄体素 30（15～55）毫克、玉米黄素 200（150～250）毫克、类胡萝卜素 320 毫克。日粮中用 5.0% 的苜蓿草粉可达到产品增色的效果。

（4）松针粉和侧柏叶粉　松针粉每千克含类胡萝卜素 238 毫克，侧柏叶粉每千克含类胡萝卜素 225 毫克，一般在饲料中添加松针粉或侧柏叶粉 3%～5%，可获得良好的增色效果。

（5）刺槐叶粉　富含类胡萝卜素、叶黄素。加 5% 的刺槐粉配合饲料，可使蛋黄颜色变深，且效果稳定持久。

(6) 栀子　将栀子研成细末，按0.5%～1%添加在蛋鸡日粮中，能加深蛋黄颜色。如能同时加入柠檬酸（栀子98%、柠檬酸2%），按1%加入蛋鸡日粮中，能使蛋黄色泽进一步加深。

(7) 红花和朝天红　在蛋鸡的日粮中添加1%的红花、朝天红等，可以在3～6天内有效地增加蛋黄色泽，蛋黄颜色介于琥珀黄和金叶黄之间，达到了较为理想的蛋黄颜色标准。

(8) 银合欢　在蛋鸡日粮中添加10%～15%的银合欢叶粉可以提高产蛋率，银合欢叶中含有大量胡萝卜素，可使蛋黄变成深黄色。

(9) 红辣椒粉　每千克含类胡萝卜素275～1 650毫克，含玉米黄素丰富，饲料中添加0.1%～0.5%，可提高食欲，助消化，促生长，提高产蛋率，有显著增色效果。

(10) 黄玉米粉　即常用的黄玉米粉状饲料，每千克含类胡萝卜素8.3毫克，如果家禽配合日粮中含有50%～60%黄玉米粉，禽产品的色泽即能达到一般要求，如果不足40%，则应考虑添加其他增色剂。

2. 人工合成着色剂　作为饲料添加剂最常用的着色剂是类胡萝卜素的各种衍生物，目前可分离出约270多种类胡萝卜素衍生物，其中许多可作为着色剂使用，如β-胡萝卜素、叶黄素、辣椒红．斑蝥黄素、柠檬黄质、虾青素和β-阿朴-8’-胡萝卜酸乙酯等。一般情况下，转变成维生素A效率愈高的类胡萝卜素，其作为着色剂的功效就愈差。世界卫生组织认为β-胡萝卜素、阿卡胡萝卜素醛酯及斑蝥黄素等为合成类胡萝卜素中毒性最低的着色剂。β-胡萝卜素因转变成维生素A的效率高，增色效果较差。目前，各国作为饲料着色剂使用最多的化学合成物是β-阿朴-8’-胡萝卜酸乙酯、斑蝥黄素、柠檬黄质和青虾素。

(1) 阿朴胡萝卜素醛酯　存在于柑橘类植物中，这种饲料着色剂可用化学法制得，制法与维生素A相似。

阿朴胡萝卜素醛酯为类胡萝卜素中最有效的增色剂，安全性和稳定性好，在饲料中主要用于蛋黄和肉鸡皮肤增色，色素沉积率高。蛋黄及肉鸡皮肤、胫、喙色泽一般随饲料中添加阿朴胡萝卜素醛酯量的增加而加深。

（2）橘黄色素 又称斑蝥黄素、西班牙芜青色素，为红色着色剂。斑蝥黄素可用于蛋、肉鸡皮肤着色。

（3）柠檬黄素 为强烈的红色色素，是世界上很好的蛋黄、皮肤着色剂，其着色效果与橘黄色素相似。柠檬黄素的应用不如橘黄色素广泛，具有部分维生素A的生理功能。

（4）叶黄素 由发酵法生产，为黄色至橙色。主要用于产蛋鸡和肉鸡饲料中，以增加蛋黄、皮肤、喙、胫的色泽。利用率及着色效果较人工合成物差。

三、酸化剂

pH是动物体内消化环境中的因素之一。动物胃中pH为2.0～3.5、小肠pH为5～7的酸性环境是饲料组分在体内被充分地消化吸收，有益菌群生长，病原微生物受到有效抑制的必要条件，从而达到提高动物生长、提高饲料利用率、增加机体抗病能力的目的。酸化剂可降低饲料在消化道中的pH，为动物提供最适消化道环境。

（一）常用酸化剂的种类及特性

目前，国内外应用的酸化剂总的来说可分为单一酸化剂（包括有机酸化剂和无机酸化剂）和复合酸化剂两大类。

1. 有机酸化剂 有机酸化剂主要有柠檬酸、延胡索酸、乳酸、丙酸、苹果酸、戊酮酸、山梨酸、甲酸（蚁酸）、乙酸（醋酸）。不同的有机酸各有其特点，但使用最广泛的而且效果较好的是柠檬酸、延胡索酸。

柠檬酸最初是从柠檬中制取的，故此取名。现在工业上所用的柠檬酸都是黑曲霉以发酵法生产的。柠檬酸为一种无色结晶，有强酸味，具有良好的热稳定性和金属离子的配位性。

延胡索酸又称富马酸，为白色结晶粉末，对氧化和温度变化稳定，可与饲料混匀。延胡索酸在应激状态下可用于ATP的紧急生成而作为抗应激剂使用。延胡索酸还具有广谱杀菌和抑菌的活性。

2. 无机酸化剂　包括强酸，如盐酸、硫酸，也包括弱酸，如磷酸。其中磷酸具有双重作用，日粮酸剂和日粮磷来源。无机酸和有机酸相比，具有较强的酸性及较低的添加成本。

3. 复合酸化剂　复合酸化剂是利用几种特定的有机酸和无机酸复合而成，能迅速降低pH，保持良好的缓冲值和生物性能及最佳添加成本。最优化的复合体系将是饲料酸化剂发展的一种趋势。

（二）酸化剂的应用

在家禽中应用比较多的酸类添加剂是延胡索酸和柠檬酸。

延胡索酸是广泛应用于工业化养禽业中的一种应激保护剂。延胡索酸可预防家禽分群应激、运输应激、雏鸡免疫接种应激。此外，如果在出壳后30天的雏鸡饲料中投喂0.1%的延胡索酸，还可有效地预防发生啄癖。在饲料中添加0.1%的延胡索酸和饮水中添加0.63%氯化镁，可减少肉鸡高温应激，表现出安静、骚动少、热喘气次数下降。

在肉鸡饲料中添加柠檬酸，可提高肉鸡增重，改善消化吸收功能，提高饲料利用率。柠檬酸也可作为高温条件下家禽抗热应激的饲料添加剂。

（三）影响酸化剂使用效果的因素

1. 日粮组分

（1）基础日粮预混料的组成成分不一致　预混料中与酸化剂作用相加或相抵消的成分，如抗生素和抗菌药物、酶制剂、微量元素的量及其存在的形式，对酸化剂应用效果均有显著影响，从而导致结果差异较大。

（2）蛋白质类型及水平　日粮中蛋白水平是影响酸化剂效果

的重要因素，蛋白质是胃中pH变化的强抑制剂，过量的蛋白质使得酸化剂效果下降。

(3) 基础日粮的pH和系酸力：基础日粮pH低，添加酸制剂的效果不大。

2. 酸制剂的添加量　目前酸制剂的添加量一般为0.5%～3%，美国的研究认为2%～3%的效果最优，欧洲则认为1.5%～2%的效果最好，酸制剂的添加量受不同地区典型日粮的pH和系酸力影响。酸化剂添加剂是否适宜，可能是一些试验结果变异较大的原因。

3. 饲养环境　圈舍的卫生条件、饲养密度、温湿度和光照、各种应激因子也是影响酸化剂作用的重要因素。饲养条件差的地方，酸化剂的效果好于饲养条件好的地方。

(四) 应用酸化剂存在的问题

目前国内酸化剂产品种类单一，大多数属于单一的酸制剂，少数为复合酸制剂产品，配方设计很少考虑动物生理特点和饲养环境，使用效果不稳定。

1. 添加剂量大，一般为1%～3%，成本高，制成预混料不方便。

2. 添加的酸常常被饲料中的碱性物质中和，失去酸化效果。

3. 添加酸破坏饲粮中的维生素活性和矿物质元素的吸收。

4. 在胃中吸收速度过快，抑制胃酸分泌和胃功能的正常发育。

5. 添加的酸无法到达小肠，不能有效降低小肠中的pH。

6. 发生吸湿结块，或造成饲料受潮。

7. 腐蚀加工机械、仓储及运输设备。

第五节　饲料保藏剂

用于饲料的化学保存剂有500多种。由于谷物籽实颗粒被粉碎后，丧失了种皮的保护作用，极易被氧化和受到霉菌污染。饲料生产中原料、成品都必须经历贮存的过程，在此过程中，既会发生饲料成分的化学变化，也会发生饲料被霉菌污染的变化，尤其是营养成分浓度高的饲料产品和原料，如预混料、鱼粉、米糠、饼粕等更易受到损害。在高热高湿地区或季节，这种损失尤其严重。因此，全球大量生产和使用的饲料保存剂，主要是抗氧化剂与防霉剂。

一、抗氧化剂

饲料在贮藏期间，由于一定的温度、湿度及空气的作用会产生氧化作用，使维生素受到破坏，脂肪物质氧化，产生对动物危害很大的毒性物质，严重影响饲料的适口性。使用了这类饲料会导致动物机体代谢紊乱，肝脏和肾脏中毒性营养障碍。抗氧化剂能够阻止或延迟饲料氧化，提高饲料稳定性和延长贮存期。

抗氧化剂种类繁多，作用机理复杂多样：①利用还原反应，降低饲料内部及其周围的氧含量。如抗坏血酸、维生素 E 等抗氧化剂极易被氧化，它通过使空气及饲料中的氧首先与自身反应来保护饲料中的其他养分；②与饲料所产生的过氧化物结合，阻断油脂在自动氧化过程中的连锁反应，终止氧化过程的进行。如丁基羟基茴香醚、没食子酸酯类、二丁基羟基甲苯等就是通过这个途径发挥抗氧化性的；③放出氢离子，破坏油脂自动氧化过程中产生的过氧化物，防止形成醛类、酮类和醇类等，避免不良气味和影响适口性等多种有害物质的产生；④阻止或减弱氧化酶类活动。

（一）饲料抗氧化剂的分类

抗氧化剂按照存在方式可分为天然存在的抗氧化剂和人工合成的抗氧化剂两大类。

1. 天然存在的抗氧化剂　主要有：①抗坏血酸类抗氧化剂，包括 L-抗坏血酸、L-抗坏血酸钙、L-抗坏血酸钠、抗坏血酸钾、5，6-二乙酰基-L-抗坏血酸等；②生育酚类抗氧化剂，包括提取的天然生育酚、γ-生育酚和δ-生育酚；③没食子酸酯类抗氧化剂，包括没食子酸丙酯、没食子酸辛酯、没食子酸十二酯、没食子酸异戊酯等；④糖醇类，包括山梨醇、木糖醇、麦芽糖醇等；⑤氨基酸类，如蛋氨酸、色氨酸、苯丙氨酸以及脯氨酸等。

2. 化学合成的抗氧化剂　主要包括乙氧基喹啉、二丁基羟基甲苯、丁基羟基茴香醚、叔丁基对苯二酚、3，4，5-三羟基苯丁酮、磷酸氨基乙醇。

（二）常用抗氧化剂

目前常用的饲料抗氧化剂有乙氧基喹啉、二丁基羟基甲苯、丁基羟基茴香醚、维生素E、抗坏血酸及其酯类或盐类化合物、没食子酸十二酯与没食子酸丙酯等。

1. 乙氧基喹啉　人工合成的抗氧化剂，是迄今为止国内外最好的饲料抗氧化防霉保鲜剂，它从生产、运输、贮存直到动物体内消化全过程进行抗氧化，被公认为首选的饲料抗氧化剂，尤其对脂溶性维生素的保护，其他抗氧化剂是无法与之比拟的。常见的商品制剂有两种，一种以水作溶剂，另一种以甘油作溶剂。

乙氧基喹啉一般以喷雾法喷布于饲料，可有效防止饲料中油脂酸败和蛋白质氧化，且能防止维生素A、维生素E、胡萝卜素变质。它常用于饲料鱼粉、肉粉、脂肪保鲜，也可用于水果及食品保鲜。

乙氧基喹啉由于黏滞性高，低浓度用于饲料很难混匀，只有液体乙氧基喹啉与固体饲料才能混匀，所以常将其与载体吸附制成10%～70%的干粉剂。一般粉剂的有效贮存期为半年。

2. 二丁基羟基甲苯　人工合成的抗氧化剂，一般对动物无害，为各国常用的一种饲料抗氧化剂。

二丁基羟基甲苯作用与乙氧基喹啉类似，对饲料中的脂肪、叶绿素、维生素、胡萝卜素等都有保护作用。与丁基羟基茴香醚或有机酸（常用柠檬酸）合并使用具有很好的协同作用。

3. 丁基羟基茴香醚　人工合成的抗氧化剂，与乙氧基喹啉的作用相似，多用作油脂抗氧化剂。在饲料中的通常用量为60～120毫克/千克，在鱼粉及油脂中的用量为100～1 000毫克/千克。丁基羟基茴香醚与柠檬酸、抗坏血酸等合用有较好的协同效应，也可以和二丁基羟基甲苯联合用于动植物油脂饲料中。

4. 维生素E　又称生育酚，是目前唯一工业化生产的天然抗氧化剂。维生素E既是一种抗氧化剂，在体内还是生物催化剂。维生素E极易被氧化，因此可以保护其他易被氧化的物质不被破坏，维生素E既是饲料的抗氧化剂又是消化器官的细胞抗氧化剂，能阻止细胞内的过氧化。维生素E添加于饲料中可使蛋鸡的产蛋率、蛋的受精率和孵化率都有相应的提高。

维生素E的主要商品形式有D-α-生育酚，DL-α-生育酚，D-α生育酚乙酸酯和DL-α-生育酚乙酸酯。

5. 叔丁基对苯二酚　叔丁基对苯二酚为白色或浅色结晶，添加于任何油脂或含油脂高的食品及饲料中不产生异臭味，可单独使用也可与丁羟基茴香醚或丁羟甲苯混合使用，添加量约为油脂或含油食品中脂肪含量的0.02%，其效果比后两者都好。

二、防霉剂

饲料原料在运输、贮存以及饲料加工、运输、贮存中的任何一个环节都可能引起霉变。霉变是由霉菌在适宜的环境条件下引起的。霉菌在饲料中的产生，可以改变饲料的营养组成，降低饲料粗蛋白质消化率，减少代谢能，从而改变动物对营养物质的利用，降低饲料适口性，减少采食量，导致动物生长发育不良。更为重要的是霉菌在饲料中还会产生有毒的代谢物及霉菌病，严重危害动物机体健康，甚至导致死亡。

防霉剂的种类较多，包括丙酸盐及丙酸、山梨酸及山梨酸钾、甲酸、富马酸及富马酸二甲酯等，主要使用的是苯甲酸及其盐、山梨酸、丙酸与丙酸钙。由于苯甲酸存在着叠加性中毒，有些国家和地区已禁用。丙酸及其盐是公认的经济而有效的防霉剂。防霉剂发展的趋势是由单一型转向复合型，如复合型丙酸盐的防霉效果优于单一型丙酸钙。

（一）防霉剂作用机理

1. 防霉剂通过破坏霉菌细胞壁与细胞膜来抑制或杀灭霉菌。例如，对羟基苯甲酸酯类在抑制霉菌细胞的呼吸酶系与电子传递酶系活性的同时，破坏霉菌的细胞膜结构，进而破坏霉菌细胞内构造，影响有丝分裂，抑制染色体分裂；又如，丙酸、乙酸等在未分解前能渗入霉菌细胞内，然后在细胞内分解，使细胞内液酸化，破坏各细胞器的正常功能与代谢，杀灭霉菌。

2. 通过破坏霉菌细胞内酶系统，阻止其代谢。如山梨酸可与霉菌酶系统中的巯基结合，从而破坏霉菌许多重要酶系；又如苯甲酸则可非选择性地抑制广泛的微生物细胞的呼吸酶系的活性，特别是具有很强的阻碍乙酰辅酶A缩合反应的作用，从而抑制霉菌增殖。

3. 影响霉菌孢子萌芽与生长，防止霉菌繁衍。

（二）饲料防霉剂分类

饲料防霉剂主要有以下三类：

1. 有机酸，如丙酸、山梨酸、苯甲酸、乙酸、脱氢乙酸和富马酸等。

2. 有机酸盐或酯，如丙酸钙、山梨酸钠、苯甲酸钠、富马酸二甲酯等。

3. 复合防霉剂，如 Monoprop、Mold - X、Agrosil 和 Adofeed 等。

（三）常用饲料防霉剂介绍

1. 丙酸及丙酸盐类　丙酸及丙酸盐类均属酸性防腐剂，也是抗真菌剂，毒性低，有较广的抑菌性。能抑制微生物繁殖，对酵母菌、细菌和霉菌均有效，尤其对腐败变质微生物抑制作用更好。包括丙酸、丙酸钠、丙酸钙、丙酸铵。

（1）丙酸　可抑制饲料中霉菌的生长，降低饲料中霉菌数量，防止微生物产生毒素，从而延长饲料贮藏期。

丙酸是一种应用很广的防霉、防腐剂，在青贮饲料中使用也很普遍。它是一种具有腐蚀性的有机酸。作为饲料添加剂的丙酸常用附着剂吸附制成50%或60%的粉状产品。由于丙酸具有腐蚀性且有刺激性气味，加工时易损伤加工机械，烧伤操作人员的手，因此，有些防霉剂在加丙酸的同时，复配加入柠檬酸，可适当降低丙酸的腐蚀性。

（2）丙酸钠　丙酸钠对霉菌、好氧性芽孢杆菌及革兰氏阴性菌等均有抑制作用，防霉效果在丙酸与丙酸钙之间。

（3）丙酸钙　丙酸钙防霉能力为丙酸的40%，它由丙酸与碳酸钙反应制得。饲料中添加量为0.2%～0.3%。

2. 富马酸及其酯类　属于酸性防霉剂，具有降低pH，抗菌谱广的特点。富马酸及其酯类的防霉效果好于山梨酸和丙酸类，但有关报道认为富马酸类有致癌、致残、致残留问题。包括富马酸（延胡索酸）、富马酸二甲酯、富马酸二乙酯、富马酸二丁酯和富以酸一甲酯。

（1）富马酸　饲料工业中使用的富马酸产品是一种加有湿润剂的易溶的混合物。对畜禽没有生理上的损害，不残留，无毒害，添加在饲料中可改善味道，提高饲料利用效率。可被动物完全代谢利用，适用于各种畜禽饲料。富马酸在饲料中的添加剂量为500～800毫克/千克。

（2）富马酸二甲酯　富马酸二甲酯比富马酸抑菌谱广、毒性小、适用范围广。pH在3～8范围内对抑制黄曲霉菌有明显作用。饲料含水分在14%以下时的添加量为250～500毫克/千克，饲料水分在15%以上时的添加量为500～800毫克/千克。

（3）富马酸单甲酯　富马酸单甲酯具有富马酸二甲酯的优点，而且抑菌能力是目前已知防霉剂中最强的，刺激性比富马酸二甲酯小得多。富马酸单甲酯对黄曲霉菌有强烈的抑制作用。

3. 苯甲酸和苯甲酸钠　苯甲酸对广范围的微生物有抑制效果，但对产酸菌作用较差。饲料添加剂中主要使用苯甲酸钠，适用于饲料中，但对肝功能衰弱的家畜不宜使用。苯甲酸和苯甲酸钠在饲料中的适宜添加量不能超过0.1%。

4. 山梨酸及其盐类　山梨酸及其盐类可作为饲料防霉剂，对动物和人在生理上完全无害。山梨酸可与微生物酶系统中的巯基结合，破坏许多酶系统，从而达到抑制微生物活动的目的。山梨酸对抑制酵母及霉菌生长有效果。山梨酸的适宜添加剂量为配合饲料的0.05%～0.15%，目前，通常的用法是将其溶解于低碳酸（如乙酸、丙酸、富马酸等）中，以喷洒或预混合形式处理饲料。

5. 柠檬酸和柠檬酸钠　柠檬酸又名枸橼酸，可防腐，又是抗氧化剂的增效剂。它可使肠道内容物变酸，稳定肠道内微生物区系，提高生产性能及饲料利用率。一般按配合饲料的0.5%添加。柠檬酸作抗氧化剂增效剂时的使用剂量为0.005%以下。

柠檬酸钠又名枸橼酸钠，为无色结晶或白色结晶粉末。

重点难点提示

了解鸡饲料常用的饲料添加剂种类。掌握几种常用的添加剂的作用以及使用方法。熟悉我国肉鸡常用的饲料添加剂。

7日通——第五讲

蛋鸡饲料配方及其配制技术

本讲目的

介绍蛋鸡营养生理特点及其饲料配置中的常见问题，重点介绍蛋鸡养殖中一些常用的饲料配方，其目的主要是让读者了解蛋鸡在不同生长阶段根据不同的营养需要量配制不同的饲料。

□□□□□

第一节　蛋鸡营养生理特点

一、蛋鸡消化系统特点

家禽消化道短，食物通过消化道的速度比家畜快，如以粉料饲喂家禽，饲料通过消化道的时间，雏鸡和产蛋鸡约为 4 小时，休产鸡为 8 小时，抱窝母鸡也只需 12 小时。

1. 口腔及食道　家禽无唇及牙齿，只用角质化的喙采食饲料，舌黏膜的味蕾不发达。禽类的食道宽阔，易于较大食物通过，在进入胸部入口处之前膨大形成嗉囊，嗉囊的主要功能是容留食物，并对食物有湿润和浸软作用。

2. 胃　分腺胃和肌胃。腺胃体积小，主要分泌胃液，胃液内含有蛋白分解酶和盐酸。肌胃又称砂囊，胃壁肌肉发达，内有一层角质膜，借助肌肉的强力收缩磨碎饲料。

3. 肠　家禽的肠分为小肠和大肠。小肠分为两段，第一段为十二指肠，第二段相当于空肠和回肠，但无明显分界。食物在肌胃磨碎并与胃液充分混合后进入十二指肠进行胃液的消化作用。食糜进入空肠和回肠后，由于胰液、胆汁和肠液的作用，完成消化，最终形成单糖、脂肪酸和氨基酸被吸收。

大肠包括一对盲肠和一段短的直肠。盲肠位于小肠和大肠的交界处，鸡的盲肠不发达，对饲料粗纤维消化率很低，为0%～43.5%。

4. 泄殖腔　泄殖腔为禽类所特有，粪道、输尿管与生殖管皆开口于此，同以肛门开口于体外，粪与尿是混合一起排泄的。

二、不同生长阶段蛋鸡的生理条件

（一）雏鸡

0～6周龄为蛋鸡的雏鸡阶段，此阶段是蛋鸡的生长初级阶段，其营养生理特点可概括为以下几点：

1. 消化机能尚不完善　雏鸡的消化器官尚处于发育阶段，不仅消化道较短、容积较小，而且消化液分泌少，所以在培育雏鸡时，必须饲喂营养全面且易于消化的浓缩饲料。

2. 生长速率高　雏鸡生长速度很快，2周龄体重为初生体重的2.5倍、4周龄为5倍、6周龄达10倍以上，尤其羽毛生长更为快速，3周龄时占体重的4%，4周龄时即增加到7%。羽毛中蛋白质含量高达82%，为肉、蛋含量的4～5倍。因此，雏鸡对饲料蛋白质特别是含硫氨基酸水平要求甚高。

3. 适应环境能力差　首先是对外界环境温度变化的适应能力差，初生雏鸡体温较成年鸡低2～3℃，至7～10日龄达到成年鸡体温；至21日龄左右体温调节能力才逐渐完善，具有适应外界环境温度变化的能力。因此对雏鸡既要注意保温防寒，也要注意降温散热。使雏鸡经常处于适温条件下，以利于其正常的生长发育。

4. 对外界刺激感应性强　雏鸡易由于外界的刺激或骚扰而

受到惊吓，并缺乏自卫能力。因此，雏鸡环境宜安静，并要有防止兽害的设施。

5. 抗病力很弱　雏鸡对各种疾病的抵抗能力都很弱，极易患病，故要特别注意饲料、饮水和环境卫生。

（二）育成鸡

育成鸡是鸡从育雏结束到产蛋前这一阶段，育成期是鸡生长的第二阶段，其营养生理特点主要表现为：

1. 消化器官的发育和机能已趋向完善　鸡在育成期消化器官的发育和机能日趋完善，对饲料的消化和吸收能力日益增强，而对营养水平的要求逐步降低。我国鸡饲养标准中0～6周龄、7～14周龄、15～20周龄的蛋白质定额分别是19%、16%和12%。可见育成鸡对蛋白质的需要量远远低于雏鸡，育成前期与后期分别下降15.8%和46.8%，代谢能定额育成后期也有所下降。

2. 生长发育十分迅速　鸡在育成期生长发育十分迅速，特别是骨骼和肌肉增长的重要阶段。然而，育成期的饲养目标并不在于使育成鸡尽快生长和增加体重，而在于使其生长发育适度，适时开产。因此应通过营养水平的调控，控制育成鸡的生长发育。

3. 对外界环境已有较强的适应能力　由于育成鸡的各种器官已发育健全，羽毛经脱换也长出成羽，因而对外界环境尤其是温度变化已具有较好的适应能力。

4. 体脂沉积能力随年龄增长而逐渐增强　鸡在育成后期已具有较强的体脂沉积能力。如果在开产前后母鸡的卵巢和输卵管脂肪沉积过多，将影响母鸡卵子的生成和排出，从而导致开产后产蛋率降低，严重时甚至停产。因此，在育成期必须严格控制鸡的体重，防止鸡体过肥。

（三）产蛋鸡

产蛋鸡是指育成期结束开始产蛋的母鸡。通常蛋用鸡在20

周龄，产蛋期是鸡生产产品的阶段。其营养生理特点主要表现在以下几个方面：

1. 基础代谢旺盛，活动力强　产蛋母鸡由于基础代谢旺盛、活动力强，因而维持营养消耗所占比重较大，可达总营养消耗的75%。据测定，产蛋鸡血液中蛋白质、脂肪和钙磷含量分别比非产蛋鸡高2倍、4倍和2倍。因此，产蛋鸡营养需要远远高于非产蛋鸡。

2. 产蛋量高，蛋的营养物质含量丰富　正常条件下，产蛋鸡年产蛋量可达200～250枚或更多，按每枚蛋56～58克计算，则年产蛋总量约12～14千克。鸡蛋含水分67%～71%，蛋白质12.3%～14.7%，脂肪11.6%～14.2%，碳水化合物1.6%～3.7%，矿物质1.0%～1.1%。鸡蛋中还含有多种矿物质元素（钙、磷、钠、氯、硫、镁、铁、锰等）和多种维生素（维生素A、硫胺素、核黄素、烟酸、维生素C等）。蛋中营养物质均来源于饲料，为了充分发挥鸡潜在的产蛋性能，必须由饲料提供相应的营养物质。

3. 成熟期早，产蛋效率高　产蛋鸡的成熟期颇早，4～5月龄即开始产蛋，而且饲料转化效率很高，通常高产蛋种鸡每产1千克蛋，仅需消耗饲料2.0～2.5千克，按单位体重计算，年产蛋中所含的干物质可达体重的3～4倍。

4. 对逆境反应敏感　产蛋鸡对逆境反应敏感，各种不良环境因素均会影响饲料营养利用效率，进而影响产蛋性能。因此，要尽量创造适合鸡产蛋的条件，如舍内湿、温度适当，光照制度合理，空气清新，减少应激因素，做好防疫卫生等。

三、蛋鸡对饲料的利用特点

1. 饲料利用特点　家禽对饲料的利用情况受诸多因素影响，一般对谷实类饲料的利用率与家畜无明显差异，但对饲料中粗纤维的消化率则大大低于家畜（尤其是草食动物）。因此家禽（鹅除外）饲料中粗纤维含量不能过高，一般不应超过5%，肉仔鸡以3%为宜。否则将降低饲料利用率，造成饲料浪费。

2. 自身合成养分能力差　家禽（尤其是鸡）自身合成B族维生素与利用非蛋白氮合成蛋白质的能力非常差，这些养分必须由饲料提供。

3. 新陈代谢旺盛　家禽的体温较高（如成年鸡体温约比家畜体温高2.8℃），个体较小，单位体重的体表散热面积较大，所以维持正常体温消耗的能量也相对较多。例如，蛋鸡消耗的维持净能占总能量的39%，比奶牛（20%）高出近一倍。

4. 对环境变化敏感　家禽由于个体小而生产水平高，对环境条件与饲料营养的变化十分敏感，任何一方面的不适都会造成明显的负面影响，在大规模集约化饲养时，危害更为严重。

四、产蛋鸡的营养需要特点

在养殖业中，产蛋鸡的生产水平是相当高的。近年来培育的蛋鸡新品系，年产蛋量大都在20千克以上，超过其自身体重的10倍多。按干物质计算，也相当于鸡自身干物质的4倍以上。由此可见，蛋鸡的代谢是极为旺盛的。一枚鸡蛋约50～60克，其中蛋壳约占10.5%，蛋白占58.5%，蛋黄占31.0%；从营养组分上看，含热能330千焦，水分74%，脂肪11.2%，蛋白质11.3%，矿物质1.9，碳水化合物0.5%，维生素1.1%，蛋壳中含有95%的碳酸钙。一枚鸡蛋可含维生素A100～200毫克，泛酸600～1 200毫克，并且鸡蛋蛋白质的必需氨基酸含量丰富，比例适合，生物学价值极高。因此，鸡蛋中各种营养物质含量高，产蛋对营养物质需要量大，要求质量高。

蛋鸡开产5%便开始进入产蛋期，然后随日龄增加，产蛋率逐渐增加，并逐步进入产蛋高峰期，维持一段时间后，又逐渐下降，直至休产期。因此，鸡整个产蛋期的生产水平是不断变化的。从5%开产（18周龄左右）到产蛋高峰后，产蛋鸡对营养物质的需求剧增。一方面，鸡已经达到性成熟，产蛋是必须的，对能量、蛋白质和钙的需要量都很快增高；另外，除了产蛋需要，鸡的骨骼和体重仍处于增加阶段，一般到36周龄才基本达到体成熟，因此35周龄以前，既要考虑鸡的产蛋需要，又要满足鸡体重增加的需要。一进入开产就应供给高产期料来喂，36周龄后可主要凭借产蛋需要来平衡饲料中养分供给。一般要适当限制鸡自由采食，在每天每只红鸡进食量不低于100克，白鸡不低于105克基础上，适当降低蛋白质水平，补充蛋氨酸和氯化胆碱，此外，增加维生素和钙质很有必要。

蛋的形成一般需要五天时间，因此要不影响产蛋，头五天就要补充营养。处于高峰期的蛋鸡，每只日需要代谢能1 340焦耳，粗蛋白质17克，钙3～4克，磷0.6克，食盐0.4克，蛋氨酸0.31克，赖氨酸0.70克。因此在配制鸡日粮时，不紧要考虑饲料营养浓度，还要考虑饲料中养分可利用性。在养鸡实践中，蛋鸡营养还应注意到，蛋鸡的能量需要会因温度、体重、生长、羽毛被覆和产蛋率不同而变化。蛋白质、氨基酸和其他基本营养物质需要不受温度影响，而随鸡龄、产蛋率、产蛋量而变化。蛋鸡对钙的需要，随鸡龄的增长而增加，并应注意进入产蛋期后，饲料中钙质的1/3～1/2应以大颗粒（3～5毫米）的形式供给。

第二节　蛋鸡常用饲料配方

本节主要介绍蛋鸡营养需要特点及营养生理特点，重点介绍几个蛋鸡常用的饲料配方，为养殖户在选用蛋鸡饲料配方时提供参考。

一、饲料配方概述

（一）饲料配方的概念

根据特定动物的营养需要，饲料原料营养成分和营养价值，原料的供给和价格等数据，科学地确定参与构成配合饲料的各种饲料原料的用量比例，这种饲料原料的配比就是饲料配方。

目前可见到的饲料配方有以下几种：①经典饲料配方；②典型饲料配方；③广告饲料配方；④实验饲料配方；⑤生产饲料配方；⑥操作饲料配方。一般前3种饲料配方都公开，后3种饲料配方在一些饲料厂属于保密技术，不公开，尤其是操作配方。

（二）饲料配方的成本

参与构成饲料配方的各种原料的成本之和就是饲料配方的成本。配方成本最低常是饲料厂追求的主要目标之一。

（三）饲料配方的科技含量

过去常把制订饲料配方的总原则定为满足动物的营养需要，充分发挥动物的生产性能；然而在现代商品化生产中，必须考虑生产的经济效益，不仅要尽量降低饲料成本，而且要尽量提高养殖生产的经济效益。

配合饲料作为一种商品，在由饲料原料向配合饲料的转化过程必须是一个增值过程，否则配合饲料的工业化和商品化生产就难以发展。配合饲料的技术含量是增值的主要原因，配方师技术越高，饲料配方的增值就越多。

总之，人类利用动物这种活的机器，把饲料转化为肉、蛋、奶、皮、毛等产品，其中约75%的投入是饲料。要以最低的投入获取最大的产出，就必须设计出物美价廉的饲料配方。

（四）饲粮配合原则

通过饲粮配合，可为鸡提供营养完善的全价日粮，从而可充分发挥鸡群的生产潜力，提高饲料的利用效率。在为鸡配合饲粮时，应考虑如下一些基本原则：

1. 鸡的饲养标准　是配合饲粮的科学依据。饲粮的营养水平，首先是能量浓度和蛋白质水平，应符合相应鸡群的营养需要；并在此基础上，通过饲料组合的调整及使用添加剂预混料，使饲粮营养全面满足鸡对氨基酸、维生素、矿物质和微量元素等的需要。

2. 饲粮的营养组成　要符合鸡的消化生理特点。为此，选择的饲料种类要适当，相互间搭配要合理，特别要注意控制饲粮中粗纤维的含量。鸡对纤维质饲料消化力很弱，故饲粮的组成中，不应含有大量的纤维饲料。否则不仅影响饲料利用效率，且会危害鸡体健康，使生产性能降低。粗纤维在鸡的饲粮中，其含量以不超过5%为宜。

3. 饲粮应具有良好的适口性　若使用营养价值虽较高而适口性却很差的饲料如血粉、菜籽饼等配合饲粮，必须限制其用量。其次，酸败和霉变的饲料不宜用作配合饲粮，以保持饲粮的适口性和饲喂安全。

4. 饲粮的饲料组成多样化　以便充分发挥各种饲料的营养互补作用，这样利于鸡对饲粮营养物质的消化和利用。

5. 饲料的稳定性　饲粮中饲料的种类和比例应保持相对稳定，不宜骤然变更。如需改变饲料种类和配合比例，应逐渐变化，使鸡的采食有一段适应过程。

二、蛋鸡常用的饲料配方

（一）轻型蛋鸡（来航型）的饲料配方

表5-1　来航型蛋鸡饲料配方1

项　　目	0～8周龄	9周龄到开产5%	产蛋率75%以上	产蛋率75%以下
	饲料配比（%）			
玉米	53.4	55.2	53.8	53.7
高粱	6.0	8.0	4.0	5.0
大麦	7.0	10.0	5.0	5.0
麸皮	5.0	11.0	4.0	7.0
豆饼	16.5	7.5	14.0	12.0
进口鱼粉	10.0	5.5	7.0	8.0
苜蓿粉	—	—	2.0	—

（续）

项　　目	0～8周龄	9周龄到开产5%	产蛋率75%以上	产蛋率75%以下
饲料配比（%）				
血粉	—	—	1.5	—
石粉	0.3	1.0	7.0	7.5
骨粉	1.5	1.5	1.5	1.5
食盐	0.3	0.3	0.2	0.3
添加物（克/吨）				
硫酸锰	150	150	150	150
硫酸锌	100	100	100	100
硫酸亚铁	100	100	100	100
硫酸铜	20	20	20	20
碘化钾	0.4	0.4	0.4	0.4
多维素	100	100	100	100
主要营养水平				
代谢能（兆焦/千克）	12.13	11.72	10.96	11.71
粗蛋白质（%）	20.26	15.02	18.33	16.94
钙（%）	0.95	1.02	3.28	3.46
有效磷（%）	0.55	0.45	0.47	0.50
蛋氨酸（%）	0.41	0.30	0.35	0.34
胱氨酸（%）	0.32	0.22	0.28	0.27
赖氨酸（%）	0.18	0.74	1.06	0.95

注：南苑西给饲料厂生产用配方。

表5-2　来航型蛋鸡饲料配方2

项　　目	0～6周龄		7～20周龄		21～72周龄	
	1	2	1	2	1	2
饲料配比（%）						
玉米	60.0	60.0	54.0	54.0	60.0	60.0
大豆饼（粗蛋白质40%）	10.0	20.0	9.0	18.0	10.0	20.0

（续）

项　　目	0～6周龄		7～20周龄		21～72周龄	
	1	2	1	2	1	2
饲料配比（%）						
小麦麸	15.1	14.6	23.6	22.1	10.1	10.1
秘鲁鱼粉（粗蛋白质60%）	10.0	—	9.0	—	10.0	—
槐叶粉	4.0	3.0	3.5	3.5	2.0	2.0
贝壳粉	0.3	1.4	0.3	1.4	7.2	6.5
碳酸氢钙	0.4	0.5	0.4	0.5	0.4	0.9
食盐	0.2	0.4	0.2	0.4	0.3	0.4
DL-蛋氨酸	—	0.1	—	0.1	—	0.1
添加物						
混合微量元素添加剂（上海产，克/千克）	1.0	1.0	1.0	1.0	1.0	1.0
亚硒酸钠（毫克/千克）	0.22	0.22	0.22	0.22	0.22	0.22
多种维生素（上海产，克/千克）	0.15	0.15	0.15	0.15	0.15	0.15
主要营养水平						
代谢能（兆焦/千克）	11.80	11.59	11.38	11.13	11.34	11.21
粗蛋白质（%）	17.5	15.3	17.2	15.2	16.5	14.6
钙（%）	0.81	0.77	0.78	0.78	3.2	2.87
总磷（%）	0.77	0.52	0.80	0.80	0.71	0.54
赖氨酸（%）	1.01	0.75	0.97	0.97	0.96	0.70
蛋氨酸（%）	0.34	0.32	0.33	0.33	0.32	0.30
蛋氨酸+胱氨酸（%）	0.70	0.62	0.62	0.62	0.59	0.58

注：东北农学院畜牧研究所配制。

表5-3　来航型蛋鸡饲料配方3

项　　目	0～6周	7～14周	15～20周	21～24周	25～27周
饲料配比（%）					
黄玉米	64.0	68.0	68.0	66.4	64.2
小麦麸	6.7	2.0	6.8	4.0	0.5

（续）

项　　目	0～6周	7～14周	15～20周	21～24周	25～27周
饲料配比（%）					
大豆饼（粗蛋白质40%）	14.0	12.0	7.5	9.3	15.0
鱼粉（粗蛋白质67%）	93.0	—	—	—	—
苜蓿粉	4.0	3.8	7.9	2.0	1.0
亚麻饼（粗蛋白质33%）	—	12.0	7.5	10.0	10.5
骨粉	2.0	1.0	1.0	1.0	1.0
石粉	—	1.0	1.0	7.0	7.5
食盐	—	0.2	0.3	0.3	0.3
添加剂（克/10千克）					
硫酸锰	0.8	0.8	0.8	1.0	1.0
硫酸锌	0.5	0.5	0.5	1.5	1.5
碘化钾	—	—	—	0.04	0.04
多种维生素	1.0	1.0	1.0	1.0	1.0
主要营养水平					
代谢能（兆焦/千克）	12.01	11.88	11.92	11.42	11.46
粗蛋白质（%）	19.0	15.7	13.1	13.8	15.7
钙（%）	1.24	1.20	0.85	2.94	3.11
总磷（%）	1.0	0.54	0.59	0.50	0.49
赖氨酸（%）	0.93	0.62	0.51	0.53	0.71
蛋氨酸（%）	0.29	0.20	0.16	0.17	0.30
蛋氨酸+胱氨酸（%）	0.57	0.47	0.39	0.40	0.56

注：中国农业科学院兰州畜牧研究所配方。

表5-4　来航型蛋鸡饲料配方4

项　　目	0～6周	7～14周	15～20周	21～24周	25～42周	43～72周
饲料配比（%）						
豆饼	8.0	5.0	2.0	15.0	17.0	20.0
棉仁饼	8.0	5.0	2.0	—	—	—

（续）

项　　目	0～6周	7～14周	15～20周	21～24周	25～42周	43～72周
饲料配比（%）						
花生饼	8.0	5.0	2.0	—	—	—
玉米	66.55	69.30	73.30	41.6	63.0	59.0
次小麦	—	—	—	25.0	—	—
苜蓿粉	1.0	6.50	9.0	—	—	—
秘鲁鱼粉	6.0	—	—	—	—	—
次鱼粉（粗蛋白质36.5%）	—	—	—	3.0	—	—
次鱼粉（咸，粗蛋白质22%）	—	—	—	—	1.5	—
鱼粉（粗蛋白质45%）	—	—	—	—	—	1.0
麸皮	—	6.25	9.0	2.5	3.0	3.5
猪血粉	—	—	—	2.0	4.8	4.0
槐叶粉	—	—	—	3.0	2.0	3.0
骨粉	0.50	0.50	0.65	2.0	2.0	1.5
贝壳粉	—	—	—	5.5	6.5	7.3
脱氟磷酸氢钙	1.50	1.90	1.50	—	—	—
微量元素添加剂	0.2	0.2	0.2	0.2	0.2	0.2
食盐	0.25	0.35	0.35	0.2	—	0.5
添加物（克/吨）						
多种维生素	120	120	120	120	120	120
硫酸锰	240	240	240	200	200	200
硫酸锌	160	160	160	180	180	180
硫酸铜	20	20	20	20	20	20
硫酸亚铁	150	150	150	150	150	150
碘化钾	1	1	1	1	1	1
氯化钴	2	2	2	2	2	2

（续）

项　目	0～6周	7～14周	15～20周	21～24周	25～42周	43～72周
添加物（克/吨）						
亚硒酸钠	0.34	0.34	0.34	0.34	0.34	0.34
DL-蛋氨酸	700	1 100	700	—	500	1 000
L-赖氨酸	400	300	—	—	—	—
主要营养水平						
代谢能(兆焦/千克)	12.38	11.97	12.01	11.25	11.34	11.21
粗蛋白质（%）	18.3	13.2	10.9	15.3	16.7	1.73
钙（%）	0.43	0.81	0.79	3.0	3.32	3.40
总磷（%）	0.90	0.82	0.75	0.71	0.65	0.59
有效磷（%）	0.44	0.37	0.35	0.35	0.31	0.27
赖氨酸（%）	0.88	0.52	0.40	0.87	0.95	1.0
蛋氨酸（%）	0.37	0.29	0.22	0.24	0.26	0.33
蛋氨酸+胱氨酸(%)	0.71	0.49	0.38	0.54	0.59	0.67

注：中国农业科学院畜牧研究所、山东农业科学院家禽研究所配方。

表5-5　来航型蛋鸡饲料配方5

项　目	0～6周龄	7～14周龄	15～18周龄	19～20周龄	21～24周龄	25～35周龄	36～48周龄	49～72周龄
饲料配比（%）								
黄玉米	52.5	60.0	60.78	62.18	58.0	60.0	60.0	60.0
高粱	8.0	4.0	6.0	6.0	4.0	—	—	—
麦麸	2.11	11.0	21.85	14.0	8.76	—	—	—
苜蓿粉	4.0	4.47	7.0	3.0	—	—	—	—
国产鱼粉（粗蛋白质53.4%）	4.0	—	—	—	—	—	—	—
菜籽饼（粗蛋白质32.7%）	6.0	6.0	—	2.0	8.0	4.0	4.0	4.0
棉仁饼（粗蛋白质32.6%）	7.0	4.0	—	2.0	5.0	3.0	3.0	3.0

（续）

项　　目	0～6周龄	7～14周龄	15～18周龄	19～20周龄	21～24周龄	25～35周龄	36～48周龄	49～72周龄
饲料配比（%）								
葵仁饼（粗蛋白质32.3%）	13.0	8.0	1.0	2.15	12.37	9.2	9.2	9.2
骨粉	0.75	1.0	1.0	3.0	2.5	2.5	3.0	3.0
脱氟磷酸氢钙	2.0	1.0	1.0	—	—	—	—	—
食盐	0.25	0.25	0.25	0.25	0.25	0.25	0.25	0.25
DL-蛋氨酸	0.09	0.12	0.12	0.12	0.12	0.05	0.05	0.05
盐酸盐L-赖氨酸	0.30	0.16	1.0	0.10	1.0	—	—	—
蛎粉	—	—	—	5.2	—	6.0	5.5	6.5
槐叶粉	—	—	—	—	—	1.0	1.0	—
黑豆饼（粗蛋白质39.6%）	—	—	—	—	—	14.0	14.0	14.0
每100千克饲料补加								
硫酸铜（克）	1.57	1.57	1.57	1.57	1.57	1.57	1.57	1.57
碘化钾（毫克）	45.70	45.70	45.70	45.70	45.70	45.70	45.70	45.70
硫酸亚铁（克）	40.0	40.0	40.0	40.0	19.90	19.90	19.90	19.90
硫酸锰（克）	24.0	24.0	24.0	24.0	—	—	—	—
硫酸钠（毫克）	33.0	33.0	33.0	33.0	8.50	8.50	8.50	8.50
硫酸锌（克）	17.70	17.70	17.70	17.70	17.60	17.60	17.60	17.60
亚硒酸钠（毫克）	—	—	—	—	22.0	22.0	22.0	22.0
禽用多维素（上海产，克）	20.0	10.0	10.0	10.0	20.0	20.0	20.0	20.0
主要营养水平								
代谢能（兆焦/千克）	11.84	12.05	11.63	11.30	11.50	11.63	11.63	11.67
粗蛋白质（%）	16.5	13.4	10.1	10.0	14.0	16.0	16.0	16.1
钙（%）	1.02	0.69	0.65	3.01	3.0	3.60	3.22	3.16
总磷（%）	0.90	0.74	0.70	0.71	0.70	0.75	0.75	0.74
有效磷（%）	0.66	0.44	0.42	0.50	0.39	0.45	0.49	0.49

（续）

项　目	0～6周龄	7～14周龄	15～18周龄	19～20周龄	21～24周龄	25～35周龄	36～48周龄	49～72周龄
主要营养水平								
赖氨酸（%）	0.94	0.66	0.50	0.48	0.56	0.82	0.71	0.70
蛋氨酸（%）	0.34	0.31	0.25	0.26	0.25	0.30	0.28	0.28
蛋氨酸+胱氨酸(%)	0.61	0.55	0.44	0.44	0.49	0.54	0.58	0.57

注：中国农业科学院畜牧研究所、山西农业科学院畜牧研究所配方。

（二）中型蛋鸡（褐壳蛋鸡）的饲料配方

表5-6　褐壳蛋鸡饲料配方1

项　目	0～5周龄	6～20周龄	21～45周龄
饲料配比（%）			
玉米	30.0	32.0	40.0
大麦	27.0	23.0	10.0
碎米	15.0	16.0	10.0
麸皮	5.5	12.0	5.5
豆饼	15.0	7.0	10.0
鱼粉	6.0	5.0	8.0
苜蓿粉	—	3.5	12.84
贝壳粉	0.54	0.54	3.0
食盐	0.25	0.25	0.20
磷酸氢钙	0.5	0.5	0.2
微量元素	0.1	0.1	0.1
强化复维	0.01	0.01	0.01
氯化胆碱	0.1	0.1	0.05
蛋氨酸	—	—	0.1
主要营养水平			
代谢能（兆焦/千克）	12.17	12.01	11.46
粗蛋白质（%）	18.9	15.9	18.1

（续）

项　　目	0～5周龄	6～20周龄	21～45周龄
主要营养水平			
钙（%）	0.75	0.74	2.79
总磷（%）	0.64	0.61	0.58
赖氨酸（%）	0.91	0.72	0.93
蛋氨酸（%）	0.29	0.25	0.39
蛋氨酸＋胱氨酸(%)	0.58	0.50	0.64

注：上海市新杨种畜场配方（罗斯蛋鸡）。

表5-7　褐壳蛋鸡饲料配方2

项　　目	0～6周龄	7～11周龄	12～16周龄	17～18周龄	19～45周龄	45周龄后
原料（%）						
玉米	54.23	54.07	58.05	58.96	58.87	61.42
麸皮	11.26	21.75	22.55	12.36	3.33	3.2
豆粕	29.19	19.25	14.01	21.00	26.38	23.38
食盐	0.35	0.35	0.35	0.35	0.37	0.37
磷酸氢钙	2.65	2.30	2.30	1.80	1.88	1.89
石粉	1.41	1.40	1.88	4.80	3.94	4.20
贝壳粉	—	—	—	—	4.49	4.79
蛋氨酸	0.15	0.09	0.05	0.11	0.12	0.13
赖氨酸	0.12	0.15	0.17	—	—	—
氯化胆碱	0.12	0.12	0.12	0.10	0.10	0.10
多维	0.02	0.02	0.02	0.02	0.02	0.02
微量元素	0.50	0.50	0.50	0.50	0.50	0.50
添加物						
维生素A（国际单位/千克）	10 000	10 000	10 000	—	9 000	—
维生素D_3（国际单位/千克）	2 200	2 000	2 000	—	2 000	—

（续）

项　　目	0～6周龄	7～11周龄	12～16周龄	17～18周龄	19～45周龄	45周龄后
添加物						
维生素 B_1（毫克/千克）	1.0	0.5	0.5	—	0.5	—
维生素 B_2（毫克/千克）	4.0	4.0	4.0	—	4.0	—
泛（毫克/千克）	10	8	8	—	8	—
烟酸（毫克/千克）	30	30	30	—	25	—
维生素 E（毫克/千克）	20	15	15	—	15	—
维生素 K_3（毫克/千克）	2.5	2.0	2.0	—	2.0	—
维生素 B_{12}（毫克/千克）	0.020	0.015	0.015	—	0.015	—
叶酸（毫克/千克）	0.5	0.5	0.5	—	0.4	—
维生素 B_6（毫克/千克）	2.5	2	2	—	2	—
生物素（毫克/千克）	0.2	0.1	0.1	—	0.1	—
锰（毫克/千克）	70	70	70	—	70	—
锌（毫克/千克）	50	0	50	—	50	—
铜（毫克/千克）	6.0	6.0	6.0	—	6.0	—
铁（毫克/千克）	70	60	60	—	60	—
碘（毫克/千克）	0.75	0.50	0.50	—	0.50	—
硒（毫克/千克）	0.15	0.10	0.10	—	0.10	—
主要营养水平						
代谢能（兆焦/千克）	11.87	11.37	11.29	11.62	11.62	11.33
粗蛋白质（%）	18.7	16.0	14.4	15.8	16.7	15.72
钙（%）	1.1	1.0	1.1	2.2	3.4	3.59
有效磷（%）	0.55	0.50	0.50	0.4	0.4	0.4
脂肪（%）	3.95	3.80	3.87	3.71	3.67	3.58
粗纤维（%）	3.82	4.21	4.19	3.54	3.02	2.90

注：北京芦城种鸡场配方。

表 5-8　褐壳蛋鸡饲料配方 3

项　目	1	2	3
原料（%）			
玉米	60.24	60.135	60.12
豆粕	16.8	16.8	16.8
菜籽粕	12.0	6.0	6.0
棉籽粕	—	6.0	6.0
蛋氨酸	0.12	0.125	0.14
骨粉	2.5	2.4	2.4
石粉	7.0	7.2	7.2
食盐	0.34	0.34	0.34
预混物	1.0	1.0	1.0
营养水平（计算分析值）			
代谢能（兆焦/千克）	11.16	11.12	11.12
粗蛋白质分析值（%）	16.62	16.33	16.08
可消化赖氨酸（%）	0.650	0.641	0.640
可消化蛋氨酸（%）	0.353	0.337	0.352
钙计算值（%）	3.536	3.545	3.545
分析值（%）	3.68	3.60	3.60
有效磷计算值（%）	0.50	0.50	0.50
分析值（%）	0.72	0.64	0.75

注：①预混物为每千克全价日粮提供：进口多维 120 毫克，锰 160 毫克，铁 100 毫克，铜 6 毫克，锌 70 毫克，碘 0.35 毫克，硒 0.3 毫克。

②本配方以可消化氨基酸为基础配制日粮，用海赛克斯褐进行试验，结果按 1、2、3 设置，产蛋率（%）分别为 91.74、89.07、88.88，饲料转化率为 2.13，2.14，2.19。

表 5-9　褐壳蛋鸡饲料配方 4

原料（%）	含量	营养水平	含量
玉米	60.0	代谢能（兆焦/千克）	11.70
小麦麸	2	粗蛋白质（%）	17.5
豆饼	11	钙（%）	3.4

（续）

原料（%）	含量	营养水平	含量
花生饼	10	总磷（%）	0.44
鱼粉	5	有效磷（%）	0.38
槐叶粉	2	蛋氨酸（%）	0.25
骨粉	2		
生长素	1		
石粉	3.3		
贝壳粉	3		
食盐	0.3		
维生素	0.03		
氯化胆碱	0.25		
蛋氨酸	0.12		
多维素（克）	10		

注：以绿豆蛋白粉代替或部分代替鱼粉，用2036只海赛克斯褐蛋鸡试用，产蛋率为79.99%，蛋料比为1∶2.42。

（三）其他饲料配方

表5-10　无鱼粉0～8周龄生长蛋鸡配方

项　　目	配方1	配方2	配方3
	原料（%）		
玉米（8.7%粗蛋白质）	63.58	63.38	63.25
小麦麸	—	3.30	3.30
大豆粕（47.9%粗蛋白质）	19.44	18.00	16.00
米糠粕	2.01	—	—
向日葵仁粕(36.5%粗蛋白质)	6.00	5.00	7.00
玉米蛋白粉(63.5%粗蛋白质)	—	1.23	—
玉米DDGS	5.00	5.00	4.00
肉骨粉	—	—	3.36

（续）

项　目	配方1	配方2	配方3
	原料（%）		
磷酸氢钙（无水）	1.49	1.51	0.59
石粉	1.00	1.00	1.00
食盐	0.18	0.18	0.20
蛋氨酸	0.10	0.10	0.10
赖氨酸	0.20	0.30	0.20
生长鸡1%预混	1.00	1.00	1.00
	营养水平		
代谢能（兆焦/千克）	11.93	11.94	11.94
粗蛋白质（%）	19.00	19.00	19.24
钙（%）	0.90	0.90	0.90
非植酸磷（%）	0.48	0.48	0.43
钠（%）	0.15	0.15	0.15
氯（%）	0.16	0.16	0.18
赖氨酸（%）	1.01	1.05	1.00
蛋氨酸（%）	0.42	0.42	0.42
总含硫氨基酸（%）	0.76	0.75	0.74

表5-11　无鱼粉9～18周龄生长蛋鸡配方

项　目	配方1	配方2	配方3
	原料（%）		
玉米（8.7%粗蛋白质）	72.32	68.81	69.18
小麦麸	2.19	5.59	3.24
大豆粕（47.9%粗蛋白质）	14.00	13.00	13.00
棉籽粕	3.00	—	—
花生仁粕	—	—	3.00
米糠粕	—	3.00	—

（续）

项　目	配方1	配方2	配方3
	原料（%）		
向日葵仁粕(33.6%粗蛋白质)	5.00	3.00	—
蚕豆粉浆蛋白粉	—	—	—
玉米胚芽粕	—	—	3.00
玉米DDGS	—	—	3.00
玉米蛋白粉(51.3%粗蛋白质)	—	3.00	—
苜蓿草粉（17.2%粗蛋白质）	—	—	—
麦芽根/%	—	—	2.00
磷酸氢钙（无水）	0.99	1.23	0.94
石粉	1.18	1.00	1.25
食盐	0.29	0.30	0.25
蛋氨酸	0.01	—	0.04
赖氨酸	0.02	0.07	0.10
生长鸡1%预混	1.00	1.00	1.00
	营养水平		
代谢能（兆焦/千克）	11.70	11.72	11.72
粗蛋白质（%）	15.50	15.59	15.50
钙（%）	0.80	0.80	0.80
非植酸磷（%）	0.35	0.41	0.36
钠（%）	0.15	0.15	0.15
氯（%）	0.22	0.22	0.20
赖氨酸（%）	0.68	0.68	0.71
蛋氨酸（%）	0.27	0.27	0.29
总含硫氨基酸（%）	0.55	0.55	0.56

表5-12　无豆粕19周龄至开产蛋鸡配方

项　目	配方1	配方2	配方3
	原料（%）		
玉米（8.7%粗蛋白质）	—	60.29	62.53

（续）

项　　目	配方1	配方2	配方3
	原料（%）		
高粱	5.80	—	—
小麦麸	—	5.78	6.34
糙米	56.00	—	—
菜籽粕	—	—	3.00
花生仁粕	—	—	4.00
向日葵仁粕(33.6%粗蛋白质)	12.00	12.00	9.00
玉米蛋白粉(44.3%粗蛋白质)	8.00	7.00	5.00
玉米DDGS	5.00	4.00	—
鱼粉（53.5%粗蛋白质）	5.00	5.00	4.00
磷酸氢钙（无水）	2.00	0.72	0.85
石粉	4.00	4.00	4.00
食盐	1.00	0.11	0.15
蛋氨酸	0.10	—	0.03
赖氨酸	0.10	0.10	0.10
蛋鸡1%预混（预备）	1.00	1.00	1.00
	营养水平		
代谢能（兆焦/千克）	11.66	11.51	11.50
粗蛋白质（%）	17.20	17.19	17.00
钙（%）	2.39	2.00	2.00
非植酸磷（%）	0.74	0.45	0.45
钠（%）	0.53	0.18	0.15
氯（%）	0.70	0.15	0.16
赖氨酸（%）	0.68	0.66	0.65
蛋氨酸（%）	0.48	0.36	0.36
总含硫氨基酸（%）	0.72	0.65	0.64

表5-13　无鱼粉开产至高峰蛋鸡配方

项　　目	配方1	配方2	配方3
原料（%）			
玉米（8.7%粗蛋白质）	60.01	63.41	—
糙米	—	—	60.89
小麦麸	2.00	3.00	3.38
米糠粕	3.00	—	—
大豆粕（44.9%粗蛋白质）	21.00	15.00	11.90
玉米蛋白粉（51.3%粗蛋白质）	—	6.00	4.62
向日葵仁粕（33.6%粗蛋白质）	—	—	5.00
菜籽粕	2.81	1.71	3.00
磷酸氢钙（无水）	1.78	1.47	1.81
石粉	8.00	8.00	8.00
食盐	0.30	0.31	0.31
蛋氨酸	0.10	0.10	0.09
蛋鸡1%预混（前）	1.00	1.00	1.00
营养水平			
代谢能（兆焦/千克）	10.84	11.30	11.30
粗蛋白质（%）	16.50	16.50	16.50
钙（%）	3.50	3.38	3.50
非植酸磷（%）	0.52	0.45	0.54
钠（%）	0.15	0.15	0.15
氯（%）	0.22	0.23	0.25
赖氨酸（%）	0.86	0.73	0.75
蛋氨酸（%）	0.36	0.38	0.39
总含硫氨基酸（%）	0.66	0.68	0.65

表 5-14　无鱼粉高峰后蛋鸡配方

项　目	配方 1	配方 2	配方 3
原料（%）			
玉米（8.7%粗蛋白质）	62.00	60.00	60.00
大麦（裸）	—	5.99	7.12
小麦麸	6.27	—	—
大豆粕（44.9%粗蛋白质）	15.00	13.75	15.00
棉籽粕	3.00	—	—
向日葵仁粕（33.6%粗蛋白质）	3.00	3.00	3.00
蚕豆粉浆蛋白粉	—	—	2.29
玉米蛋白粉（44.3%粗蛋白质）	—	3.82	—
啤酒糟	—	—	0.63
麦芽根	—	2.13	—
磷酸氢钙（无水）	1.24	1.88	1.88
石粉	8.00	8.00	8.00
食盐	0.29	0.29	1.00
蛋氨酸	0.10	0.05	0.08
赖氨酸	0.10	0.09	—
蛋鸡 1%预混（后）	1.00	1.00	1.00
营养水平			
代谢能（兆焦/千克）	10.87	11.09	11.10
粗蛋白质（%）	15.47	15.50	15.50
钙（%）	3.32	3.50	3.50
非植酸磷（%）	0.41	0.54	0.53
钠（%）	0.15	0.15	0.43
氯（%）	0.22	0.23	0.64
赖氨酸（%）	0.76	0.70	0.72
蛋氨酸（%）	0.35	0.30	0.32
总含硫氨基酸（%）	0.62	0.68	0.59

第三节　蛋鸡饲料配制技术

一、产蛋鸡饲料配方设计应注意的五个要点

（一）确定使用营养标准

设计产蛋鸡饲料配方首先要确定好使用的营养标准，确定产品标准是设计饲料配方的依据。多数饲料厂采用的是国家标准，有的采用育种公司标准或国外的营养标准（如NRC标准），许多较大的饲料厂制定了适合自己情况的企业标准。

1. 采用国家标准　产蛋鸡、肉用仔鸡浓缩饲料现在采用的标准是NY/T 903—2004；对产蛋后备鸡、产蛋鸡、肉用仔鸡配合饲料（GB/T 5916—2008）实行的是推荐性标准；蛋雏鸡、育成蛋鸡浓缩饲料既没有国家标准，也没有行业标准。这样，设计饲料配方时，不好参考。同时由于科学技术的进步，部分国家标准已经不适应目前实际情况，如植酸酶的应用使得饲料中的植酸磷得以释放，被动物体利用，减少了无机磷的用量和对环境的污染，标准中的总磷指标就不适合现在的情况。新颁布实施的《饲料标签》（GB 10648—1999），也对饲料标准提出了更高的要求，对产品的分析保证值要求也高了，如浓缩饲料要标示氨基酸、主要微量元素和维生素含量，而国家标准没有这些指标的数值。因此，国家标准有一定的局限性，应灵活使用。

2. 采用企业标准　由于国家标准和国外的营养标准（NRC标准）的局限性，在我国实际生产中的不可操作性，许多企业制订了适合自身发展的企业标准。企业标准的制订，有国家标准的必须以国家标准为指导，指标不得低于国家标准。《饲料卫生标准》企业不得自己制订，属于强制性标准，必须遵照《国家饲料卫生标准》（GB 13078—2001）执行。

3. 蛋鸡养殖场的饲料营养标准　每个育种公司每推出一个产蛋鸡新品种，就会有一整套的标准相应推出。一般讲育种公司

为其自身利益考虑，制订的饲料标准相对而言往往较高。蛋鸡场可以根据当地实际情况，作适当调整，确立相应的饲料营养标准。

（二）了解市场，做好市场调研，满足市场需求，确立饲料配方设计标准

饲料配方应用营养学方面的一个重要趋向是从最低成本配方向最大收益模型的发展，如：最低成本配方、参数配方、最大收益配方等。现代化饲料企业目前还利用饲料配方优化技术，如影子价格，指导饲料原料的采购和饲料在企业内合理使用，指导新技术、新工艺的开发利用，从而提高企业的效益与竞争力。现代化技术与现代经营管理相结合，这也是饲料工业发展的总趋势。

由于一个地区的饲养蛋鸡品种，饲养方式不同，所以设计饲料配方时，首先要做市场调查，明确蛋鸡种类，尽量根据品种建议量设计配方。如有育种公司提供的营养标准，就应尽量根据育种公司提供的标准设计配方。

（三）选定原料品种

1. *选择当地常用的原料品种有针对性地设计配方*　对于原料的氨基酸和微量元素数值，参考国家发布的中国饲料数据库《饲料成分及营养价值表》。对于原料的能量值，由于实测较难，一般不作测定，利用能量估计公式估测。但要考虑到原料的水分、粗灰分、粗蛋白质、粗纤维的变化可能影响到能量值的高低。

2. *应根据原料价格变化及时调整配方*　确定原料价格时，要明确原料价格是库存价格还是市场价格，是预测价格还是平均价格。根据价格变化及时调整配方，这样可以降低配方成本。

3. *控制粗纤维的含量*　配合饲料中的粗纤维含量为：雏鸡2%～3%；育成期5%～6%；产蛋鸡2.5%～3.5%；一般鸡控制在5%以下。

4. 控制饲料中的有害、有毒原料　很多饲料原料中含有一些天然的有毒、有害物质。如在雏鸡饲料不用菜籽粕、棉籽粕等，配合饲料中不能有沙门氏杆菌（致病菌），重金属含量也不宜超过规定含量。

5. 饲料组成体积应与动物消化道大小相适应　饲料组成的体积过大，可造成消化道负担过重。影响饲料的消化和吸收；体积过小，即使营养物质已满足需要，但动物仍感饥饿，而处于不安状态，不利于正常生长、生产。

6. 配方设计要有延缓性　要考虑到原料变化对饲料的颜色、气味等指标对动物的应激、适口性、市场的接受程度等因素的影响。

（四）饲料配方

1. 配方设计原则　首先要适应市场需求，有市场竞争力；其次要有科学先进性，在配方中运用动物营养领域的新知识、新成果；第三要有经济性，在保证畜禽营养的前提下，饲料配方成本最低；第四要有可操作性，满足市场需求的前提下，根据企业自身条件，充分运用多种原料种类，保证饲料质量稳定；第五要求配方要具合法性，不用国家明确不准添加的饲料添加剂。

2. 饲料配方计算方法　以往的饲料配方计算是采用简单的试差法、十字法、对角线法等方法。现在饲料厂大都采用计算机设计饲料配方，不仅计算效率大大提高，还可以全面考虑营养与成本的关系，资源利用率提高，饲料成本下降。

3. 饲料配方中环保问题的处理　作为饲料生产者应在优化饲料配方、正确选用饲料原料及添加剂方面保持不损害生态环境的忧患意识。

按照可消化氨基酸含量和理想蛋白质模式，给鸡配合平衡日粮，使其中各种氨基酸含量与动物的维持与生产需要完全符合，则饲料转化效率最大，营养物质的损失可减至最少，从而减轻环境污染。实践证明，按可消化氨基酸和理想蛋白质模式计算并配制的产蛋鸡饲料，可降低日粮蛋白质水平2.5%，而生产性能不减，鸡粪中氮含量减少20%。

4. 饲料配方季节性的调整

（1）夏季饲料配方　炎热的夏季，由于气温高，致使产蛋鸡采食量下降，适当提高饲料营养成分浓度增加幅度要依采食量减少而定，一般约增加5%～10%。如产蛋高峰期蛋白质和代谢能水平，应分别从16.5%及11.5兆焦/千克，调整为17.6%及12.3兆焦/千克，其他营养成分浓度调整比例大致同此。

炎夏产蛋鸡饲料中最好加入少量油脂，这不仅可提高代谢能值，而且可促进采食，减少体增热，促进营养物质的吸收，提高饲料的利用效率。有条件地方可用质量可靠的贝粉替代石粉，也可石粉、贝粉混合使用，使贝粉与石粉的比例为1∶3～4左右，贝粉中除含钙外，还含少量氨基酸多糖，有促进采食及有益消化的作用。对有异味的肉骨粉、血粉及肠羽粉要慎用或不用。对不含蛋白质和能量的原料，如沸石粉、麦饭石粉要少用，添加量不宜超过3%。

（2）冬季的饲料配方　在北方的晚秋、冬季，由于玉米等能量饲料水分较高，蛋鸡生产厂家应将高水分玉米换算成标准水分玉米后再饲喂。

（五）浓缩饲料配制的注意事项

饲料厂通常设计20%～40%的浓缩料。比例太低，用户需要配合的饲料种类增加，成本显得过高，饲料厂不容易控制最终产品；比例太高，就会失去浓缩的意义。通常情况蛋雏鸡设计30%～35%的浓缩料，育成鸡30%～40%，产蛋鸡35%～40%。

其计算方法有以下两种：一是由配合饲料推算；二是由设定比例推算，再按照此比例配制。用户应用浓缩料时，应按照饲料厂推荐配方使用，这样容易进行质量控制。用户因原料变化，应重新进行配比计算，满足主要指标。

二、各阶段蛋鸡饲料配制要点

（一）蛋用雏鸡饲料配方配制要点

雏鸡生长强度大，是一生性能的奠定时期，而其消化系统尚未发育完善，胃的容积小而且研磨饲料的能力很差，同时消化道内缺乏一些消化酶，所以消化能力差。因此在设计饲料配方时要求营养水平高而平衡（这一点在制定饲养标准时已经考虑到了），同时易消化而且无毒素（这一点饲养标准无明显规定）。因此，棉籽饼、菜籽饼、亚麻（即胡麻）饼等有毒原料，羽毛粉、皮革粉、蹄角粉等不易消化的原料，以及粗饲料、麸皮等大体积的原料，都应当限制它们在配方中的使用量。一般这些原料在饲料配方中的用量以不超过2%为宜，粗饲料一般不使用。

雏鸡饲料一般选择优质的饲料原料，例如玉米、豆粕、优质鱼粉等营养浓度高而且易消化的原料。

（二）蛋用青年鸡饲料配方配制要点

育成期青年鸡体质强健，应当加强锻炼，为今后的产蛋期打好基础。一般在保证胫长和体重生长达到正常标准的前提下，尽量降低饲养标准，尽量用较差的饲料原料。这不仅可以充分利用饲料资源、降低饲料成本，而且可以适当锻炼鸡的体质。例如适当增加日粮体积以增加其消化道的容积；降低钙和有效磷含量以锻炼其吸收钙和磷的能力；降低能量含量以减少脂肪沉积，刺激生殖系统发育；棉籽饼、菜籽饼、亚麻（胡麻）饼等有毒原料，羽毛粉、皮革粉、蹄角粉等不易消化的原料，以及粗饲料、麸皮等大体积的原料，都可以在配方中使用到最大允许用量。

棉籽饼、菜籽饼、亚麻（胡麻）饼等有毒原料，一般在蛋用青年鸡饲料配方中可以用到6%；羽毛粉、皮革粉、蹄角粉等不易消化的原料一般可以用到3%；麸皮、粗饲料如酒糟等大体积的饲料原料，一般可以根据需要用到最大量；用石粉做钙源而不用贝壳。

（三）开产前蛋鸡饲料配方配制要点

经典的观点认为，蛋鸡开产前应当提高日粮的营养浓度，为今后开产做好准备，因为它们既要产蛋还要生长发育。然而近年的研究表明，开产前二周应当降低营养浓度，也不宜多用优质饲料原料，只有钙和磷的浓度应当分别提高到2%和0.35%，仍然用石粉做钙源，直到下蛋率达10%时才逐渐换用高峰期蛋鸡饲料。

（四）产蛋高峰期饲料配方配制要点

产蛋高峰期蛋鸡新陈代谢旺盛，应当尽量给予既满足相应品种的饲养标准、营养浓度高而平衡，又易消化吸收的日粮。一般情况下，棉籽饼、菜籽饼、亚麻（胡麻）饼等有毒原料最多用到6%；羽毛粉、皮革粉、蹄角粉等不易消化的原料最多用到2%，芝麻饼最大用量为4%，麸皮等大体积的饲料原料，一般根据配方设计需要而不会使用太多；仍然用石粉做钙源而不用贝壳，但在高温季节，一般等量使用贝壳与石粉；黄玉米对家禽的肤色、脚色和蛋黄颜色有良好作用且可以大量使用。

（五）普通产蛋鸡饲料配制要点

下蛋率降低到80%以下的产蛋后期应该使用普通蛋鸡饲料。其饲养标准低于高峰期，而钙的浓度适当增加。一般含钙量不宜超过4%，否则会影响日粮的适口性，降低蛋壳强度和产蛋率；能量浓度宜低，以降低脂肪沉积对产蛋的影响。普通蛋鸡饲料中可尽量使用棉籽饼、菜籽饼、亚麻（胡麻）饼等劣质有毒原料，一般可以用到8%，但三种原料的平均用量不能超过6%；羽毛粉、皮革粉、蹄角粉等不易消化的原料都可以用到3%；芝麻饼可以用到5%；麸皮等大体积的饲料原料，一般可以根据配方设计需要使用；一般情况下用石粉做钙源而不用贝壳。在高温季节可以降低能量标准5%，增加其他养分5%。

第四节　常见问题和疑难解答

（一）鸡的饲料转化率及其影响因素是什么？

饲料进入鸡消化道被消化吸收后，通过一系列的代谢过程，部分营养物质通过粪尿被排出体外，一部分营养物质转化为自身产品或产蛋。而用于生产产品或用于产蛋的那部分营养物质才是最有价值的。所谓饲料转化率是指消耗1千克饲料而生产的鸡肉或鸡蛋的数量，公式表示为：

饲料转化率＝（鸡体增重或产蛋量/所食饲料量）×100％

影响饲料转化率的因素大致有以下几点：

1. *鸡种类及品种*　鸡本身有嗉囊、腺胃和肌胃，但没有牙齿，只靠喙将食物撕碎送入嗉囊，肠道短，饲料在消化道内停留时间短。因此，饲料转化率低。同一类的鸡，不同品种对饲料的转化率也不相同。

2. *饲料因素*　饲料粗纤维含量可大大影响鸡的饲料转化率。当饲料中粗纤维含量过高时，其他营养物质（如蛋白质、脂肪等）的消化率降低，进而影响转化率。饲料中的抗营养因子（如大豆中的抗胰蛋白酶和凝血因子、棉籽饼中的棉酚）对饲料营养物质的消化、吸收都产生不良影响，进而降低饲料转化率。

3. *饲养环境及应激*　鸡所处的饲养环境（如舍温、湿度、光照强度及时间、舍内气味、通风等）的变化均会导致鸡只出现应激现象，导致鸡代谢紊乱、生长受阻、产蛋率下降、抗病力减弱，进而影响饲料转化率。

4. *饲料的加工储存形式*　同一种饲料因加工方法不同，其营养价值也不一样，如机榨的豆饼与溶剂浸提的豆粕相比，其蛋白质消化率相差10％左右。饲料过细，使饲料在消化道内的停留时间变短，也会降低其营养价值。另外饲料储存时间的延长、颗粒饲料的制作，均对饲料中某些营养成分产生不良影响。

（二）每日每只鸡需要多少饲料？

鸡的饲料需要量随着鸡的品种、年龄、性别、体重、生产性能、环境温度、饲料能量水平的不同而不同。养鸡户掌握了鸡的饲料需要量（采食量），对于做好饲料的采购、加工和安排好日常饲喂工作是很必要的。

一般蛋用鸡，在育雏期前两个月内，每只雏鸡每天的采食量相当于它的日龄数。如5日龄雏鸡的日采食量约为5克，10日龄为10克，56日龄为56克。而2个月后随着雏鸡日龄的增长，采食量的增加逐渐减慢。蛋用型成年鸡日采食量约为100～120克，全年需要饲料约为35～39千克。蛋用鸡生长阶段的大致体重和日粮消耗见表5-15。

表5-15　蛋鸡体重和日粮的关系

周龄（周）	体重（克）	2周间饲料消耗（克/只）	日粮消耗累计（克/只）
2	110	200	200
4	233	400	600
6	390	550	1 150
8	562	700	1 850
10	711	900	2 750
12	864	950	3 700
14	1 006	1 000	4 700
16	1 098	1 100	5 800
18	1 225	1 140	6 940
20	1 350	1 200	8 140

（三）加工饲料时应注意哪些问题？

1. 加工配合饲料时，各种原料必须认真过秤，保证各种原料的配比准确无误。

2. 粉碎原料时，必须按鸡饲料的规格要求加工，不可过粗过细。一般鸡饲料要求通过1.5毫米筛孔，剩渣不超过5%。

3. 饲料混合要均匀。配料时各种原料的混合搅拌一定要均匀，不能有“夹生”。

4. 每次配料量要适当。根据自己养鸡多少和鸡的日采食量计算好，配一次料够10天吃即可。夏天高温高湿，能做到七天配一次料更好。这样可减少配合饲料贮存时间和养分损失，保证饲料气味芳香，鸡爱吃、饲料利用率高。

（四）配制配合饲料需要哪些基础设备？

配合饲料主要设备有小型饲料粉碎机、搅拌机、饼类粉碎机、青饲料（或块根类）切碎机或打浆机。其次还有秤、小推车、簸箕、铁铲等。现在农牧机械研究部门和生产单位，研制生产出一批小型的饲料加工机组（成套设备），用他加工配合饲料时，可连续工作，各种原料（包括饼类）的粉碎、搅拌一次成功。而且配合饲料省工、省时、省电，饲料质量又好，价格合理，有条件的养鸡户应注意选用。

加工配合饲料在机械选型上很重要，用户应严格选择已经定型的、适合自己需要的、生产性能良好、占地少、重量轻、用电少、价格低廉的机械。切不可盲目购买。

（五）怎样知道配方能不能用？

看一个饲料配方是否能用，可从以下几方面考虑：

（1）主要营养成分是否接近饲养标准规定的指标。一般误差范围最好是：代谢能±210焦/千克，粗蛋白质±0.5%。至于蛋白能量比、钙、磷、限制氨基酸都要接近标准要求。维生素、微量元素一般不计算，按规定标准加足就可以了。

（2）使用的原料是否能保证供应。

（3）配方价格是不是合适。

（4）是否合乎卫生要求。

（六）如何预防禽流感？

禽流感也是由病毒引起的，使用型号匹配的疫苗可以预防。另外要注意，体质不好的鸡易得禽流感，并向鸡群中扩散。所以平时要注意增强鸡的体质，措施如下：

（1）平时给鸡群饲喂营养平衡的饲料，特别是一些微量成分，如氨基酸、维生素等营养物质含量要足够。

（2）传染病到达鸡场附近时，可以单独给鸡饲喂多维产品以增强抵抗力，可以用一些水溶性维生素制品。

（3）控制好鸡舍的环境条件。

（4）注意隔离和消毒。

重点难点提示

掌握蛋鸡对饲料成分的营养需要。掌握蛋鸡饲料的配置技术。熟悉蛋鸡养殖中的常用饲料配方。

7日通——第六讲

肉鸡饲料配方及配制技术

本讲目的

重点介绍肉鸡生长所需营养成分的多少及配方，介绍肉鸡生产特点及其饲料配置中的常见问题。其目的主要是让读者了解肉鸡在不同生长阶段的营养需要量，掌握肉鸡饲料的配制技术以及肉鸡饲养的注意事项。

第一节　肉鸡生产特点

要了解肉鸡的饲料配方首先要明确肉鸡的生产特点及不同阶段肉鸡的营养需要量，掌握鸡的生理特点和生活习性是饲养肉鸡的基础。

一、肉鸡的生活习性及生产特点

（一）肉鸡的生活习性

1. 胆小，易受惊，对外来的刺激反应敏感。奇怪的声响、突然的闪光、移动的阴影或异常的颜色等均能引起鸡群骚动、炸群等一系列应激反应。轻度受惊使鸡群生产能力下降，重者引起鸡群互相拥挤压死。因此，鸡舍周围环境应保持安静，进入鸡舍的人员动作要轻稳，避免飞禽走兽进入鸡舍。

2. 喜欢温暖干燥的环境，忌讳鸡舍内炎热或阴冷潮湿，不利的环境条件将影响肉鸡的生长发育。

3. 合群性强，一般不单独行动。刚出壳几天的雏鸡就会找群，一旦离群就叫声不止。

4. 性情温驯，活动量小，喜欢卧伏。肉仔鸡比较安静，每天大部分时间处于卧伏状态，除了采食、饮水，很少活动、跳跃和殴斗。因此，生产中肉鸡可大群饲养，但要注意一些措施，适当增加鸡群的活动量，减少卧伏时间，避免肉鸡患胸部囊肿。

5. 适应于弱光环境。肉仔鸡由于增重快、体重大、性情温驯、少动，因此对光照强度的要求不高，只需能见到饲料、饮水和舍内其他物体就可以。过强的光照，会使鸡群骚动不安，影响增重，甚至会引起啄癖。

6. 要求日粮营养浓度高，饮水充足。现代肉鸡，生长速度非常快，因而需要供给高浓度营养的日粮，否则不仅生长不能达到要求，还会出现种种病态。此外，和蛋鸡相比，肉鸡的饮水量相对要多些，而且饮水器在鸡舍内分布要均匀，并尽量靠近料槽。

（二）肉鸡的生产特点

肉鸡生产是利用肉用型配套杂交鸡，喂以高能、高蛋白日粮，促其快速肥育出栏的一种养鸡新技术。其特点如下：

1. 生产周期短，资金周转快。这种短时间内决定盈亏的情况，要求整个生产过程很少发生失误。

2. 肉鸡饲养要有一定的规模。由于每只肉鸡的纯利润较低，要获得经济效益，需要饲养一定的规模。

3. 时刻把握“成功率”。在饲养条件不成熟时，不可盲目扩大饲养规模，以保障生产稳定。

4. 维持稳定的生产环境。肉鸡日龄较小，很娇嫩，对环境的适应能力和抗病能力都较弱，维持舍内环境适宜很重要。

5. 饲养采取“全进全出”饲养方式。养完一批鸡后，必须对鸡舍进行彻底的清扫、消毒，空舍两个星期后才能开始养下一批肉鸡。

6. 要有完善的疫病控制措施，以保障成功饲养肉鸡。

7. 肉鸡生产必须抓紧前期的管理，前期饲养的失误会直接波及整个饲养期。

8. 用药一般集中在前期，后期体重和采食量很大，此时用药时投药量大，费用高，并且难以奏效。

9. 后期管理要以通风换气为重心。

10. 育成鸡及时售出，以便取得较好效益。

11. 肉鸡生产必须使用高能高蛋白的全价配合饲料。

12. 肉鸡生产一般都使用颗粒饲料。

二、常见黄羽肉鸡品种及生产特点

（一）常见黄羽肉鸡品种

黄羽肉鸡按照来源分为 3 类：地方品种、培育品种和引入品种。

1. *地方品种*　我国地方品种除个别蛋用品种外，大部分为黄羽肉鸡品种。按照体型大小可分为3类：大型、中型和小型。大型黄羽肉鸡包括：浦东鸡、溧阳鸡、萧山鸡和大骨鸡等；中型黄羽肉鸡包括：固始鸡、崇仁麻鸡、鹿苑鸡、桃源鸡、霞烟鸡、洪山鸡、阳山鸡等；小型黄羽肉鸡包括：清远麻鸡、文昌鸡、北京油鸡、三黄胡须鸡、杏花鸡、宁都黄鸡、广西三黄鸡、怀乡鸡等。

2. *培育品种*　按其生产性能和体型大小，大致可分为以下4类：

（1）优质型“仿土”黄鸡，如粤禽皇 3 号鸡配套系等。

（2）中快型黄羽肉鸡，如江村黄鸡 JH3 号配套系、岭南黄鸡Ⅰ号配套系、粤禽皇 2 号鸡配套系和康达尔黄鸡 128 配套系等。

（3）快速型黄羽肉鸡，如江村黄鸡 JH2 号配套系、岭南黄鸡Ⅱ号配套系和京星黄鸡102配套系等。

（4）矮小节粮型黄鸡，如京星黄鸡100配套系等。

3. *引入品种* 目前有矮脚黄鸡、安卡红和狄高肉鸡等。矮脚黄鸡是由法国威斯顿培育的高产黄羽肉鸡；安卡红肉鸡是由以色列PUB公司培育的快大型黄羽肉鸡配套系；狄高肉鸡是由澳大利亚英汉集团家禽发展有限公司培育的快大黄羽肉鸡配套系。

（二）优质黄羽肉鸡的生产特点

与白羽快速生长的肉仔鸡相比，优质黄羽肉鸡生长速度慢、周期长。从这一基本区别出发，在饲养管理方面，优质黄羽肉鸡有以下几个特点。

1. *饲养方式可以采用笼养* 优质黄羽肉鸡生长速度慢、体重小，因此胸囊肿现象基本不会发生。可以采用笼养，特别是后期肥育阶段，采用笼养更有明显效果。在广东一些大型优质黄羽肉鸡饲养场，0～6周龄育雏阶段采用火坑育雏，7～11周龄采用竹竿或金属网上饲养，12～15周龄上笼育肥。

2. *营养水平特点* 适当控制营养水平，如果按照肉用仔鸡的营养水平去饲喂优质黄羽肉鸡，是一种浪费。应该适当降低饲料的营养水平。可采用在爱拔益加肉鸡营养需要量的基础上，蛋白质水平降低5%～8%，能量水平降低2%～3%。氨基酸水平、维生素水平和微量元素水平，可与蛋白质水平同步下降。在阶段划分上应该延长，前期为0～6周龄，后期为12～15周龄。

3. *增加免疫内容* 由于优质黄羽肉鸡饲养周期较长，与肉用仔鸡相比，应增加些免疫内容。例如，马立克疫苗必须在出壳后及时接种，否则在出场时正是马立克发病的高峰期。鸡痘疫苗，肉用仔鸡多数情况下可以不必免疫，而优质黄羽肉鸡一般情况下则应该刺种免疫，除非北方地区生长后期处于冬季可以不进行。其他免疫项目根据发病特点，加以考虑。

按照华人的传统消费习惯，优质黄羽肉鸡的公鸡和母鸡是有很大差别的。在北京地区目前母鸡主要是供应一些高级宾馆饭店，公鸡供应普通市场。在广东、广西母鸡多以活鸡的形式销往港澳地区和供应餐馆，公鸡大多进入普通市民餐桌。他们按照传统的习惯，通过白软的烹调方法，制作成白切鸡，或者与滋补中药一起清炖，做成药膳鸡食用。在山东、河北、河南等地大量利用黄羽肉鸡公雏，养成后制作成烧鸡、扒鸡、熏鸡，大多作旅游食品并进入全国各地食品店，是普通市民赠送亲友的适当礼物。

由于优质黄羽鸡的肌纤维细嫩，肉质风味独特，随着人民生活水平的提高，会有更多的人对肉用仔鸡的味道不感兴趣，而转向对优质黄羽肉鸡的追求。优质黄羽肉鸡将会有良好的国内和国际市场。

第二节　肉鸡常用饲料配方

一、肉鸡饲养标准

表6-1　AA鸡营养需要量

营养标准	0～3周龄	4～6周龄	≥7周龄
代谢能（兆焦/千克）	12.57	13.00	13.20
粗蛋白质（%）	21.50	20.00	18.00
赖氨酸（%）	1.15	1.00	0.87
蛋氨酸（%）	0.50	0.40	0.34
钙（%）	1.00	0.90	0.80
磷（%）	0.68	0.65	0.60
有效磷（%）	0.45	0.40	0.45

表6-2　艾维茵营养需要

营养标准	0～3周龄	4～6周龄	≥7周龄
代谢能（兆焦/千克）	12.78	13.00	13.20
粗蛋白质（%）	22.00	20.00	17.00

（续）

营养标准	0～3周龄	4～6周龄	≥7周龄
赖氨酸（%）	1.20	1.00	0.82
蛋氨酸（%）	0.52	0.40	0.32
钙（%）	1.05	0.95	0.80
磷（%）	0.68	0.65	0.60
有效磷（%）	0.50	0.40	0.35

表6-3　黄羽肉鸡营养需要

营养标准	公0～4周龄 母0～3周龄	公5～8周龄 母4～5周龄	公>8周龄 母>5周龄
代谢能（兆焦/千克）	12.20	12.57	13.00
粗蛋白质（%）	21.00	19.00	16.00
粗蛋白质/代谢能（克/兆焦）	17.30	15.12	12.33
赖氨酸（%）	1.05	0.98	0.85
蛋氨酸（%）	0.46	0.40	0.34
钙（%）	1.00	0.90	0.80
磷（%）	0.68	0.65	0.60

二、浓缩料饲料配方

浓缩料是由蛋白质饲料、矿物质饲料、添加剂预混料按一定比例混合而成，一般占全价配合饲料的20%～40%，超级浓缩料或精料则为10%～20%。浓缩料由于蛋白能量水平太高不能直接饲喂肉鸡，必须与能量饲料混合后才可制成全价配合饲料。在生产实践中，由于生产需要的不同，浓缩饲料的概念也逐渐扩大，它可以不包括蛋白质饲料的全部，还可以把一部分能量饲料包括在内，即浓缩料＋能量饲料＝全价料。

1. 肉小鸡浓缩料配方　浓缩料按40%添加，即配比为：玉米60%＋浓缩料40%＝全价料。

表6-4　主要蛋白原料为豆粕、棉籽粕、花生粕的浓缩料配方

原　料	含量（%）	营养水平	含量
大豆粕	76.13	粗蛋白质（%）	38.1
棉籽粕	5	钙（%）	2.24
花生粕	5	总磷（%）	1.22
磷酸氢钙	4.25	可利用磷（%）	0.95
猪油	3.75	盐（%）	0.8
石粉	3.06	赖氨酸（%）	2.167
0.5%预混料	1.25	蛋氨酸（%）	0.965
盐	0.75	蛋氨酸＋胱氨酸（%）	1.518
蛋氨酸	0.43	苏氨酸（%）	1.557
赖氨酸（98%）	0.13	色氨酸（%）	0.564
氯化胆碱	0.25	代谢能（兆焦/千克）	9.80

表6-5　主要蛋白原料为豆粕、菜籽粕、花生粕的浓缩料配方

原　料	含量（%）	营养水平	含量
大豆粕	73.81	粗蛋白质（%）	37.8
菜籽粕	7.5	钙（%）	2.24
花生粕	5	总磷（%）	1.26
磷酸氢钙	4.43	可利用磷（%）	0.88
猪油	3.45	盐（%）	0.86
石粉	2.9	赖氨酸（%）	2.16
0.5%预混料	1.25	蛋氨酸（%）	0.973
盐	0.8	蛋氨酸＋胱氨酸（%）	1.557
DL-蛋氨酸	0.43	苏氨酸（%）	1.588
赖氨酸（98%）	0.25	色氨酸（%）	0.569
氯化胆碱	0.18	代谢能（兆焦/千克）	9.64

表 6-6　主要蛋白原料为豆粕、棉籽粕、菜籽粕、花生粕、玉米蛋白粉的浓缩料配方

原　料	含量（%）	营养水平	含量
大豆粕	65.48	粗蛋白质（%）	38.0
棉籽粕	5	钙（%）	2.23
菜籽粕	5	总磷（%）	1.22
花生粕	5	可利用磷（%）	0.86
玉米蛋白粉(60%粗蛋白质)	5	盐（%）	0.85
猪油	4.2	赖氨酸（%）	2.142
磷酸氢钙	4.25	蛋氨酸（%）	0.956
石粉	3.02	蛋氨酸＋胱氨酸（%）	1.541
0.5%预混料	1.25	苏氨酸（%）	1.53
盐	0.8	色氨酸（%）	0.529
DL-蛋氨酸	0.4	代谢能（兆焦/千克）	10.01
赖氨酸（98%）	0.35		
氯化胆碱	0.25		

2. 肉中鸡浓缩料配方　浓缩料按35%添加，即配比为：玉米65%＋浓缩料35%＝全价料。

表 6-7　主要蛋白原料为豆粕的浓缩料配方

原　料	含量（%）	营养水平	含量
大豆粕	82.09	粗蛋白质（%）	36.1
猪油	6.86	钙（%）	2.43
磷酸氢钙	4.4	总磷（%）	1.21
石粉	3.54	可利用磷（%）	0.96
0.5%预混料	1.43	盐（%）	0.94
盐	0.91	赖氨酸（%）	2.239
DL-蛋氨酸	0.31	蛋氨酸（%）	0.841

（续）

原　料	含量（%）	营养水平	含量
氯化胆碱	0.23	蛋氨酸＋胱氨酸（%）	1.396
赖氨酸（98%）	0.23	苏氨酸（%）	1.543
		色氨酸（%）	0.558
		代谢能（兆焦/千克）	10.58

表6-8　主要蛋白原料为豆粕、棉籽粕、花生粕的浓缩料配方

原　料	含量（%）	营养水平	含量
大豆粕	67.31	粗蛋白质（%）	37.2
花生粕	10	钙（%）	2.32
棉籽粕	6.75	总磷（%）	1.23
猪油	4.94	可利用磷（%）	0.96
磷酸氢钙	4.34	盐（%）	0.96
石粉	3.29	赖氨酸（%）	2.272
0.5%预混料	1.43	蛋氨酸（%）	0.874
盐	0.91	蛋氨酸＋胱氨酸（%）	1.424
赖氨酸（98%）	0.43	苏氨酸（%）	1.464
DL-蛋氨酸	0.37	色氨酸（%）	0.532
氯化胆碱	0.23	代谢能（兆焦/千克）	10.08

表6-9　主要蛋白原料为豆粕、棉籽粕、菜籽粕的浓缩料配方

原　料	含量（%）	营养水平	含量
大豆粕	60.63	粗蛋白质（%）	34.8
棉籽粕	11.31	钙（%）	2.41
菜籽粕	8.57	总磷（%）	1.27
猪油	8.29	可利用磷（%）	0.96

（续）

原　料	含量（%）	营养水平	含量
磷酸氢钙	4.34	盐（%）	0.96
石粉	3.49	赖氨酸（%）	2.172
0.5%预混料	1.43	蛋氨酸（%）	0.835
盐	0.91	蛋氨酸＋胱氨酸（%）	1.411
赖氨酸（98%）	0.46	苏氨酸（%）	1.415
DL-蛋氨酸	0.34	色氨酸（%）	0.499
氯化胆碱	0.23	代谢能（兆焦/千克）	10.58

3. 肉大鸡浓缩料配方　浓缩料按30%添加，即配比为：玉米70%＋浓缩料30%＝全价料。

表6-10　主要蛋白原料为豆粕、玉米蛋白粉、棉籽粕的浓缩料配方

原　料	含量（%）	营养水平	含量
大豆粕	49.6	粗蛋白质（%）	39.7
玉米蛋白粉（60%粗蛋白质）	16.66	钙（%）	2.62
棉籽粕	11.87	总磷（%）	1.2
猪油	7.43	可利用磷（%）	0.93
磷酸氢钙	4.43	盐（%）	1.12
石粉	4.27	赖氨酸（%）	3.433
0.5%预混料	1.67	蛋氨酸（%）	0.931
盐	1.1	苏氨酸（%）	1.435
DL-蛋氨酸	0.33	色氨酸（%）	0.45
赖氨酸（98%）	2.37	代谢能（兆焦/千克）	11.62
氯化胆碱	0.27		

表6-11　主要蛋白原料为豆粕、玉米蛋白粉、菜籽粕的浓缩料配方

原　料	含量（%）	营养水平	含量
大豆粕	47.72	粗蛋白质（%）	39

（续）

原　料	含量（%）	营养水平	含量
玉米蛋白粉（60%粗蛋白质）	16.67	钙（%）	2.62
菜籽粕	14.1	总磷（%）	1.2
猪油	7.6	可利用磷（%）	0.92
磷酸氢钙	4.27	盐（%）	1.11
石粉	4.2	赖氨酸（%）	3.429
0.5%预混料	1.67	蛋氨酸（%）	0.631
盐	1.07	苏氨酸（%）	1.454
赖氨酸（98%）	2.43	色氨酸（%）	0.445
氯化胆碱	0.27	代谢能（兆焦/千克）	11.62

表6-12　主要蛋白原料为豆粕、棉籽粕、菜籽粕、花生粕的浓缩料配方

原　料	含量（%）	营养水平	含量
大豆粕	47.53	粗蛋白质（%）	38.7
棉籽粕	16.67	钙（%）	2.62
菜籽粕	10	总磷（%）	1.2
花生粕	6.83	可利用磷（%）	0.96
猪油	5.07	盐（%）	1.12
磷酸氢钙	4.77	赖氨酸（%）	3.076
石粉	4.03	蛋氨酸（%）	0.652
赖氨酸（98%）	2.03	苏氨酸（%）	1.435
0.5%预混料	1.67	色氨酸（%）	0.406
盐	1.1	代谢能（兆焦/千克）	11.62
DL-蛋氨酸	0.03		
氯化胆碱	0.27		

三、配合饲料配方

配合饲料是根据动物的不同生长阶段、不同生理要求、不同生产用途的营养需要以及以饲料营养价值评定的实验和研究为基础，按科学配方把不同来源的原料，依一定比例均匀混合，并按规定的工艺流程生产以满足各种实际需求的饲料。

1. 肉小鸡配合饲料配方

表 6-13　NRC 营养需要（1994 年修订）

营养标准	0～3 周龄	3～6 周龄	6～8 周龄
代谢能（兆焦/千克）	13.41	13.41	13.41
粗蛋白质（%）	23.00	20.00	18.00
赖氨酸（%）	1.10	1.00	0.85
蛋氨酸（%）	0.50	0.38	0.32
蛋氨酸+胱氨酸（%）	0.90	0.72	0.60
苏氨酸（%）	0.80	0.74	0.68
色氨酸（%）	0.20	0.18	0.16
钙（%）	1.00	0.90	0.80
氯（%）	0.20	0.15	0.12
非植酸磷（%）	0.45	0.40	0.30
钠（%）	0.20	0.25	0.12

注：参照 NRC 标准并作相应调整。

表 6-14　玉米-豆粕型（主要蛋白料为豆粕）

原　料	含量（%）	营养水平	含量
玉米	55.75	粗蛋白质（%）	20.7
大豆粕	35.17	钙（%）	1.00
次粉	4.00	总磷（%）	0.71
磷酸氢钙	1.75	可利用磷（%）	0.45

（续）

原　料	含量（%）	营养水平	含量
猪油	1.20	盐（%）	0.31
石粉	1.00	赖氨酸（%）	1.085
盐	0.28	蛋氨酸（%）	0.52
0.5%预混料	0.5	蛋氨酸＋胱氨酸（%）	0.890
氯化胆碱	0.1	苏氨酸（%）	0.791
赖氨酸（98%）	0.08	色氨酸（%）	0.263
DL-蛋氨酸	0.17	代谢能（兆焦/千克）	12.14

表6-15　玉米-豆粕-杂粕型（主要蛋白原料为豆粕、棉籽粕、花生粕）

原　料	含量（%）	营养水平	含量
玉米	53.43	粗蛋白质（%）	21.0
大豆粕	30.00	钙（%）	1.00
次粉	5.00	总磷（%）	0.71
棉籽粕	3.00	可利用磷（%）	0.45
花生粕	3.00	盐（%）	0.30
磷酸氢钙	1.70	赖氨酸（%）	1.049
猪油	1.62	蛋氨酸（%）	0.512
石粉	1.02	蛋氨酸＋胱氨酸（%）	0.874
盐	0.26	苏氨酸（%）	0.767
0.5%预混料	0.5	色氨酸（%）	0.258
氯化胆碱	0.1	代谢能（兆焦/千克）	12.14
赖氨酸（98%）	0.17		
DL-蛋氨酸	0.2		

2. 肉中鸡配合饲料配方

表 6-16 玉米-豆粕型（主要蛋白原料为豆粕）

原 料	含量（%）	营养水平	含量
玉米	58.37	粗蛋白质（%）	18.8
大豆粕	30.00	钙（%）	0.88
次粉	5.00	总磷（%）	0.61
猪油	2.80	可利用磷（%）	0.40
磷酸氢钙	1.50	盐（%）	0.38
石粉	1.30	赖氨酸（%）	0.934
盐	0.35	蛋氨酸（%）	0.384
0.5%预混料	0.5	蛋氨酸+胱氨酸（%）	0.712
氯化胆碱	0.08	苏氨酸（%）	0.771
赖氨酸（98%）	0.02	色氨酸（%）	0.249
DL-蛋氨酸	0.08	代谢能（兆焦/千克）	12.47

表 6-17 玉米-豆粕-杂粕型（主要蛋白原料为豆粕、棉籽粕）

原 料	含量（%）	营养水平	含量
玉米	57.00	粗蛋白质（%）	19.6
大豆粕	28.00	钙（%）	0.91
次粉	5.00	总磷（%）	0.65
猪油	3.20	可利用磷（%）	0.44
棉籽粕	3.00	盐（%）	0.37
磷酸氢钙	1.50	赖氨酸（%）	0.946
石粉	1.33	蛋氨酸（%）	0.390
盐	0.30	蛋氨酸+胱氨酸（%）	0.735
0.5%预混料	0.5	苏氨酸（%）	0.795
氯化胆碱	0.08	色氨酸（%）	0.258
赖氨酸（98%）	0.03	代谢能（兆焦/千克）	12.65
DL-蛋氨酸	0.06		

3. 肉大鸡配合饲料配方

表 6-18 玉米-豆粕型

原料	含量（%）	营养水平	含量
玉米	62.45	粗蛋白质（%）	17
大豆粕	25.31	钙（%）	0.8
次粉	5	总磷（%）	0.55
猪油	3.75	可利用磷（%）	0.35
石粉	1.25	盐（%）	0.35
磷酸氢钙	1.25	赖氨酸（%）	0.852
0.5%预混料	0.5	蛋氨酸（%）	0.322
盐	0.32	苏氨酸（%）	0.697
赖氨酸（98%）	0.07	色氨酸（%）	0.22
DL-蛋氨酸	0.04	代谢能（兆焦/千克）	12.98
氯化胆碱	0.06		

表 6-19 玉米-豆粕-杂粕型（主要蛋白原料为豆粕、棉籽粕）

原料	含量（%）	营养水平	含量
玉米	61.46	粗蛋白质（%）	17.1
大豆粕	20.75	钙（%）	0.8
次粉	5	总磷（%）	0.56
棉籽粕	5	可利用磷（%）	0.35
猪油	4.29	盐（%）	0.35
石粉	1.28	赖氨酸（%）	0.842
磷酸氢钙	1.22	蛋氨酸（%）	0.317
0.5%预混料	0.5	苏氨酸（%）	0.674
盐	0.30	色氨酸（%）	0.21
赖氨酸（98%）	0.1	代谢能（兆焦/千克）	12.98
DL-蛋氨酸	0.04		
氯化胆碱	0.06		

4. 黄羽肉鸡饲料配方制定

表 6-20　黄羽肉鸡饲养标准配方

项　目	小鸡	中鸡	大鸡
原料（%）			
小麦	45	48	52
小麦麸	3	6.05	9.27
次粉	19.3	19	19
棉籽粕	5	5	4
花生粕	16	10	2
菜籽粕	3	3	3
玉米胚芽粕	3	3	5
磷酸氢钙	1.6	1.6	1.2
石粉	1.5	1.5	1.2
食盐	0.3	0.3	0.3
酶制剂	0.1	0.1	0.1
1%添加剂	1	1	1
赖氨酸	0.3	0.3	0.3
蛋氨酸	0.2	0.15	0.13
油	0.7	1	1.5
营养水平			
代谢能（兆焦/千克）	12.19	12.44	13.03
粗蛋白质（%）	20.85	18.88	16.15
钙（%）	1.03	1.02	0.82
磷（%）	0.75	0.76	0.7
蛋氨酸（%）	0.45	0.38	0.35

表 6-21　正大标准（快速生长黄羽肉鸡）饲料配方

项　目	小鸡 1～28 日龄	中鸡 29～42 日龄	大鸡 43～49 日龄	大鸡 出售前 7 天
原料（%）				
小麦	48	50	53	53
小麦麸	3	3	4.7	5.75

（续）

项　　目	小鸡 1～28日龄	中鸡 29～42日龄	大鸡 43～49日龄	大鸡 出售前7天
原料（%）				
次粉	20.4	24	24	24
棉籽粕	4	5	3	3
花生粕	14	7	3	2
菜籽粕	3	3	3	3
玉米胚芽粕	3	3	4	4
磷酸氢钙	1	1	1	1
石粉	1.5	1.5	1.5	1.5
食盐	0.3	0.3	0.3	0.3
酶制剂	0.1	0.1	0.1	0.1
1%添加剂	1	1	1	1
蛋氨酸	0.2	0.2	0.2	0.15
油	0.5	0.9	1.2	1.2
营养水平				
代谢能（兆焦/千克）	12.11	12.65	13.03	13.00
粗蛋白质（%）	20.1	18.04	16.24	15.94
钙（%）	0.9	0.89	0.89	0.88
磷（%）	0.65	0.64	0.64	0.65
蛋氨酸（%）	0.44	0.43	0.42	0.37

表6-22　中速生长的肉鸡

项　　目	小鸡 1～28日龄	中鸡 29～42日龄	大鸡 43～49日龄	大鸡 出售前7天
原料（%）				
小麦	45	47.93	50	50
小麦麸	2	2	4	4
次粉	27.2	27	28	28.62
棉籽粕	4	4	3	3

（续）

项　目	小鸡 1～28日龄	中鸡 29～42日龄	大鸡 43～49日龄	大鸡 出售前7天
		原料（%）		
花生粕	11	8	2.57	2
菜籽粕	3	3	3	3
玉米胚芽粕	3	3	4	4
磷酸氢钙	1.2	1.2	1.2	1.2
石粉	1.5	1.5	1.5	1.5
食盐	0.3	0.3	0.3	0.3
酶制剂	0.1	0.1	0.1	0.1
1%添加剂	1	1	1	1
蛋氨酸	0.2	0.17	0.13	0.08
油	0.5	0.8	1.2	1.2
		营养水平		
代谢能（兆焦/千克）	12.15	12.61	13.07	13.07
粗蛋白质（%）	19.17	18.14	16.13	15.96
钙（%）	0.94	0.93	0.92	0.92
磷（%）	0.68	0.67	0.67	0.67
蛋氨酸（%）	0.44	0.4	0.35	0.3

表6-23　慢速生长的肉鸡

项　目	小鸡 1～28日龄	中鸡 29～42日龄	大鸡 43～49日龄	大鸡 出售前7天
		原料（%）		
小麦	45	45	50.2	55
小麦麸	2	5	5	7
次粉	27.25	28.2	28.7	29
棉籽粕	4	4	3	0
花生粕	11	7	2	0

（续）

项　　目	小鸡 1～28日龄	中鸡 29～42日龄	大鸡 43～49日龄	大鸡 出售前7天
		原料（%）		
菜籽粕	3	3	3	0
玉米胚芽粕	3	3	3	4
磷酸氢钙	1.2	1.2	1.2	1.2
石粉	1.5	1.2	1.2	1.2
食盐	0.3	0.3	0.3	0.3
酶制剂	0.1	0.1	0.1	0.1
1%添加剂	1	1	1	1
蛋氨酸	0.15	0.1	0.1	0.1
油	0.5	0.9	1.2	1.1
		营养水平		
代谢能（兆焦/千克）	12.15	12.61	13.07	13.07
粗蛋白质（%）	19.17	18.14	16.13	15.96
钙（%）	0.94	0.93	0.92	0.92
磷（%）	0.68	0.67	0.67	0.67
蛋氨酸（%）	0.44	0.4	0.35	0.3

第三节　肉鸡饲料配制技术

配料原则与方法是肉鸡饲料配制技术的关键，掌握好配制饲料的原则并且灵活运用饲料配制技术是制定一个良好饲料配方的必要条件。

一、配制全价饲料时必须掌握的原则

1. *正确确定饲养标准*　按照鸡的生长阶段和生产目的选用相应的饲养标准。如因条件限制不能达到饲养标准上规定的所有营养指标时，也必须首先满足能量、粗蛋白质、钙、磷、食盐、

蛋白能量比等指标。对3种限制性氨基酸（蛋氨酸、赖氨酸、色氨酸）也应尽量满足。

2. 饲料配方要科学　饲养实践证明，鸡对蛋白质的需要量是随周龄的增长而直线下降的。因此，家庭养鸡自己配料，应多设计几个配方，既能经济合理的利用饲料，降低成本，又能保证鸡生长发育好，提高产量。

3. 正确选用原料　应充分利用当地来源充足、营养好、价格低的饲料，以减少运费，降低生产成本，还能保证饲料长期供应和料方相对稳定。

4. 饲料品种多样化　除采用多种原料外，还要按各种饲料的特点进行合理搭配，使其营养互补，提高饲料报酬。鸡的配合饲料一般要求由9种以上饲料组成。

5. 注意饲料的适口性　有些饲料有苦味、涩味等，鸡不爱吃，也不能保证营养水平，因此，有异味的饲料应少用或不用。纤维素含量高的饲料利用率低、适口性不好，而且消耗热能多，为此，对纤维素高的饲料用量更要适当。

6. 保证饲料安全卫生　选用饲料时必须注意质量，凡是酸败、霉烂、变质和农药、环境污染过的饲料绝对不用。对有毒有害的饲料必须经过解毒处理后再用，而且要限量使用。

7. 饲料配方要保持相对稳定　不可随意变动既定配方，非变动不可时，也要逐渐过渡。以防造成鸡消化不良，生长受阻。

二、制定饲料配方的方法

（一）试差法制定配方的步骤

目前制定饲料配方的方法有电子计算机法、四角形法、解方程法、试差法等。其中最简单的还是试差法，它适合农村养鸡户应用。用试差法制定配方的步骤是：

1. 查出饲养对象的饲养标准。

2. 确定要用的饲料种类，并查出营养成分。

3. 初步确定各种饲料的大致比例。

4. 按大致比例进行计算，并将计算结果与饲养标准对照。

5. 反复调整比例，直到计算结果与饲养标准相近。

（二）配方配制需要考虑的因素

如何看一个配方能不能用，主要从以下几个方面来考虑：

1. 主要营养成分是否接近饲养标准规定的指标。一般误差范围最好是：代谢能±0.21千焦/千克，粗蛋白质±0.5%。蛋白能量比、钙、磷、限制氨基酸都要近乎标准要求。维生素、微量元素一般不计算，按规定标准加足就可以了。

2. 使用的原料是否能保证供应。

3. 配方价格是不是合适。

4. 是否合乎卫生要求。

然后进行一段时间饲养试验，通过实践来验证配方的适口性、体积、营养如何。如试验证明能达到预期效果后，这个配方就可以固定下来生产配合饲料。以后遇到问题再进行调查。

（三）饲料配制方法

选择好饲料配方后，就要进行合理的加工了，当前农村养殖户自己加工饲料的方法有两种：

1. *先混合后粉碎*　这种加工方法是先确定生产配合饲料斤数，再按饲料配方的配比，计算好各种原料（不包括维生素和微量元素添加剂）的斤数，并一一过秤，先混合起来，再用粉碎机进行粉碎。饲料全部粉碎后，称三份粉碎后的混合料，分别称一斤、三斤、五斤把维生素和微量元素分三次进行扩散混合，然后再和全部饲料混合搅拌3～4次即可。此法加工简单，可省中间配料仓和中间控制设备，适合养鸡户加工饲料。

2. *先粉碎后混合*　也要先确定生产配合饲料斤数，再按配方比例计算好各种原料（不包括维生素和微量元素）的斤数，然后将各种原料过秤单独粉碎后，有层次的堆成一堆。再用扩散剂（玉米面、麸皮、石粉均可）一、三、五斤分三份，依次将维生素和微量元素加入这三份中扩散混合均匀，然后再与大堆饲料混合，用搅拌机混合。此法和前法差不多，只是混合均匀度稍差，养鸡户亦宜采用。

三、加工饲料时应注意的问题

（一）饲料加工注意事项

1. 加工配合饲料时，各种原料必须认真过秤，保证各种原料的配比准确无误。

2. 粉碎原料时，必须按鸡饲料的规格要求加工，不可过粗过细。一般鸡饲料要求通过 1.5 毫米筛孔，剩渣不超过 5%。

3. 饲料混合要均匀。配料时各种原料的混合搅拌一定要均匀，不能有“夹生”。

4. 每次配料量要适当。根据自己养鸡多少和鸡的日采食量计算好，配一次料够 10 天吃即可。夏天高温高湿，能做到七天配一次料更好。这样可减少贮存时间和养分损失，保证饲料气味芳香，鸡爱吃，饲料利用率高。

（二）保证配合饲料的质量的关键性环节

1. *要严把配方关*　饲料配方是配合饲料的核心，它对配合饲料的质量好坏起着决定作用。因此，生产配合饲料首先要有一个科学合理的配方。

2. *把好原料关*　原料是生产配合饲料的基础，原料质量好坏，直接影响着配合饲料的质量。因此，在选购原料时必须十分重视每一种原料的质量。凡霉烂、变质、营养含量低劣的原料绝对不用。特别是维生素微量元素的选购更要注意质量，凡种类不全、含量不足、过期失效的绝对不用。

3. *抓好加工质量关*　加工技术是生产配合饲料的手段，它对配合饲料的质量影响也很大。因此，必须抓好加工过程中几个主要环节，一是按配方比例计算各种原料要准确；二是原料称量要认真；三是原料粉碎的粗细度要符合要求；四是混合要均匀，特别是添加剂的混合一定要经过微量扩散混合和大料混合两步进行。

4. 配料要适量　为防止霉变、失效，配料要适量。这个问题常常被人忽视，必须引起重视。

5. 把住经济成本关　饲料费用占养鸡成本的70%左右。饲料成本高低决定养鸡经济效益的好坏。因此，在保证营养成分不降低的前提下，应尽量选购当地产的质好价低的饲料。同时，还要注意降低饲料的库存损耗、粉尘损耗、机械磨损、用电量等，以降低饲料成本，提高养鸡经济效益。

6. 饲养管理要点　肉仔鸡一般是采取平养方式。为了使其快速生长、节省饲料，除了按照饲养标准供给高能量的饲料外，还要注意调剂饲料的适口性。4周龄之前一般喂给粉料或碎粒料，有条件时，4周龄后最好喂给颗粒饲料。在管理上还需要注意以下几点：

（1）温度　1周龄时育雏舍温度应为35℃，以后每周视雏鸡生长情况下降2～3℃。

（2）湿度　在1～2周龄内，育雏室内相对湿度应保持在70%～75%。因为肉仔鸡是采用高温条件、高能量高蛋白饲料育雏，雏鸡易失水和口渴，因此保持湿度十分重要。

（3）密度　合适的肉仔鸡饲养密度如下：

1～4周龄：25～18只/米^2

5～8周龄：18～10只/米^2

9周龄以上：10～5只/米^2

（4）光照　肉仔鸡的光照不可过强，亮度能够不影响鸡采食和饮水就可以了。一般光照时间不超过14小时。有的实验表明，采用1小时光照，3小时黑暗的方法，可以使肉仔鸡增重速度加快。

（5）饮水　要随时保证肉仔鸡有充足干净的饮水。平均每只肉仔鸡占有水槽长度应为2.4厘米。

四、影响肉鸡饲料报酬的因素

在肉鸡生产中，许多饲养者由于忽视了与饲料报酬有关的一些因素，饲养结果往往不尽如人意，影响经济效益。下面就这方面问题做一些探讨。

1. **品种及雏鸡品质** 肉鸡的生长速度、饲料报酬在一定程度上取决于所饲养品种的遗传因素，但管理水平不同的种鸡场和孵化厂生产出来的同一品种的商品代雏鸡，其素质也会有所不同。所以，在选择鸡苗时，既要考虑品种特点，又要考虑雏鸡品质。此外，在饲养过程中，个别弱小、病残鸡只浪费饲料比正常鸡多，需分群饲养或及时淘汰。

2. **饲料因素** 有的饲养者在选购饲料时往往只考虑价格，忽视了饲料的质量。劣质的低价饲料在选购时成本可能低一些，但最终带来的效益也是极差的。肉鸡有着与种鸡、蛋鸡等品种不同的能量、蛋白质、矿物质等营养需求，要发挥肉仔鸡遗传中所潜在的最佳生产性能，饲料中必须具备供肉鸡正常发育所必需的营养物质，而且配比要科学合理。颗粒化的饲料适口性好，鸡较少挑剔，可减少浪费。特别在后期，颗粒料可促使鸡只吃得较多，缩短饲养周期，从而使饲料利用率提高。选购饲料要注意生产日期，新鲜的饲料不易发生结块、霉变等情况，维生素的损失也少。饲料保存时间不宜过长，一般在一周内使用完，以免影响品质。

3. **鸡舍环境温度** 饲料报酬有着明显的季节性变化，因鸡生活的环境温度不同而异。高温会使鸡采食量减少，从而降低饲料利用率；天气寒冷时，由于需要一部分饲料用于维持体温，使鸡的生长率和饲料利用率都较差。获得最佳饲料报酬的适宜温度是21～24℃。在肉鸡饲养过程中，要做好夏天的防暑降温和冬天的防寒保暖工作上，尽可能给鸡群创造一个适宜的环境温度，饲料报酬将显著提高。

4. 疾病　疾病带来的死淘率上升、生长抑制、食欲下降等，会大大地降低饲料报酬。肉鸡由于生长期较短，发生疾病往往难以彻底康复，后果十分严重。因此，在平时必须始终如一地做好卫生防疫工作，建立健全生物安全措施，在饲养管理的各个细节上下工夫，以预防为主控制疾病，才能起到事半功倍的效果。

5. 饲喂设备、方法　因为饲喂器具的简陋而造成饲料浪费所占的比例也是很高的，先进的设备可减少占地面积，减少饲料浪费。目前多数饲养场采用悬吊式给料器，人工加料，从1周龄末就开始使用直至肉鸡上市出售。随着肉鸡生长，应及时将料桶提高至鸡背高度，料柄过低，鸡吃饲料时挑食、争抢会溢出，造成浪费；料桶过高，影响采食量并导致小部分生长缓慢的鸡吃不到饲料，影响鸡群均匀度。喂料器数量设置要合理，过多过少都是不科学的，每只料桶一般可供约50只羽鸡使用。饲喂方法的妥当与否对饲料浪费的影响较大，喂料时料盘中的饲料放置应尽量浅一些。

6. 供水和水质　鸡在消化饲料、吸收营养成分时，有赖于吸入的比调料多一倍甚至一倍以上的水。供水不足（水压不够和槽位不足）带来的后果是采食量和消化率下降；而水的质量达不到卫生标准，就会导致鸡群腹泻、感染疾病等。因此，饲养者必须给鸡群供给充足清洁符合卫生要求的饮用水，才能使鸡群多吃快长。

7. 光照管理　肉鸡饲养对光照的要求不是很严格，但太强的光线和太长时间的光照会使鸡的活动增加，过多地消耗能量，并挑拣饲料造成浪费。肉鸡的光照掌握在只要能使鸡找到吃料、饮水的位置即可。试验证实，采用1小时光照、3小时黑暗的4小时为一周期的间歇光照方案效果很好，这不仅可以大大节约电费，而且由于肉仔鸡的活动与休息适量，照明期和鸡体内节律协调一致，可促进生长发育，提高饲料利用率。

8. 出售时间　部分饲养者喜欢肉鸡以较大的体重出售，但肉鸡并不是体重愈大，饲料报酬愈好。每只鸡每天的能量需要随着日龄、体重的增加而增加，这是因为它们的维持需要在增加。在选择出售时机时，也要注意到肉鸡销售市场的变化。掌握好出售时间，能使饲养者的效益有明显的提高。

五、养鸡场降低饲料成本的措施

在养鸡生产成本中，饲料费用是第一大笔开支，约占总成本的60%～70%。有效地节省饲料是降低生产成本、提高经济效益的主要措施之一。有些鸡场在饲料原料价格猛涨，养鸡业滑坡的情况下，仍有利可图；而另一些鸡场在这种情况下则面临倒闭，不能不说与是否节省饲料有重大关系。降低饲料成本有以下几条有效途径：

1. 把好饲料原料质量关　掌握和控制饲料原料质量是关键途径之一，它牵涉到饲料的转化率和养鸡的经济效益。在生产实践中，鉴别原料质量的好坏，一凭对原料的感观认识，二靠饲料监测部门分析化验。特别是对价格昂贵的原料，应当一批一批地化验。市场上鱼粉和豆粕（饼）掺假现象较为严重，稍不注意就会上当受骗，如鱼粉中掺尿素、羽毛粉、豆粕（饼）、玉米粉等。

2. 严格饲料加工操作过程　一般的养鸡场都配有饲料加工成套设施。在饲料的加工中，主要是认真注意计量、粉碎、混合这3个环节。配方确定后操作人员必须严格执行，不得随意改动，对使用量较少的添加剂一定要称量精确。在粉碎玉米时不能只用一种筛孔的筛片，因为雏鸡料、蛋鸡料、肉仔鸡料和肉鸡料的粒度大小的要求不同。粒太粗，小鸡吃不下，即使吃下这些未被完全粉碎的饲料，也会很快排出体外造成浪费；粒太细，则影响成鸡的采食和消化。添加剂要用一台小混合机进行预混，把添加剂量先预混扩大至100千克左右，以保证混合均匀。此外，可通过进一步强化操作管理水平，控制和降低原料损耗，减少粉尘损失，提高产出率，实现低成本高产出。

3. 实行科学配料　要彻底改变传统的饲喂方法，改用全价配合饲料喂养。配合饲料应根据鸡在不同的生长期对营养的需求量加工配制，采用玉米、豆粕、花生粕、棉籽粕、饲料酵母、血粉、羽毛粉、骨粉、贝壳粉等按比例配制，配成的饲料要求既适口性强、营养全面，又价格低廉。而有的鸡场育雏、育成，甚至育肥都用一种料。不仅严重浪费饲料，而且影响生长。

4. 改变料形，提高饲料转化率　通过对肉鸡的饲喂试验，按照同样的配方，喂颗粒料不仅适口性好，而且浪费也极少，其料肉比为2.03∶1，而粉料的料肉比为2.58∶1。颗粒料的成本为1.55元/千克，粉料的成本为1.34元/千克，喂颗粒料成本看似较高，但通过分析比较，达到同样的体增重，所需饲料的最终成本较低，每千克体增重可节约饲料成本0.31元，所以喂颗粒料的经济效益高于粉料。

5. 饲料补饲砂粒　鸡无牙齿，硬的食物进入肌胃要借助于胃壁的舒缩和砂粒搅拌来磨碎，才有利于消化吸收，而许多鸡场恰恰忽视了补饲砂粒，造成饲料消化率降低达3%～10%。

6. 饲料要妥善存放　购进的全价配合饲料，如果存放时间太长，其中的营养成分，如维生素A、维生素E、维生素B_2等易氧化而降低效力或受到破坏。一次加工饲料最长存放1周，夏季存放3天，最好随配随用。

7. 雌雄鉴别　鉴别母雏，可省去饲养多余公鸡的饲料。

8. 雏鸡开食要使用专用开食盘　许多鸡场习惯于用报纸或塑料膜铺在1～7日龄雏鸡脚下，开食时，将饲料撒在报纸或塑料膜上，任鸡自由采食，报纸易被鸡啄穿，使饲料漏掉，塑料膜上的饲料易被粪便污染，为此须经常清扫，造成浪费。正确的做法是使用雏鸡专有开食盘，少喂勤添。

9. 及时断喙　7～10日龄断喙不仅能防止啄癖，而且能有效地防止鸡吃料时甩钩饲料，比不断喙鸡节料约3%。

10. 舍养或笼养　舍外养或散养，鸡运动量加大，对营养需要也多；而舍养或笼养，运动量减小，有利于营养的积蓄。

11. 地面平养放置合适的料塔　目前使用的料槽虽然放置比鸡背高2厘米，但还是浪费惊人。料槽小时，浪费多；给料超过一半时，浪费更多。结构上虽设上檐或槽转梁，但鸡易钩甩或站在横梁上排粪，而带有方格的料塔，既可升降又可防止钩甩和放料时不易撒，也避免了鸡粪沾染饲料。

12. 笼养料槽要少喂勤添　据统计，饲料加到料槽的2/3时，饲料浪费12%；加到1/2时，浪费5%；加到1/3时，浪费2%。所以笼养一次加料不能超过料槽的1/3，要少喂勤添，每日3～4次，添料后随时推平被鸡啄成堆的饲料。

13. 防止水槽漏水　水槽一旦漏水，漏水进入料槽，应尽快撒开湿料，让鸡吃尽，以防变霉。

14. 采用复位式乳头饮水器供水　试验表明，复位式乳头饮水器供水，不仅比水槽长流水节水达70%以上，而且比水槽节料约5%。即使用水槽供水，水位也不要太高，因为鸡嘴上的干粉料会随水流走，不仅浪费饲料而且污染水源。

15. 定期驱虫　寄生虫在体内不仅吸取宿主营养，而且损伤肠黏膜及其他组织，产生毒素，影响养分的消化吸收。因此应定期驱虫。

16. 防止鼠、鸟偷吃饲料　定期灭鼠，并用纱窗挡住能开的窗户和通风处，以防鼠、鸟入舍吃料和传染病传播。

第四节　常见问题和疑难解答

（一）专业户如何选择适宜快速生长的肉用仔鸡饲养？

专业户饲养肉用仔鸡的目的是为了获得较高的经济效益，因此在选择肉用仔鸡时应考虑以下因素。

1. 生长速度　选养的肉用仔鸡要求早期生长速度快，这样饲料转化率才高，才能缩短饲养周期，如选择宝星、罗斯1号、罗曼、AA、狄高等，它们6～8周龄体重可达1.5～2千克，料肉比为1.9～2.2∶1。

2. 鸡羽色和市场需求　市场对羽色没有具体要求的可选养白羽鸡，因为白羽鸡早期生长速度快；如市场对羽色有要求的，可选养黄羽肉鸡，如狄高、红波罗、海佩科等；如加工冻鸡出口外销的，应选择白羽肉鸡饲养，其加工屠体美观；如以活鸡内销国内市场的可选养有色羽肉鸡，不但外表美观，而且肉质鲜美。

3. 肉味　随着人们生活水平的提高，对肉质要求也越来越高。从肉质鲜美、嫩度好的角度，可选养我国优良地方鸡种和培育鸡种，如海新201、海新202、惠阳鸡、鹿苑鸡等。

4. 适应性　肉用仔鸡要求适应性强、成活率高，最好选养我国原种的鸡种，如宝星、AA、罗斯1号和狄高等，因为它们长期在我国饲养，具有较好的适应性。

5. 价格和就近原则　尽量在本地区购买合适的肉用仔鸡饲养，这样不但价格合理，同时也减少运费和不必要的开支，还可减少传染病的感染。

（二）如何根据外貌和生理特征选择肉用种鸡？

外貌选择时，首先要求符合品种特征要求，其次应注意与生产性能有关的外貌部位。这种方法适用于父母代或祖代种鸡场。肉用种鸡选择分3个阶段。

第一阶段为种用雏鸡选择。选择工作在4～6周龄时进行。注意选留羽毛生长良好、丰满、无杂毛、体重中等或中等以上但不过大、没有生理缺陷的雏鸡。

第二阶段为育成鸡选择。选择工作在开产前2～3周进行。要求外貌结构良好，身体健康，未患过严重传染病，体重发育符合品种标准。肉用种鸡要求胸宽，龙骨直，背平宽，胸肌腿肌发达，脚爪无异常。对眼、嘴、脚有残疾，过于消瘦，羽生长迟，扭翅，垂尾者均不能作种用。

第三阶段为成年种鸡选择。选择工作在春季或秋季进行。外貌要求体躯结实，结构匀称，发育正常，性情温驯，觅食力强；冠髯膨大鲜红，喙短粗微弯，眼大有神；胸宽深，向前突出；体躯长、宽而深，腹大柔软有弹力，泄殖腔大呈椭圆形，内侧湿润；胫长短适中、距离宽，站立有力。对那些过肥过瘦、头过大过小、喙长而狭直、冠髯小而皱缩色淡、胸窄浅、胸骨短而弯、体躯窄短者均不能选留作种用。触摸品质时，要求冠髯细致柔软而温暖，腹大而有弹力，胸骨与耻骨间距离在1掌以上，两耻骨间距在2指或3指以上，胸骨末端和耻骨末端薄而有弹性。秋季换羽时，一般产蛋性能高的肉用种鸡表现换羽时间迟，在秋后或冬初进行；换羽速度快，每次脱换2～3根或3～4根主翼羽；有的高产鸡秋季还不换羽。

在选留公鸡时，应注意选留身体各部位匀称、发育良好、未患过各种传染病、体重大于母鸡、胸宽深且向前突出、背宽而不过长、骨筋结实、羽毛丰满、早熟、雄性强、性欲旺的个体。

（三）为什么肉用鸡饲粮中要有合适的蛋白能量比？

所谓蛋白能量比是指每兆焦代谢能中所含粗蛋白质克数。

能量和蛋白质是饲养肉用鸡的两大重要营养物质，其直接决定肉鸡生长速度和养鸡经济效益。肉鸡日粮中适当增加蛋白质水平或提高蛋白质的生物学价值，可改善饲料中代谢能的利用率，能量沉积量也会增大。但如果蛋白质采食过量，就会影响消化吸收。在低能量、高蛋白质的饲养条件下，多余的蛋白质就会转化为能量，不但造成蛋白质的浪费，而且加重肝脏和肾脏负担，造成肝、肾的疾患。因此为节省蛋白质，保证能量最大利用效率，饲粮中必须保持适当的蛋白能量比。

实践证明，为保证肉鸡生长快、饲料利用率高的生理特点，饲粮中应保持高能量、高蛋白质水平，且比例恰当。根据我国肉鸡饲养标准规定，肉用仔鸡前期日粮中每千克干物质饲料含代谢能12.13兆焦，粗蛋白质21%，蛋白能量比为17克/兆焦；后期日粮中每千克饲料干物质含代谢能12.55兆焦，粗蛋白质19%，蛋白能量比为15克/兆焦。

（四）冬季饲养肉用仔鸡，为什么要在饲料中添加一定量的油脂？怎样添加？

冬季饲养肉鸡因气温低，鸡的采食旺盛，热能消耗大，为了满足肉用仔鸡快速生长的能量需求，常常在配合饲料中加入少量的植物油或动物油，如豆油、油脚、骨油和动物脂肪。

一般添加量是配合饲料的2%～5%。油脂的含量特别高，代谢能可达33.5～38兆焦/千克。代谢率达85%～88%。有时也用糠麸作油脂、浓缩鱼膏吸着剂，用于肉鸡配合饲料。

在配合饲料中添加油脂时，最好是现用现配。配合饲料加工厂配合商品饲料时，必须在加油脂的同时加入抗氧化剂，以防饲料在长期保存中氧化变质，产生异味，影响饲料的适口性，也可能产生对鸡体有害的物质，影响鸡生长发育或食物中毒。如有条件，最好将饲料加工成颗粒，加工成颗粒饲料时油脂可加到5%。油脂相当于饲料的黏合剂，可减少饲料的浪费。

（五）肉用鸡的日粮中，为什么要控制粗纤维的用量？

肉用鸡的消化代谢，是指鸡的消化器官对饲料进行消化和吸收营养的过程。鸡的消化道很短，只有几十厘米，摄取的食物通过消化道的时间大约2～3小时。它不能贮存足够的食物，而且肉鸡的生长速度特别快，营养物质的需要量也高。此外，鸡胃肠道中没有分解、利用粗纤维的微生物，粗纤维含量高的饲料不易消化，饲料的利用率降低，同时也减少了能量等营养物质的供给，不但影响了肉用鸡的生长速度，而且也影响了饲养肉鸡的经济效益。因此，在给肉用鸡配合日粮时要特别注意饲料的全价性和易消化性。一方面，粗纤维的含量不得超过

3%～5%。另一方面，肉用鸡日粮中粗纤维的含量也不能过低，因粗纤维有促进胃肠蠕动的功能，如果过低，可能引起消化道生理机能障碍，使消化系统发生紊乱，严重的可使肉用鸡的抵抗力下降而导致某些疾病的发生，所以要控制肉用鸡日粮中粗纤维的含量。

（六）肉用鸡容易缺乏的常量元素有哪些？它们对机体的作用是什么？会出现哪些缺乏症？

常量元素又称大量元素，足指在畜体内含量在0.01%以上的矿物元素。肉用鸡容易缺乏的常量元素主要有钙、磷、钠、氯。

1. 钙和磷　钙、磷是组成骨骼的重要成分。钙具有维持神经和肌肉组织的正常生理功能、参与正常血液凝固等作用；磷以磷酸根的形式参与多种物质代谢过程，具有贮存能量、传递能量、参与蛋白质合成等作用。

饲料中缺乏钙和磷，肉用鸡除发生食欲不振、啄癖外，还严重地影响生长发育，并发生瘫痪症；种鸡产软壳蛋或不产蛋。

2. 钠和氯　钠和氯是体液的组成成分。主要存在于细胞外液中，在维持细胞外液渗透压的稳定和调节酸碱平衡上起重要作用。钠能促进神经和肌肉兴奋；氯为胃液的主要成分。

肉用鸡缺乏食盐后常表现食欲不振、采食量下降、生长停滞，并伴有啄羽、啄肛、啄趾等恶癖发生。补充食盐，可防止钠、氯缺乏。

（七）各种微量元素对肉用鸡的生长发育有什么作用？会出现哪些缺乏症？如何补充？

鸡对微量元素的需要量很少，但却是不可缺少的矿物元素。如铁、铜、锌、钴、锰、硒、碘等，一般占体重的0.01%以下。

1. 铁和铜　铁、铜有协同作用。铁存在于血红蛋白细胞的某些氧化酶中，当饲料中缺铁时易发生贫血病。铁、铜共同参与了血红蛋白的形成。

铁、铜的缺乏，对雏鸡的成活率有一定的影响。铜可促进肉用鸡的生长，增强机体的免疫功能，但铜过量可引起铜中毒。一般情况下每千克饲料含铁50～80毫克，铜6～8毫克。通常以硫酸亚铁、硫酸铜形式作为添加剂。

2. 锌　锌具有促进生长、预防皮肤病的作用。锌在体内的含量很少。但作用很广，它是许多酶类、激素、骨、毛、肌肉等的构成成分。

当锌缺乏时，皮肤的发育不良，关节膨大，腿软无力，行走困难，严重的发生死亡。对种用肉鸡可能出现无壳蛋或软壳蛋、胚胎畸形等。因此锌是肉用鸡日粮中不可缺少的成分，一般每千克饲料含锌量为40～65毫克。通常以碳酸锌或氧化锌形式作为添加剂。

3. 钴　钴是维生素B_{12}的成分，而维生素B_{12}能促进血红素的形成，并在畜体蛋白质代谢中起重要作用。

缺钴，维生素B_{12}合成受阻，机体表现食欲不振，精神差，生长停滞，出现贫血症状。喂钴盐或注射维生素B_{12}可治愈。

4. 硒　硒在机体内主要对酶系统起催化作用，是谷胱甘肽过氧化酶的必需成分，它能促进肉用鸡的生长发育。

当硒缺乏时，出现渗出性素质病，表现为皮下大块水肿和组织出血、贫血、肌肉萎缩、肝脏坏死等。种用肉鸡产蛋率下降。雏鸡的成活率降低。肉用鸡对硒的需要量为每千克饲料含硒0.1～0.3毫克。值得注意的是，如硒的含量过多，会引起中毒。在配合日粮中添加硒时，一定要拌匀。

5. 锰　锰与肉鸡的生长、繁殖有关，主要作用是促进钙、磷的吸收和骨骼的形成，以及红细胞的形成。也是碳水化合物、脂肪和蛋白质代谢中一些酶的组成成分。锰一般存在于血液、肝脏中。

锰缺乏时，新陈代谢机能发生紊乱，骨骼发育受阻，肉鸡常发生滑腱症。一般饲料中均缺少锰，必须在饲料中添加，在配合饲料中以硫酸锰、碳酸锰和氧化锰的形式补充，肉鸡饲料中每千克需锰60毫克。

6. 碘　碘是甲状腺的主要成分，与甲状腺机能的活动及其分泌物甲状腺素有关，对营养物质代谢起调节作用。

肉用鸡缺碘时，甲状腺机能衰退，蛋白质的合成受阻，肉鸡的生长发育和肌肉的生长缓慢，呈侏儒状。肌肉间出现黏性水肿。在配合饲料中补碘常以碘化钾、碘化食盐形式进行添加，以满足肉鸡生长的需要。

（八）肉用鸡的日粮中为什么要保证维生素的供给？

维生素种类较多，目前发现有23种，其中有13种是肉鸡机体正常生理机能和生长发育不可缺少的营养物质。维生素A、维生素D、维生素C、维生素B_{12}只能在鸡体内合成少部分，所以还必须从饲料中供给。维生素对鸡来说既不是能量来源，也不是构成组织、器官的主要物质，但它却是机体新陈代谢不可缺少的物质，它是各种代谢过程的活化剂和加速剂，是其他物质不能代替的。

肉用鸡易发生维生素缺乏症。因为鸡肠道内合成维生素的能力极低，几乎没有。而且鸡对维生素的要求特别高。一旦缺乏，机体内必需酶的合成就会受到影响，正常的生理机能受到破坏，新陈代谢发生紊乱，营养物质的吸收受影响，使机体的抵抗力下降，易发生各种疾病。

为了保证肉鸡的健康和提高生产能力。在肉鸡饲养过程中，必须在日粮中添加各种维生素来满足肉鸡生长发育的需要，以提高经济效益。

（九）肉用鸡疾病防治措施有哪些？

肉用鸡疾病防治的目的是为了使未受感染的鸡群不发生疾病，或鸡群已发生疾病或直接受到疾病威胁时，采取各种措施，使疾病趋于缓和或停止，降低疾病引起的损失。因此，一方面要加强饲养管理，搞好环境卫生，合理进行免疫接种，必要时投予一定药物，以提高肉鸡的抗病能力；另一方面采取检疫、监测、隔离、消毒等措施，阻止传染因子的进入，保证鸡群健康生长，提高经济效益。

1. 加强饲养管理　为了预防肉用鸡发病，保持鸡群健康，加强饲养管理是肉鸡生产成功的关键之一。因此，要尽量排除可能导致发病或危害鸡群健康的一切不利因素。

2. 搞好环境卫生　一是防止环境因素对鸡体的影响。如鸡舍内要保持空气新鲜、通风良好、经常清扫粪便和更换垫草；台内温度要适宜，不可忽高忽低，特别是育雏期，轻者引起抵抗力下降，重者则引起死亡；舍内相对湿度以60%～70%为宜。二是及时处理鸡场内污染物。鸡场的污染物包括死鸡、鸡粪、羽毛及垫料等。处理不当会污染环境，造成疫病的传播。

3. 消毒和隔离　消毒目的是消灭周围的病原体，达到预防传染病和寄生虫病的目的。消毒的对象主要是鸡舍、设备、管理用具、工作服、运动场地等。一般养鸡专业户应力所能及地严格消毒。具体做法有以下几种。人员的消毒，所有进入鸡场（舍）生产区的人员，必须先更衣换鞋，然后可进入。要控制或谢绝参观人员进入鸡舍，凡进入场内的人员及车辆都必须经过消毒。鸡舍在进鸡群前及出鸡群后必须彻底清扫与冲刷，然后选择有效的消毒方法，如向鸡舍的空间喷洒雾状消毒剂。常用3%～5%的来苏儿溶液，用1%～2%热氢氧化钠、草木灰、10%～20%石灰乳消毒剂洗刷墙壁和地面；或用福尔马林熏蒸消毒。将鸡舍内一切可移动的设备尽可能移出，进行洗刷和消毒，再放到密闭的房间内，用福尔马林熏蒸消毒。此外，还须定期将鸡舍、鸡场周围消毒。一般每季一次，运动场每年更换一次表土或清扫干净。隔离就是把病鸡和可疑病鸡与健康鸡完全分开，切断传播途径，是控制鸡传染病传播经常采用的重要措施。隔离一般用于疫病发生的时候，但平时也不能放松，如从外面购入新鸡，要注意隔离一段时间观察。

4. 免疫接种，制定合理的免疫程序　免疫接种是预防和控制传染病的一项重要措施，它是用人工的方法，把疫苗等引入鸡体内，从而激发鸡体内产生特异的抵抗能力，以避免传染病的发生和流行。

重点难点提示

掌握肉鸡对饲料成分的营养需要。掌握肉鸡饲料的配制技术。熟悉肉鸡养殖中的常用饲料配方。

7日通——第七讲

常用饲料配方软件介绍

本讲目的

近年来，计算机在饲料生产中的应用越来越普及，多数大型饲料厂都配备了计算机以及专门用于设计饲料配方的软件。本章将重点介绍几种常见饲料配方软件，介绍这些软件的使用方法，为养殖户提供方便、快捷、实用的配方设计方法。

与一般方法相比，用电子计算机设计配方有以下优点：

1. *可满足鸡所有营养物质的需要*　在未使用电子计算机之前，用手工方法设计配方，只能确定几种主要技术指标，计算简单的饲料配方。使用电子计算机后，利用线性规划和高等数学，可以将鸡饲养标准中规定的所有指标一一满足，使全面考虑营养与成本的愿望变为现实。

2. *操作简单、快速及时*　利用计算机设计配方，全部计算工作都由计算机完成，而且速度相当快，仅需几分钟。计算机内部程序固定化，操作起来极为简单。

3. *可设计出高质量、低成本配方*　利用计算机设计出的配方都是最优化的。它既保证原料的最佳配比，又追求最低成本，这样可充分利用资源，提高饲料转化率，获取最大的经济效益。据测算，在其他条件要求相同的情况下，用计算机设计的配方与手工设计的配方相比，每吨饲料可节约成本 40 元人民币。

4. 提供更多的参考信息　计算机不仅能设计配方，还能进行经济分析、经济决策、生产管理、市场营销、信息反馈等多种非常重要的工作。

当然，再先进的电子计算机，它仅是一种为人类服务工具，并不是万能的，要设计出好的配方，还需要掌握营养学、饲料学原理，且具有丰富的实践经验。

第一节　Excel 在饲料设计中的应用

近年来计算机的应用在饲料生产中越来越普遍，多数大型饲料厂都配备了计算机以及专门用于设计饲料配方的软件。如 Brill 饲料配方软件，“资源配方师”系列软件，MAFTC 饲料配方软件，农博士饲料配方软件，高农饲料配方软件，农大利饲料配方软件。这些软件价格多在 1 000～1 500 元之间，对于中小型饲料厂和养殖场来说价格较贵，很难普及。目前大多数的计算机都安装了 Microsoft Office 办公系统，其中的 Excel 电子表格就是一个功能强大的数据处理模块。它不仅具有常规的数据统计、计算、分析功能，还具有线性规划功能。尤其是 2003 年 11 月微软公司发布的 Microsoft Office System 2003 中的 Excel，其数据处理功能更加强大。根据线性规划和目标规划的原理，只要确定合适的目标函数，设置恰当的约束条件，就可能获得满足所有约束条件且成本最低的最优饲料配方。

本节将通过示例，为读者演示应用 Excel 的“规划求解”拟定最低成本饲料配方的具体操作。

一、软件安装

安装有 Microsoft Windows 98、2000 或 XP 操作系统的电子计算机、Microsoft Office System2003 办公软件。

在缺省状态下，Microsoft Office System 2003 没有安装“规

划求解”功能，需要打开Excel电子表格，点选“工具”菜单－“加载宏”命令－“加载宏”对话框，选中“规划求解”复选框。同时，根据提示，插入Microsoft Office System 2003安装光盘，然后单击确定按钮，安装“规划求解”功能。

在安装Microsoft Office System 2003时，选择的是“自定义安装”中的“全部安装”，且“从本机运行所有程序”，只需从“工具”菜单－“加载宏”命令－“加载宏”对话框中选中“规划求解”复选框，然后单击“确定”按钮，就可以使用“规划求解”功能了。完成安装后，只需要单击“工具”菜单，点选“规划求解”命令就可以使用（图7－1）。

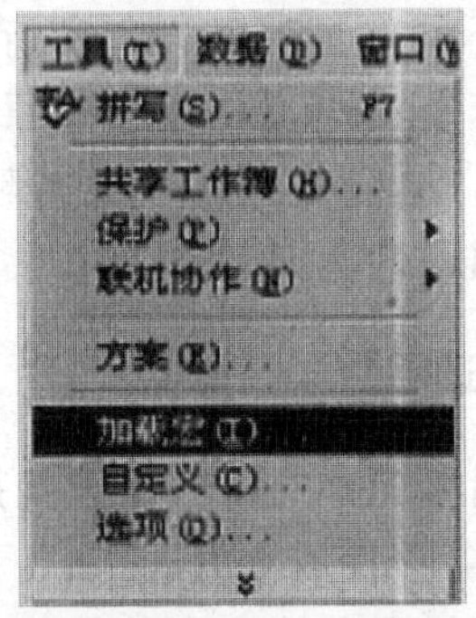

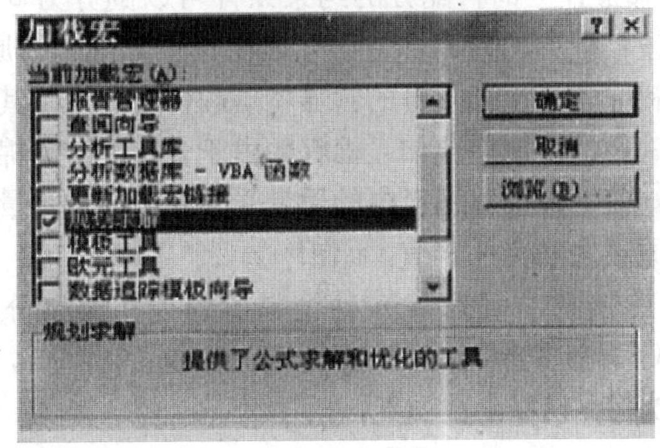

图7－1　工具菜单——加载宏对话框和规划求解选定

二、建立数学模型

规划求解的首要问题是将通过建立模型，使实际问题转化为由决策变量、目标函数和约束条件表示的数学语言，然后通过编写程序，设置约束条件转化为计算机语言，通过计算机运算求出最优解。配方的数学模型必须满足动物的各项营养指标，均衡元素比例，并且使成本最低，从而实现饲料生产利润的最大化。

三、营养需要

鸡不同饲养阶段生理特点和生产性能的不同，决定了其日采食量和“每千克饲粮的养分含量”的不同，因此应根据各个生长阶段制定不同的饲料配方，实行阶段饲养法。首先，根据“中国鸡饲养标准”和“饲料原料数据库”，参考“NRC鸡饲养标准”，结合养鸡场当地实际情况，制定饲料配方设计要达到的标准。

四、饲料配方的通用数学模型

1. 目标函数　饲料配方的目标函数就是计算饲料成本的函数，求函数的最小值，以使成本最低。

2. 约束条件　饲料配方的约束条件可以剖分为3部分：①营养需要量，配方的营养含量必须满足饲养标准。②原料用量，即各种饲料原料由于其自身的营养特点和价格决定了其在配方中的比例有一定的限制。比如，棉籽粕由于含有“游离棉酚”等抗营养因子，使它在蛋鸡饲料中的用量受到限制。③重量限制，即各种饲料原料之和为一定值，即100%。

3. 通用模型　假设有 n 种饲料原料，其价格分别为C1，C2，…，Cn，在饲料配方中的比例分别为X1，X2，…，Xn，饲料成本为S。目标函数如下：

目标函数：$\text{MIN } S=\sum (Cn \times Xn)$

约束条件：

$\sum (A1n \times Xn) \geqslant B1$ (or≤，=)

$\sum (A2n \times Xn) \geqslant B2$ (or≤，=)

……

$\sum (Amn \times Xn) \geqslant Bm$ (or≤，=)

$\sum (Xn) = 1$

X1≥0，X2≥0，…，Xn≥0

其中，A11，A21，……A*m*1，A12，A22，…，A*m*2，…A1*n*，A2*n*，…A*mn* 为饲料原料的营养价值数据表，表示配方中 *n* 种饲料原料 *m* 个营养指标的限制；B1，B2，…，B*m* 为最低或最高营养需要量，即饲养标准；约束条件≥或≤取决于营养饲料量是上限值还是下限值，还是固定值；C1，C2，…，C*n* 为各种饲料原料的价格系数。

五、规划求解

（一）建立 Excel 电子表格

1. 工作表从左边开始，A 列输入饲料名，B 列放变量名，C 列留放配方解（xi），D 列输入饲料单价，其余各列从 E～P 列存放饲料营养指标数据。

2. 工作表最上第 1 行输入选定的饲料营养指标名，出于工作表列宽的考虑，这里用了营养指标的英文缩写符号，对应如表 7-1。鸡代谢能（ME_J）和猪消化能（DEz）并列，有利于鸡猪配方通用。第 2 行放营养指标单位。

表 7-1　营养指标中英文对照

Met	CP	Ca	P	AP	CF	LYS	MET	M+C	NaCl	Premix
鸡代谢能	粗蛋白质	钙	磷	有效磷	粗纤维	赖氨酸	蛋氨酸	蛋氨酸+胱氨酸	食盐	预混料

3. 第14行存放配方的结果值；C14是配方解的合计值=SUM（C3：C13）。

4. D14单元格存放配方饲料的单价，由C列和D列对应单元格相乘累加除以100而得。

5. E14-P14各单元格存放配方饲料的营养指标值，可选定D14用鼠标拖过方式拷贝公式而成。

6. 第15行存放配方的饲养标准，要求与饲料营养指标格式对应一致。

7. C16-P16存放各项指标预定的约束条件，有三种：大于等于（≥）、等于（=）、小于等于（≤），按动物对象和营养条件确定，供约束操作时直观参考。

8. 第17、18、19行存放各项指标的约束下限、约束上限、约束等值，按动物对象和营养条件确定。

（二）规划求解过程

1. 工具菜单中激活规划求解：弹出规划求解对话框，鼠标单击D14单元格，选中目标单元格，显示为加S的固定位置$D$14。

2. 选定等于行内的最小值（图7-2）。

3. 鼠标单击选项按钮，弹出规划求解选项对话框，选定采用线性模型和假定非负两项，其余为默认，确定返回规划求解参数对话框（图7-3）。

4. 在可变单元格框内，用鼠标左键拉过C3-C13，确定决策变量的输出单元格，即配方结果的输出位置，显示出$C$3:$C$13。

	A	B	C	D	E	F	G	H	I	J	K	L	M	N	O	P
1	饲料名称	变量	配方解	单价	MEJ	DEz	CP	Ca	P	AP	CF	LYS	MET	M+C	NaCl	Premix
2			(Xi)%	(￥/kg)	(MJ/kg)	(MJ/kg)	(%)	(%)	(%)	(%)	(%)	(%)	(%)	(%)	(%)	(%)
3	玉米	X1	60.00	1.00	14.06	14.27	8.00	0.04	0.27	0.12	2.00	0.24	0.18	0.40	0	0
4	小麦麸	X2	2.00	0.90	6.57	9.37	14.40	0.18	0.92	0.24	9.20	0.58	0.13	0.39	0	0
5	大豆粕	X3	19.19	2.00	10.29	13.18	43.20	0.32	0.61	0.31	5.40	2.45	0.64	1.35	0	0
6	菜籽粕	X4	4.32	1.20	7.99	10.59	38.50	0.79	1.07	0.29	11.80	1.28	0.63	1.50	0	0
7	秘鲁鱼粉	X5	2.41	5.60	11.67	12.47	60.50	3.91	2.76	2.76	0	4.90	1.84	2.42	2.00	0
8	油脂	X6	0.96	7.00	33.50	35.00	0	0	0	0	0	0	0	0	0	0
9	磷酸氢钙	X7	1.05	1.35	0	0	0	23.20	18.00	18.00	0	0	0	0	0	0
10	石粉	X8	8.68	0.10	0	0	0	35.00	0	0	0	0	0	0	0	0
11	蛋氨酸	X9	0.06	23.00	15.30	15.00	0	0	0	0	0	0	99.00	0	0	0
12	食盐	X10	0.33	0.80	0	0	0	0	0	0	0	0	0	0	99.00	0
13	预混料	X11	1.00	5.00	0	0	0	0	0	0	0	0	0	0	0	100
14	配方营养指标		100.00	1.344	11.500	12.383	16.500	3.500	0.600	0.405	2.930	0.799	0.360	0.630	0.370	1.000
15	蛋鸡标准(>80%)				11.50		16.50	3.50	0.60	0.33		0.73	0.36	0.63	0.37	1.00
16	约束条件		<=	=	>=		>=	>=	>=	>=	<=	>=	>=	>=	=	=
17	约束下限				11.50		16.50	3.50	0.60	0.33		0.73	0.36	0.63		
18	约束上限		100.00								4.00					
19	约束等值			min											0.37	1.00

\运算结果报告 1/敏感性报告 1/极限值报告 1/计算表\工作表/标准表/

图 7-2　配方工作表

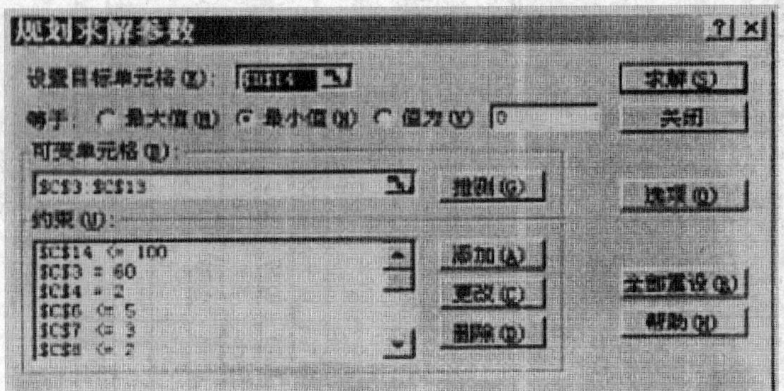

图 7-3 规划求解参数对话框

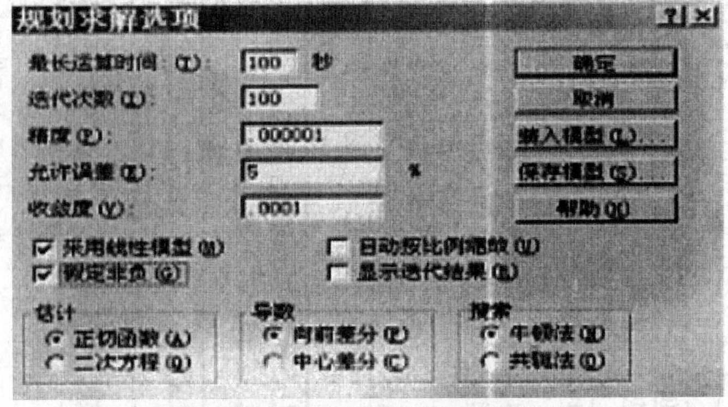

图 7-4 规划求解选项对话框

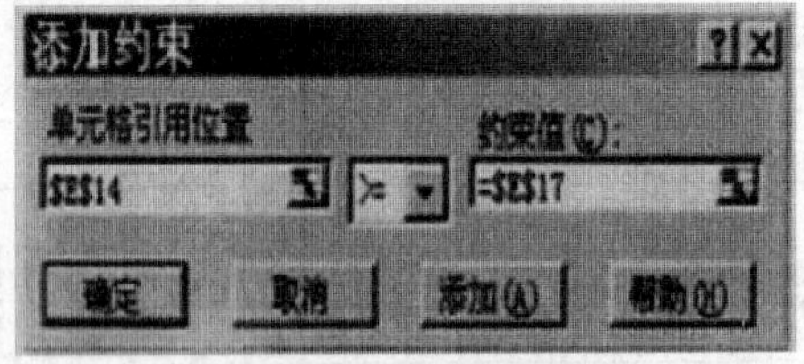

图 7-5 添加约束对话框

5. 鼠标单击约束栏的添加按钮，弹出添加约束对话框，各项营养指标可按预定的约束条件用鼠标点击设定。各种饲料原料的限量约束，因工作要求和原料性质而定。本例约束了：玉米 $C$3=60，为同时拟定 40%浓缩料提供了方便；小麦麸 $C$4=2；菜籽饼 $C$6≤5，因含毒不能多用；秘鲁鱼粉 $C$7≤3，油脂 $C$8≤2，此二者因价格昂贵而限量；变量（即配方解）的非负约束为 $C$3：$C$13≥0，可不在设，因为前面已选定了假定非负。

6. 约束设定完毕，鼠标左键单击求解，则出现规划求解结果对话框，显示：规划求解找到一解，可满足所有的约束及最优状况，此时，可鼠标单击选取报告框中的三份报告，再单击确定，配方结果即可显示在配方工作表上，同时生成运算结果、敏感性和极限值三分报告，如果显示规划求解找不到有用的解，则应单击取消，重新检查并修改约束条件的设定。

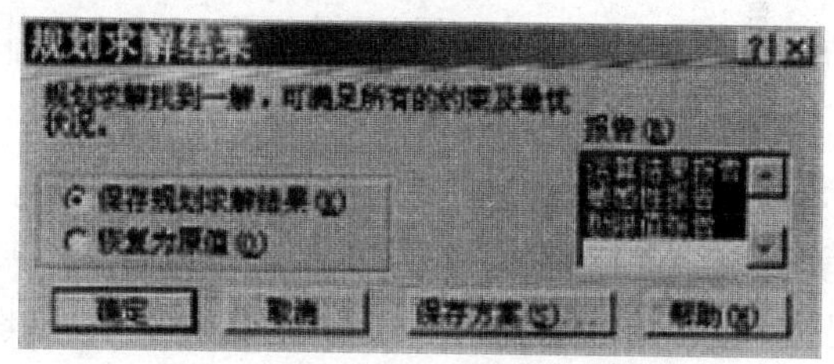

图 7-6　规划求解结果对话框

7. 如要同时拟制 40%浓缩料配方，可以很方便地按“归一”的方式计算出配方来（图 7-7 中 D 列）。同理，可推及 30%、33%等浓缩料配方的拟制。

8. 如要求配方以书面文字存档时，每完成一个配方，要将

	A	B	C	D	E	F	G	H
1	饲料名称	单价	蛋鸡	浓缩料	全价料成本分摊		浓缩料成本分摊	
2		(¥/kg)	>80%	40%	(¥/kg)	%	(¥/kg)	%
3	玉米	1.00	60.00		0.600	44.63		
4	小麦麸	0.90	2.00	5.00	0.018	1.34	0.045	2.418
5	大豆粕	2.00	19.19	47.99	0.384	28.56	0.960	51.565
6	菜籽粕	1.20	4.32	10.79	0.052	3.85	0.129	6.967
7	秘鲁鱼粉	5.60	2.41	6.03	0.135	10.04	0.336	18.136
8	油脂	7.00	0.96	2.41	0.067	5.02	0.169	9.066
9	磷酸氢钙	1.35	1.05	2.64	0.014	1.06	0.036	1.912
10	石粉	0.10	8.48	21.70	0.009	0.65	0.022	1.166
11	蛋氨酸	23.00	0.06	0.14	0.013	0.96	0.032	1.717
12	食盐	0.80	0.33	0.81	0.003	0.19	0.007	0.349
13	预混料	5.00	1.00	2.50	0.050	3.72	0.125	6.716
14	合计		100.00	100.00	1.344	100.00	1.861	100.00
15	单价	(¥/kg)	1.344	1.861				
16	ME j	(MJ/kg)	11.50	7.66				
17	DE a	(MJ/kg)	12.38	9.56				
18	CP	(%)	16.50	29.25				
19	Ca	(%)	3.50	8.49				
20	P	(%)	0.60	1.10				
21	AP	(%)	0.41	0.83				
22	CF	(%)	2.93	4.32				
23	LYS	(%)	0.80	1.44				
24	MET	(%)	0.36	0.63				
25	M+C	(%)	0.63	0.97				
26	NaCl	(%)	0.37	0.93				
27	Premix	(%)	1.00	2.50				

图7-7　配方打印输出格式，计算浓缩料配方及各种原料分摊饲料成本

结果拷贝复制到另一工作表内，以便打印成文存档。拷贝具体注意是：配方解各单元格有的存放公式（C14），应在[选择性粘贴]对话框中选定[数值]。而配方营养指标值单元格（D15～P15）全是公式，有时横向排列，所以[选择性粘贴]时还要加选[转置]。

（三）注意事项

1. 可在工作表下方建立“饲料数据备用库”，便于调换饲料原料和饲养标准，进行另外的配方拟制工作（图7-9）。

2. 配方规划结果生成的三份报告，有必要时可查看[影子价格]等数据作为参考，通常可不必管它。

营养素的影子价格是指营养素的标准值在灵敏度范围内每变化一个单位对配方成本的影值。

假设我们要计算一个产蛋鸡的配方，标准是：蛋白质≥16.5%，代谢能≥2.75兆卡/千克，……配方的步骤是：先输入

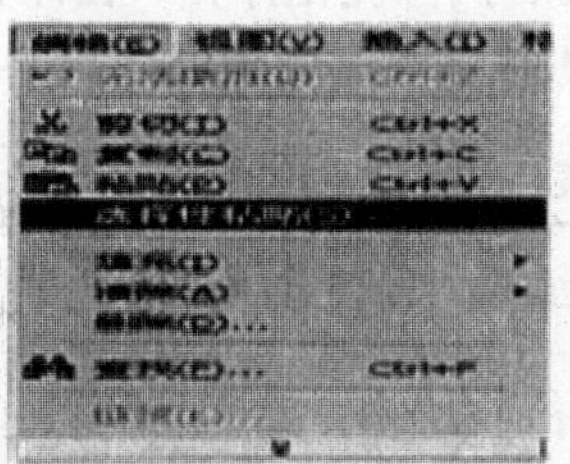

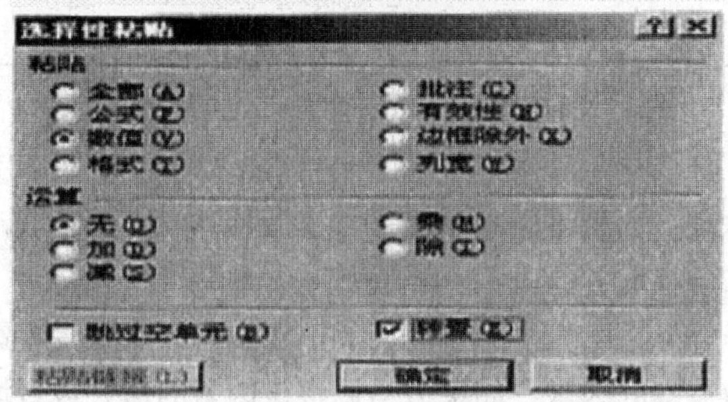

图 7-8　编辑菜单和选择性粘贴对话框

	A	B	C	D	E	F	G	H	I	J	K	L	M	N	O	P
21	饲养标准备用库				ME	DE	CP	Ca	P	AP	CF	Lys	Met	M+C	NaCl	Premix
22					(MJ/kg)	(MJ/kg)	(%)	(%)	(%)	(%)	((%)	(%)	(%)	(%)	(%)	(%)
23	蛋鸡　>80%				11.50	……	16.50	3.50	0.60	0.33	……	0.73	0.36	0.63	0.37	1.00
24	肉仔鸡 1-4 W				12.13	……	21.00	1.00	0.65	0.45	……	1.09	0.45	0.84	0.37	……
25	……				……	……	……	……	……	……	……	……	……	……	……	……
26	肥育猪 20-60kg				12.47	12.97	16.00	0.60	0.50	……	……	0.75	……	0.38	0.23	……
27	肥育猪 60-90kg				12.05	12.55	14.00	0.50	0.40	……	……	0.63	……	0.32	0.25	……
28	孕母猪　后期				11.25	11.72	12.00	0.61	0.49	……	9.00	0.36	……	0.19	0.32	……
29	……				……	……	……	……	……	……	……	……	……	……	……	……
30	饲料数据备用库			单价	MEJ	DEz	CP	Ca	P	AP	CF	LYS	MET	M+C	NaCl	Premix
31				(￥/kg)	(MJ/kg)	(MJ/kg)	(%)	(%)	(%)	(%)	(%)	(%)	(%)	(%)	(%)	(%)
32	玉米			1.00	14.06	14.27	8.00	0.04	0.27	0.12	2.00	0.24	0.18	0.40	0	0
33	小麦			1.00	12.72	14.18	13.90	0.17	0.41	0.22	1.90	0.30	0.25	0.49	0	0
34	棉籽粕			1.00	7.32	9.46	42.50	0.24	0.97	0.33	10.10	1.59	0.45	1.27	0	0
35	……			……	……	……	……	……	……	……	……	……	……	……	……	……
36	蛋氨酸			18.00	15.00	15.00	0	0	0	0	0	0	80.00	0	0	0
37	……			……	……	……	……	……	……	……	……	……	……	……	……	……

运算结果报告 1 / 敏感性报告 1 / 极限值报告 1 / 计算表 / 工作表 / 输出表

图 7-9　备用饲养标准库及饲料数据库示例

标准，接着选原料，最后执行优化计算，在计算结果中可以看到类似的影子价格分析（表7-2）。

表7-2 影子价格分析表

营养素名称	标准值	影子价格	灵敏度上限～下限
蛋白质	≥16.5%	0.000 0	16.2～17.5
代谢能	≥2.75	3.021 1	2.67～2.81
……	……	……	……

表7-2数据表明，如果代谢能的标准值在2.67～2.81范围内变化，每变化一个单位，那么配方成本将变化3.021 1个单位，具体说，如果将标准值改为2.74，即变化了0.01，在重新优化计算后，配方的成本将降低0.030 211元/千克。

影子价格在配方中的作用很大，我们可以从中发现影响成本价格最为关键的因素，如果适当调整该因素的值，或者增加富含该因素的原料，配方的成本肯定会下降。一些用户在使用配方软件时，由于不知道影子价格的作用，或者由于配方软件中没有提供影子价格分析，结果因为无法知道所存在的严重影响配方成本的因素，从而导致了配方成本偏高，给饲料厂造成了较大的经济损失。

第二节　几种常用饲料配方软件介绍

本节重点介绍几种比较常用的饲料配方软件，为养殖户在选用饲料配方软件时提供参考，同时让读者熟悉用饲料配方软件设计饲料配方的过程。

一、智能二代开拓者——饲料软件

软件主界面，如图7-10所示。

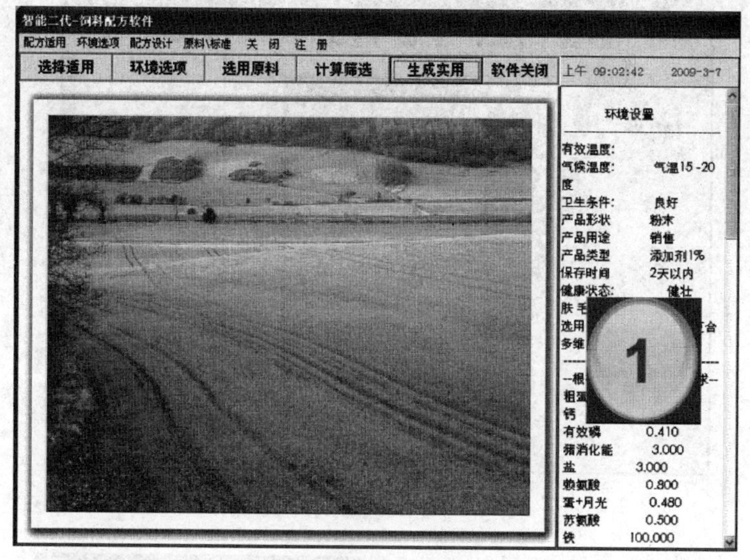

图 7－10

说明：

❶软件操作记录：

作用：记录下软件操作数据，方便软件使用者查看。

操作：“双击”此窗口软件操作数据将更新显示。

（一）选择适用（功能）

❷选择（配方）设计方式

说明：在此选择配方设计方式：有两种选择方式。

（1）根据营养标准设计饲料配方（如图 7－12 所示，可进行修改）。

（2）根据动物的实际生长状况生成“营养需求”，进行配方设计。

举例：a：输入饲养对象平均体重为 75 千克。

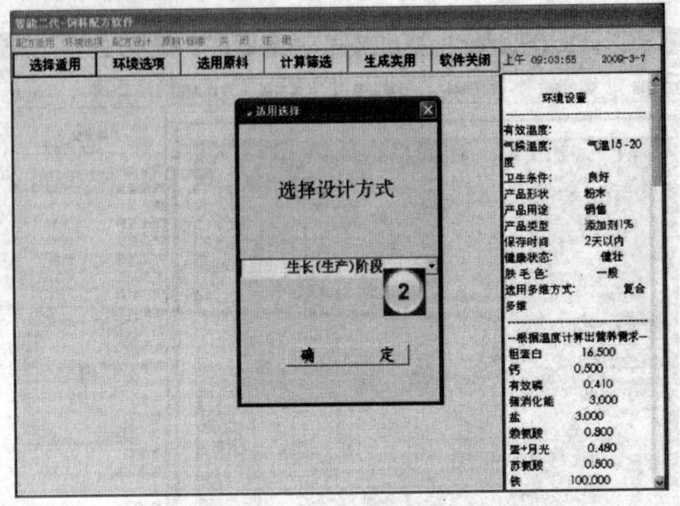

图 7-11

b：预计本次饲料饲喂天数为7天。

c：软件自动计算生成各项营养需求，例如：粗蛋白质为14.474 8%。

备注：产蛋鸡将根据产蛋率生成各项营养需求。

（二）环境选项（功能）

环境选项包含养殖“环境设置”和“预混添加剂原料”设置两个方面内容。

说明：

❶在这里输入“温度”，软件自动根据温度通过计算生成

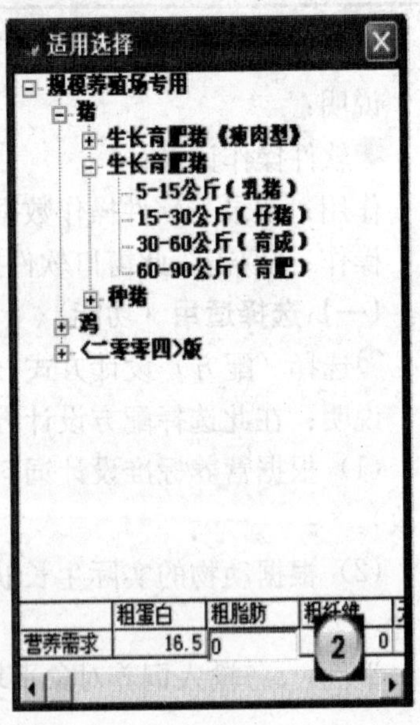

图 7-12

输入体重
请输入饲养对象平均体重,单位:公斤
确定
取消
饲喂天数
预计本次配料饲喂天数(1-30)
适用选择
规模养殖场专用
猪
生长育肥猪《瘦肉型》
1-5公斤 仔猪
5-10公斤 仔猪
10-20公斤 仔猪
20-35公斤 生长猪
35-60公斤 生长猪
60-90公斤 肥育猪
生长育肥猪
种猪
鸡
《二零零四》版
营养需求
粗蛋白
粗脂肪
粗纤维
14.4749
0
0

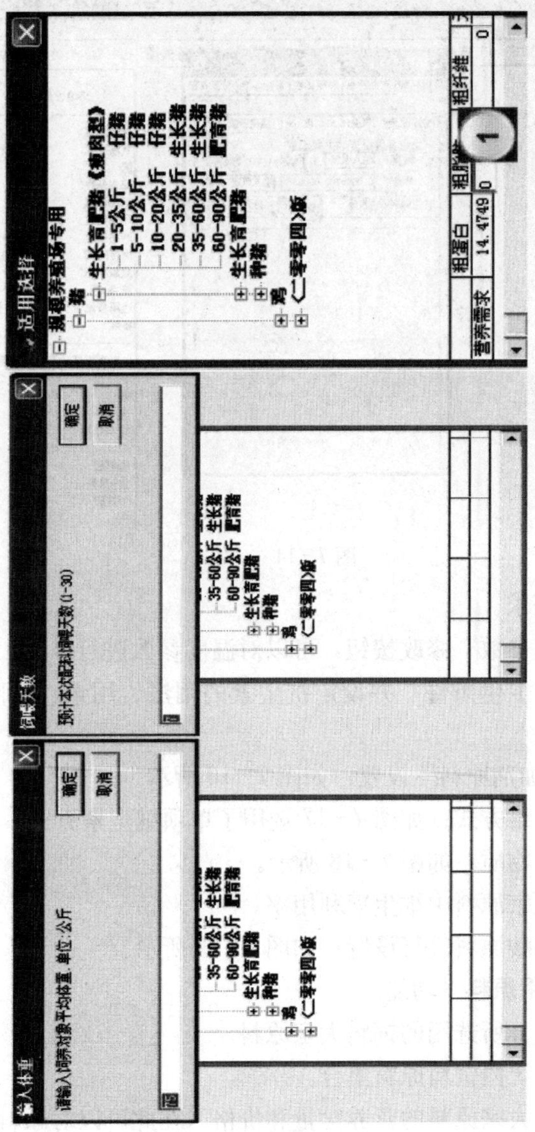

图 7-13

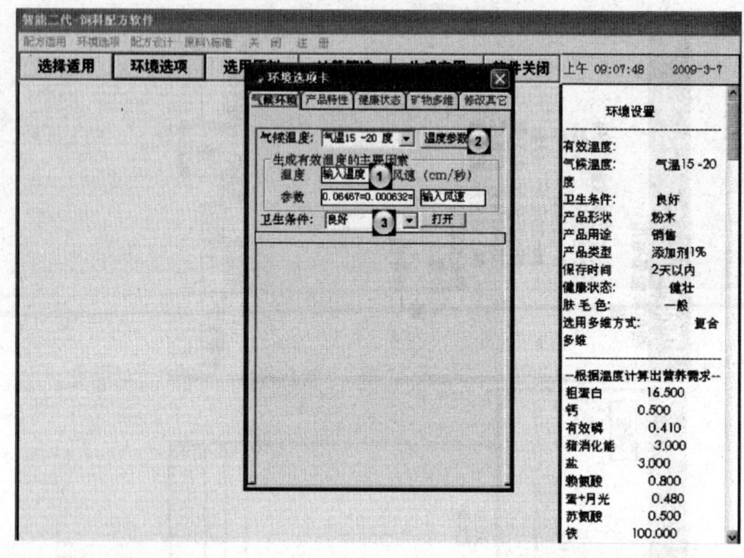

图 7-14

相应的营养需求。

❷“温度参数”修改按钮，可以对温度参数进行修改。

❸选择“卫生条件”并设定抗生素的用法、用量。如图 7-15 所示。

“预混添加剂原料”设置，如图 7-16 所示。

❶选用多维方式：如图 7-17 选用了单项维生素方式。

❷选用矿物质：如图 7-18 所示。

❸设置大宗原料中维生素利用率。

❹对氨基酸原料进行设置：如图 7-19 所示。

（三）选用原料（功能）

❶计算配方所选用的饲料大宗原料。

❷软件系统内饲料原料集合。

❸选用的大宗原料的营养含量和价格（在此可以对原料营养含量和价格进行修改）。

抗生促生长
常用抗生素
选用抗生素
杀统内常用抗生素
阿伏霉素
杆菌肽锌
<<<<<
>>>>>
枯草菌素
斑伯霉素
比考扎霉素
氯霉素
金霉素
抗敌素
越霉素A
显示
保存修改
名称
用量g
含量%
单价
作用
杆菌肽
50
10
16
作用
提高增重

图 7-15

选择通用
环境选项
软件关闭
上午 09:08:24
2009-3-7
环境选项卡
气候环境
产品特性
健康状态
矿物多维
修改其它
选用多维方式:
单项多维
选用矿物质-原料利用率:
打开
大宗原料各项维生素利用率:
打开
打开
预混添加剂-设置
环境设置
有效温度:
气候温度: 气温15-20度
卫生条件: 良好
产品形状 粉末
产品用途 销售
产品类型 添加剂1%
保存时间 2天以内
健康状态: 健壮
肤毛色: 一般
选用多维方式: 复合多维
--根据温度计算出营养需求--
粗蛋白 16.500
钙 0.500
有效磷 0.410
猪消化能 3.000
盐 3.000
赖氨酸 0.800
蛋+胱 0.480
苏氨酸 0.500
铁 100.000

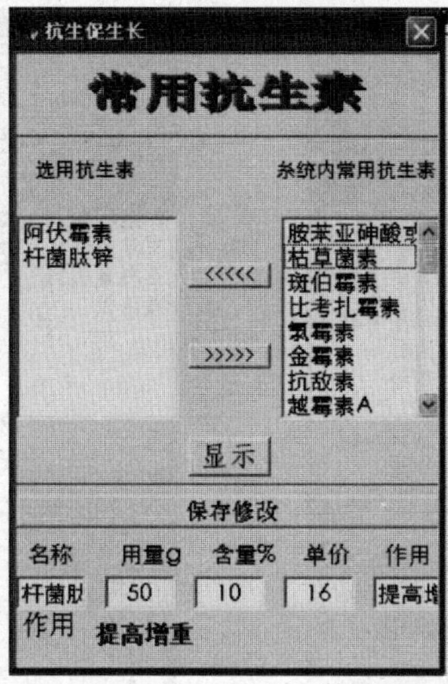

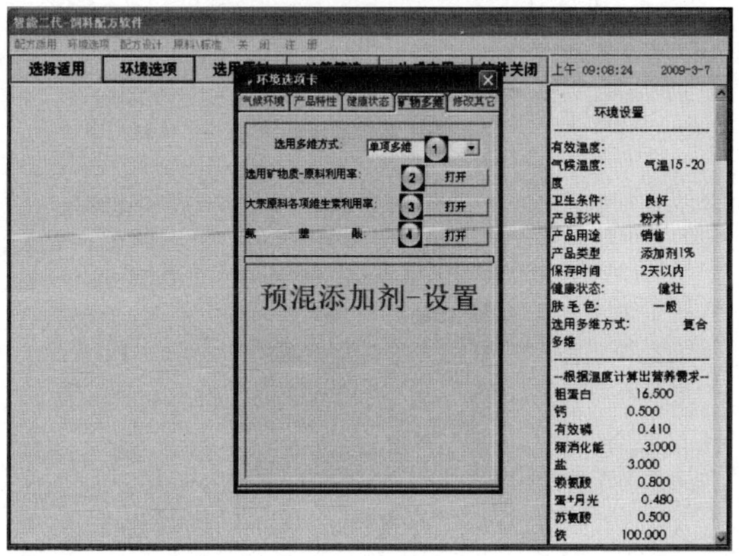

图 7-16

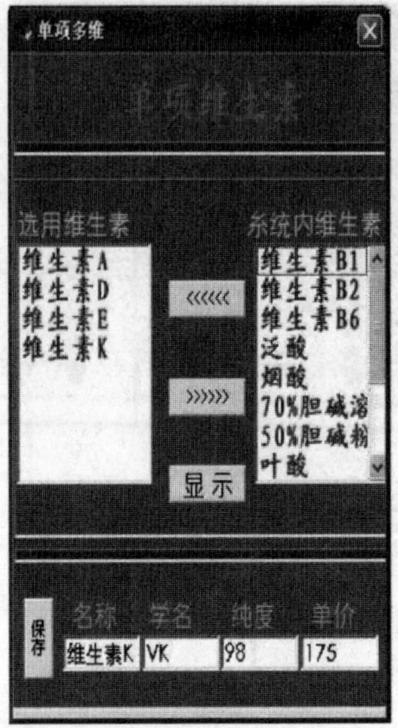

图 7-17

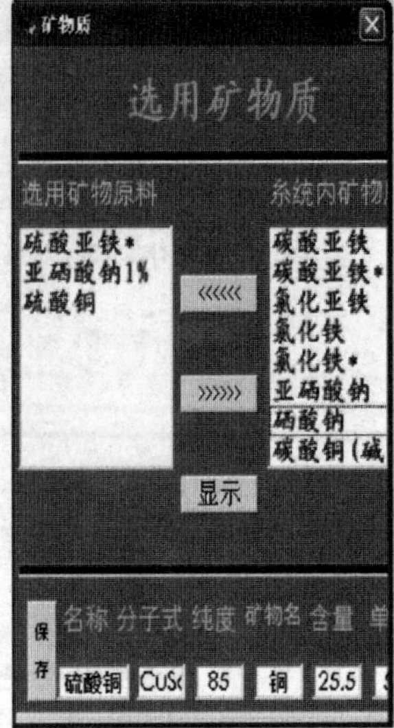

图 7-18

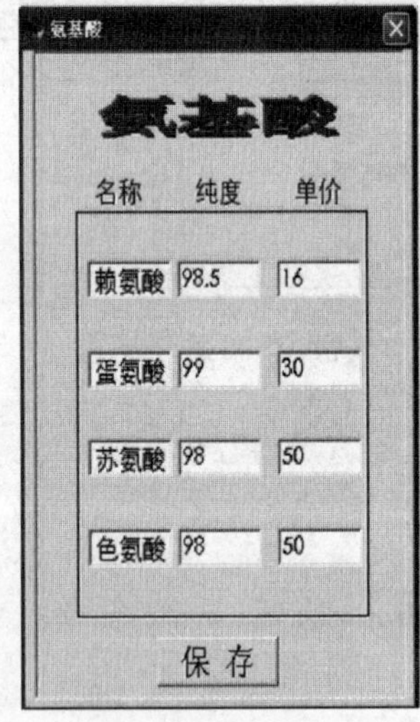

图 7-19

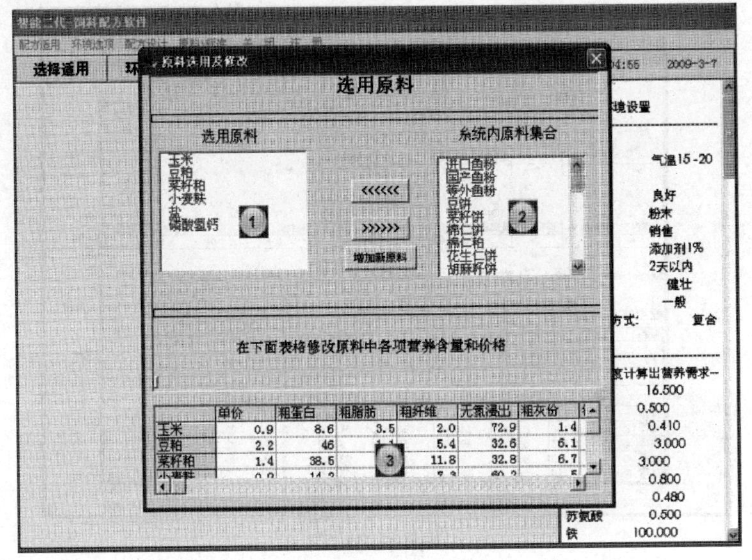

图 7-20

（四）计算筛选（功能）

❶“计算筛选”：双击此处软件将开始计算。

❷“原料限定”：在此可以对特殊原料进行限定（不提倡使用）。

❸“营养需求”：计算配方的营养需求，可以进行修改。

❹“计算结果”：配方计算结束后，显示选中或手工修改后的配方中的营养含量。

❺“计算结果”：配方计算结束后，通过“双击”此处，显示配方和手工修改窗口。

❻“计算速度”：速度数据设置得越小计算结果越精确，但电脑需要的内存也越大。反之，同理。

❼手工修改和配方显示切换标志（单击此处可以进行手工修改和配方显示互换）。

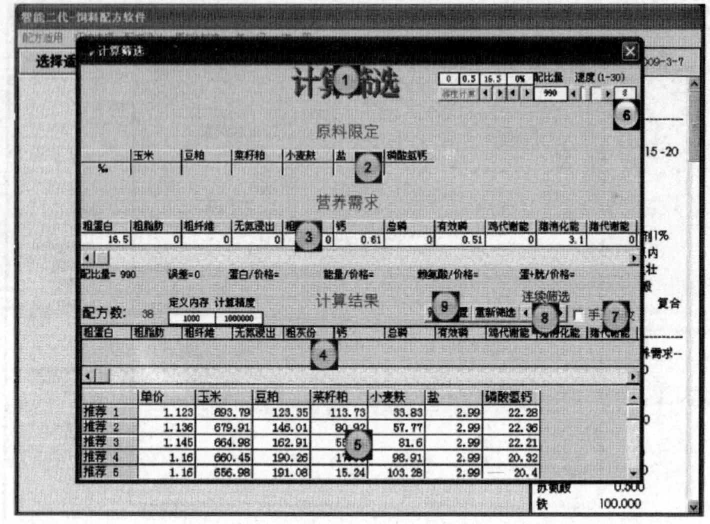

图 7-21

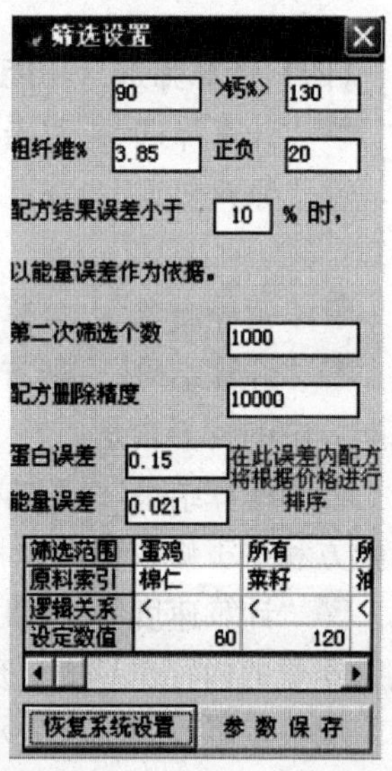

图 7-22

❽“连续筛选”：根据筛选数据，对计算结果进行筛选。

❾“筛选设置”：对需要筛选的数据进行设置（非专业人员最好不要修改）。如图 7-22 所示。

（五）生成实用配方（功能）

本功能主要是对配方进行取证，使生成的配方适合生产加工。

❶显示配方中营养含量。

❷预混添加剂的用量和单价（可以手工修改）。

❸大宗原料的饲料配方（可以手工修改）。

智能二代-饲料配方软件
实用配方生成
《目标配方的营养需求量》及《配方中营养实际含量》
粗蛋白 粗脂肪 粗纤维 无氮浸出 粗灰份 钙 有效磷 鸡代谢能 猪消化能 猪代谢能 它能
16.5 0 0 0 0 0.609 0.51 0 3.1 0 0
16.506 2.833 3.527 60.48 2.675 0.655 0.503 2.885 3.093 2.842 0
16.506 2.833 3.527 60.48 2.675 0.655 0.503 2.885 3.092 2.842 0
1
消除差值
配方总量=1000
差值=0
消除
实用取整
配方将被取整
至个位
取整
浓缩料
玉米
小麦麸
浓缩原料
豆粕
菜籽粕
盐
磷酸氢钙
生成
打印
营养含量
饲料配方
添加剂
设备容积
1000
预览
打印
配方保存管理
配方编号
配方名称
30-60公斤（育成）
保存
管理
1%添加剂配方 单位:克
合计 赖氨酸 硫酸亚铁* 硫酸锌 硫酸锰 亚硒酸钠1 维生素A 维生素D 维生素E 维生素K 维生素B1
2381.19 761.4 253.83 466.44 268.52 49.66 4 0.8 20 2.04 1.02
34.44 16 1.05 2.4 3 10 290 155 155 175 170
2
饲料配方
单价 玉米 豆粕 菜籽粕 磷酸氢钙 添加剂1%
1136 680 146 81 3 22 10
3
铁 100.000

图 7－23

智能二代-饲料配方软件
标准\原料输入
粗蛋白
粗脂肪
粗纤维
无氮浸出
粗灰份
钙
总磷
有效磷
鸡代谢能
猪消化能
猪代谢能
它能
盐
赖氨酸
蛋氨酸
胱氨酸
蛋+胱
色氨酸
苏氨酸
异亮氨酸
组氨酸
缬氨酸
亮氨酸
精氨酸
苯丙氨酸
酪氨酸
甘氨酸
丝氨酸
铁
铜
锌
锰
碘
硒
其它1
碘
钴
钼
镍
钒
铬
锂
肌酶2
VA
VD
VE
VK
VB1
VB2
VB6
泛酸
胆碱
烟酸
叶酸
VB12
生物素
VC
肌酶
产蛋
日增重
单价
日耗料
日增重
逐个修改
在此输入新原料名称
保存新原料
营养显示
原材显示
保存
保存
显 示

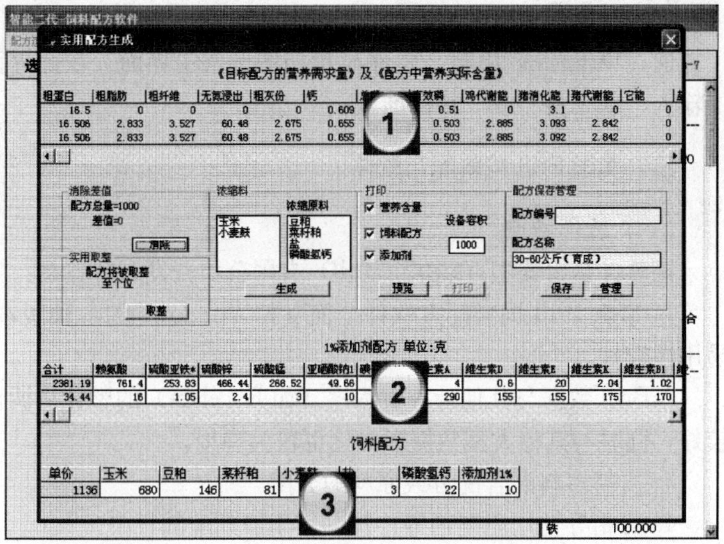

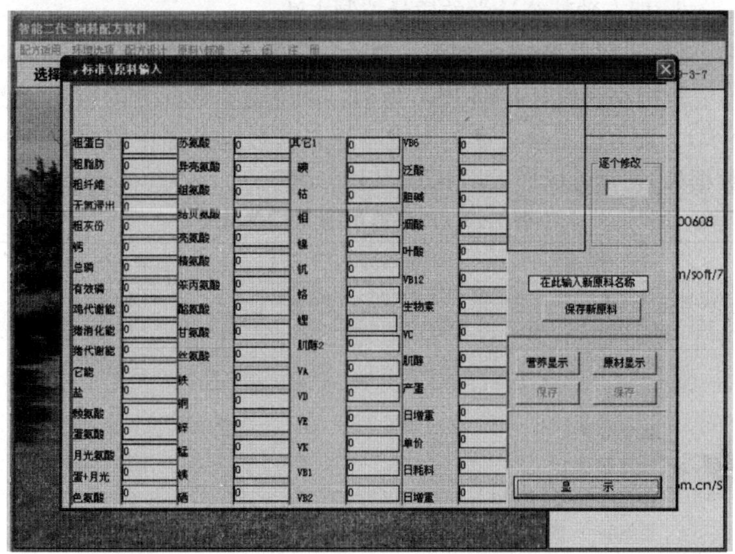

图 7－24

（六）原料和营养标准的系统添加

通过单击标准/原料，软件显示如图7-24界面，在此界面中输入“新原料”或“新标准”。

二、美国Brill饲料配方软件

（一）软件特点

该软件是由美国百瑞尔（Brill）有限公司开发，特点是：

1. 最新Brill饲料配方软件全面支持Windows的各种版本，易用性较好。

2. Brill数据与其他计算机程序（如Excel等）的整体协调性较好，同时与其他大型数据库对接也较为理想。

3. 支持多料混合配方或原料的分配。

4. 可指导使用酶制剂等特殊饲料添加剂配制日粮。

5. 采用回归方程计算饲料配方原料组分的其他营养价值。

6. 拥有独特统计学的质量控制方法。

（二）利用Brill饲料配方软件制定最佳经济效益配方

以肉小鸡料（0～3周）为例，来说明参数配方的应用（表7-3）。配方以玉米、豆粕为主要原料（数据参照中国饲料原料数据库），饲养标准采用NRC（1994年）。

表7-3 肉仔鸡0～3周饲养标准

营养素	能量因子ENEF1	营养指标设定
代谢能（兆焦/千克）3 000	1 000×3=3 000	1 000
粗蛋白质23.0%	1	7.667
粗氨酸1.25%	1	0.417
赖氨酸1.10%	1	0.367
蛋氨酸0.5%	1	0.167
胱氨酸0.4%	1	0.133 3
苏氨酸0.8%	1	0.267
色氨酸0.2%	1	0.066 7
钙1.0%	将其余指标换算成与3的倍数关系	
有效磷0.45%		

百瑞尔软件的能量因子 ENEF 1 在基础原料库中完成设置，在优化模块的专业营养师中使用，在运算时的编辑菜单中有配方详细资料，可以调用 ENEF 1。

1. 启用 ENEF 1 时的营养指标数据见图 7－25。

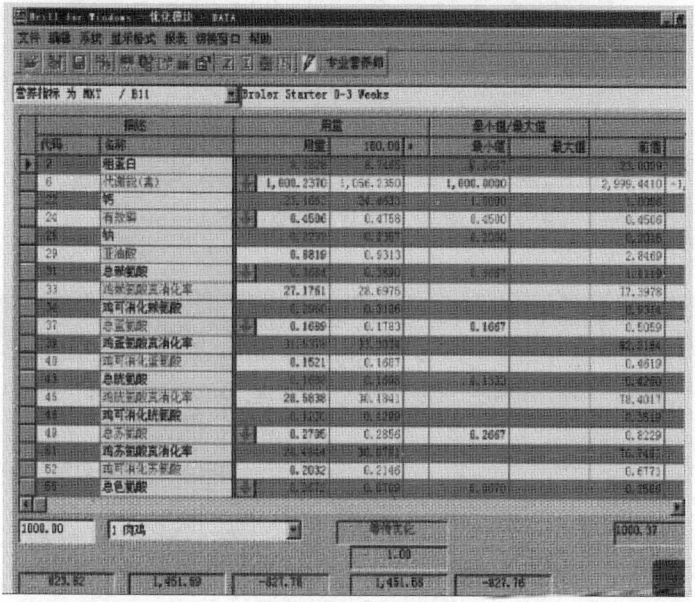

Brill for Windows — 优化模块 — DATA

文件 编辑 系统 显示格式 报表 切换窗口 帮助

专业营养师

营养指标 为 MKT / B11 Broler Starter 0-3 Weeks

描述		用量		最小值/最大值		
代码	名称	用量	100.00	最小值	最大值	前值
2	粗蛋白	[illegible]	[illegible]	[illegible]		[illegible]
6	代谢能(禽)	1,000.2370	1,056.2350	1,000.0000		2,999.4410
22	钙	[illegible]	[illegible]	[illegible]		[illegible]
24	有效磷	0.4506	0.4758	0.4500		0.4506
28	钠	[illegible]	[illegible]	[illegible]		0.2016
29	亚油酸	0.8819	0.9313			2.8469
31	总赖氨酸	[illegible]	[illegible]	[illegible]		[illegible]
33	鸡赖氨酸真消化率	27.1761	28.6975			17.3978
34	鸡可消化赖氨酸	[illegible]	[illegible]			[illegible]
37	总蛋氨酸	0.1689	0.1783	0.1667		0.5059
38	鸡蛋氨酸真消化率	[illegible]	[illegible]			[illegible]
40	鸡可消化蛋氨酸	0.1521	0.1607			0.4619
43	总胱氨酸	[illegible]	[illegible]	[illegible]		[illegible]
45	鸡胱氨酸真消化率	28.5838	30.1841			78.4017
46	鸡可消化胱氨酸	[illegible]	[illegible]			[illegible]
49	总苏氨酸	0.2706	0.2856	0.2667		0.8229
51	鸡苏氨酸真消化率	[illegible]	[illegible]			[illegible]
52	鸡可消化苏氨酸	0.2032	0.2146			0.6771
55	总色氨酸	[illegible]	[illegible]	[illegible]		[illegible]

1000.00　1 肉鸡　1.00　1000.37

823.82　1,451.69　-827.78　1,451.68　-827.78

图 7－25　启用 ENEF 1 时的配方营养指标

2. 启用编辑菜单下的配方详细资料能量因子 1（ENEF 1）输入数值 3（图 7－26）。

3. 启用能量因子后的结果为：能量、蛋白质和氨基酸都与饲养标准的数据相一致（图 7－27）。

4. 优化后的配方成本为 1 442 元/吨。现在使用参数分析来确定最低成本代谢能（图 7－28）。

5. 这时就可以利用参数配方确定单位代谢能的最低成本图（图 7－29）。

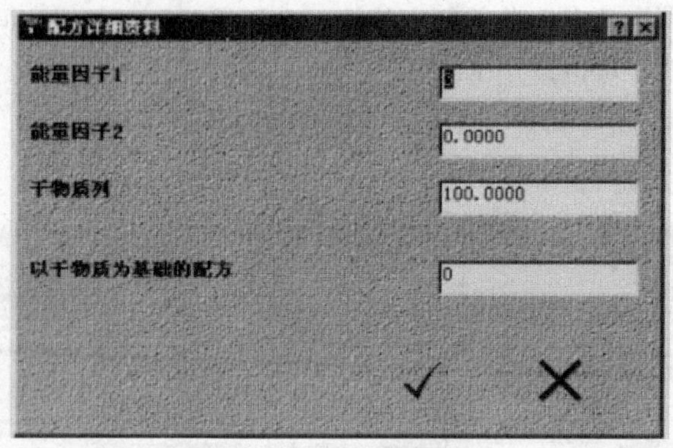

图7-26 启用能量因子

代码	名称	用量	100.00	最小值	最大值	[illegible]
1	重量	1.0002		1.0000	1.0000	[illegible]
2	粗蛋白	[illegible]	26.0534	[illegible]		[illegible]
6	代谢能(禽)	2,999.9380	3,397.3330	3,000.0000		1,000.2370
22	钙	[illegible]	[illegible]	[illegible]		[illegible]
24	有效磷	0.4485	0.5079	0.4500		[illegible]
[illegible]	钠	[illegible]	[illegible]	[illegible]		[illegible]
29	亚油酸	1.9019	2.1538			0.8819
[illegible]	总赖氨酸	[illegible]	[illegible]	[illegible]		[illegible]
33	鸡赖氨酸真消化率	79.7093	90.2682			27.1781
[illegible]	鸡可消化赖氨酸	[illegible]	[illegible]			[illegible]
37	总蛋氨酸	0.4982	0.5642	0.5001		[illegible]
39	鸡蛋氨酸真消化率	[illegible]	[illegible]			[illegible]
40	鸡可消化蛋氨酸	0.4551	[illegible]			[illegible]
[illegible]	总胱氨酸	[illegible]	[illegible]	[illegible]		[illegible]
45	鸡胱氨酸真消化率	80.1374	90.7530			[illegible]
[illegible]	鸡可消化胱氨酸	[illegible]	[illegible]			[illegible]
49	总苏氨酸	0.8004	0.9064	0.8001		0.2705
[illegible]	鸡苏氨酸真消化率	[illegible]	[illegible]			[illegible]
52	鸡可消化苏氨酸	0.6610	0.7486			[illegible]

图7-27 优化模块配方营养指标

6. 通过观察和计算，可以确定代谢能在接近3 100兆焦时，每千卡代谢能成本最低，这样一来，选择能量因子的值就为3.1，这时再看配方的营养指标就如图7-30。

参数配方结果

营养指标 为 NKT / B11　　Broiler Starter 0-3 Weeks

代码	名称	2,800.0000 1,356.83 1,000.39	2,850.0000 1,377.83 21.00 999.50	2,900.0000 1,398.44 20.62 999.98	2,950.0000 1,420.91 22.47 999.96	3,000.0000 1,442.35 21.44 1,000.23	3,050.0000 1,464.08 21.74 999.85	3,100.0 1,486. 22.2 1,000.
1	[illegible]	1.0004	0.9995	1.0000	1.0000	1.0002	0.9999	1.0
2	粗蛋白	23.0056	22.9915	22.9999	23.0017	23.0059	22.9996	23.1
6	代谢能(禽)	2,799.6718	2,850.4120	2,900.0690	2,950.0690	2,999.9300	3,050.2760	3,099.7
22	钙	1.0002	0.9981	0.9996	1.0005	0.9974	0.9991	0.9
24	有效磷	0.4502	0.4488	0.4496	0.4501	0.4485	0.4493	0.4
26	钠	0.2017	0.1999	0.1991	0.1997	0.1989	0.1985	0.1
29	亚油酸	1.4068	1.3604	1.3138	1.3143	1.9019	2.4921	2.8
31	总赖氨酸	1.1096	1.0993	1.0990	1.1031	1.1025	1.1009	1.1
33	鸡赖氨酸真消化率	79.1618	80.1309	80.5570	80.5402	79.7093	78.8701	78.4
34	鸡可消化赖氨酸	0.8898	0.8927	0.9064	0.9327	0.9325	0.9315	0.9
37	总蛋氨酸	0.5002	0.5027	0.4991	0.4979	0.4982	0.4984	0.4
39	鸡蛋氨酸真消化率	84.7969	85.2721	85.5916	85.7927	84.8810	83.9874	83.6
40	鸡可消化蛋氨酸	0.4496	0.4530	0.4519	0.4547	0.4551	0.4554	0.4
43	总胱氨酸	0.4000	0.3998	0.3999	0.3999	0.4001	0.3999	0.4
45	鸡胱氨酸真消化率	79.6453	80.3245	80.7345	80.9351	80.1374	79.3220	78.8
46	鸡可消化胱氨酸	0.3240	0.3266	0.3301	0.3338	0.3342	0.3343	0.3
49	总苏氨酸	0.8360	0.8353	0.8229	0.8001	0.8004	0.8001	0.8
51	鸡苏氨酸真消化率	79.0073	79.6000	79.9234	80.0085	79.1897	78.3650	78.6
52	鸡可消化苏氨酸	0.6695	0.6741	0.6709	0.6605	0.6610	0.6611	0.6

图 7-28　参数配方结果

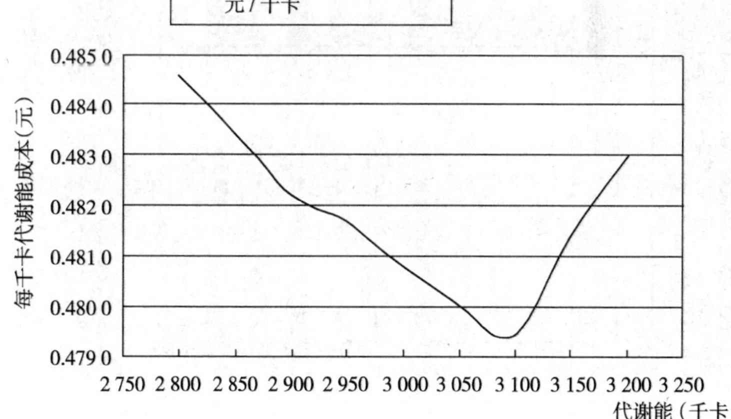

图 7-29　单位代谢成本

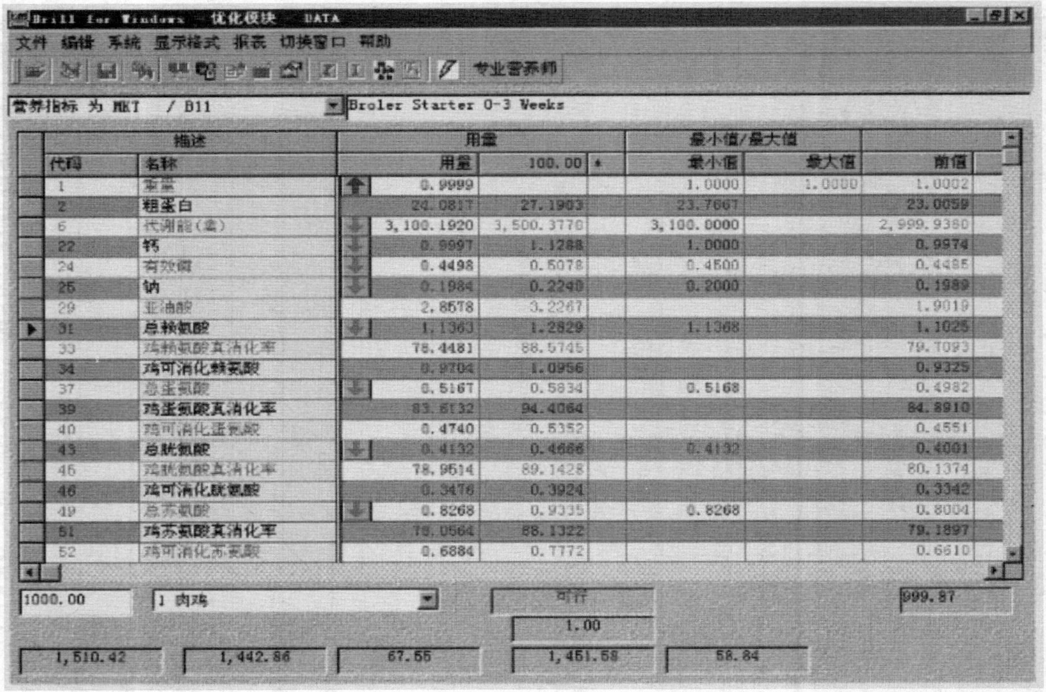

Brill for Windows － 优化模块 － DATA

文件 编辑 系统 显示格式 报表 切换窗口 帮助

专业营养师

营养指标 为 MKT / B11　　Broler Starter 0-3 Weeks

描述		用量			最小值/最大值		
代码	名称	用量	100.00	*	最小值	最大值	前值
1	重量	0.9999			1.0000	1.0000	1.0002
2	粗蛋白	24.0817	27.1903		23.7667		23.0059
6	代谢能(禽)	3,100.1920	3,500.3770		3,100.0000		2,999.9380
22	钙	0.9997	1.1288		1.0000		0.9974
24	有效磷	0.4498	0.5078		0.4500		0.4485
25	钠	0.1984	0.2240		0.2000		0.1989
29	亚油酸	2.8578	3.2267				1.9019
31	总赖氨酸	1.1363	1.2829		1.1368		1.1025
33	鸡赖氨酸真消化率	78.4481	88.5745				79.7093
34	鸡可消化赖氨酸	0.9704	1.0956				0.9325
37	总蛋氨酸	0.5167	0.5834		0.5168		0.4982
39	鸡蛋氨酸真消化率	83.6132	94.4064				84.8910
40	鸡可消化蛋氨酸	0.4740	0.5352				0.4551
43	总胱氨酸	0.4132	0.4666		0.4132		0.4001
45	鸡胱氨酸真消化率	78.9514	89.1428				80.1374
46	鸡可消化胱氨酸	0.3476	0.3924				0.3342
49	总苏氨酸	0.8268	0.9335		0.8268		0.8004
51	鸡苏氨酸真消化率	78.0564	88.1322				79.1897
52	鸡可消化苏氨酸	0.6884	0.7772				0.6610

1000.00　1 肉鸡　可行　999.87

1.00

1,510.42　1,442.86　67.55　1,451.58　58.84

图 7-30　确定能量因子为 3.1 后的配方营养指标

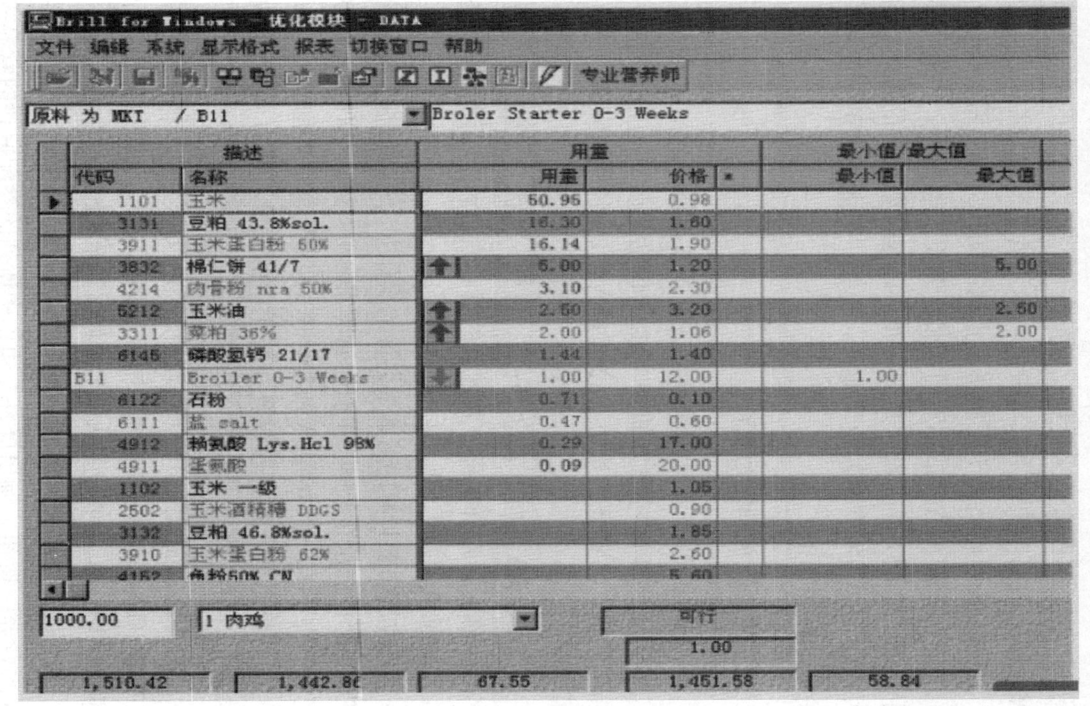

描述		用量			最小值/最大值	
代码	名称	用量	价格	*	最小值	最大值
1101	玉米	50.95	0.98			
3131	豆粕 43.8%sol.	16.30	1.80			
3911	玉米蛋白粉 50%	16.14	1.90			
3832	棉仁饼 41/7	5.00	1.20			5.00
4214	肉骨粉 nra 50%	3.10	2.30			
5212	玉米油	2.50	3.20			2.50
3311	菜粕 36%	2.00	1.06			2.00
6145	磷酸氢钙 21/17	1.44	1.40			
B11	Broiler 0-3 Weeks	1.00	12.00		1.00	
6122	石粉	0.71	0.10			
6111	盐 salt	0.47	0.60			
4912	赖氨酸 Lys.Hcl 98%	0.29	17.00			
4911	蛋氨酸	0.09	20.00			
1102	玉米 一级		1.05			
2502	玉米酒精糟 DDGS		0.90			
3132	豆粕 46.8%sol.		1.85			
3910	玉米蛋白粉 62%		2.60			
4152	鱼粉50% CN		5.60			

图 7-31 最佳经济效益配方

7. 最后出来的配方结果如图 7－31。

此时的配方成本为 1 510 元/吨，比原来 1 442 元/吨，增加了 68 元/吨，但配方的采食量比原配方低。可以肯定的是，饲喂这种日粮的肉鸡单位体重成本最低，养殖者创造的效益最多。

这种方法同样适用于配制猪和蛋鸡的饲料。在使用参数分析做配方时，参数配方的成本有可能低于最低成本配方，也有可能高于最低成本配方，这都不重要，重要的是参数配方的最终回报是否最佳。这是所有畜牧业从业者，包括一条龙的养殖企业和饲料企业所应注意的。

三、VF123 饲料配方软件

（一）利用 VF123 计算饲料配方的基本步骤

VF123 计算饲料配方的基本步骤包括三步：①输入标准，②选择原料，③计算出配方，这就是 VF123 名称的来源。下面照图讲解：

1. 输入标准　如图 7－32 所示。首先，输入自定的配方编号和名称；然后，选择本配方要计算的营养素名称；最后，输入各营养素的标准值。

选择本配方要计算的营养素名称的操作方法：用鼠标在屏幕的右侧框（即待选营养素框）中双击营养素名称，将需要计算的营养素都标上钩号√，并自动进入到左侧框（即参配营养素框）中。

2. 选择原料　选择原料及在配比中的限量（%）；最后修改原料营养含量数据。

选择本配方需要使用的饲料原料的操作方法是：用鼠标在屏幕的右侧框（即待选饲料原料框）中双击原料名称，将需要使用的原料都标上钩号√，并自动进入到左侧框（即参配原料框）中。

修改原料营养含量数据的操作方法是：用鼠标点击＜修改参配原料营养＞按钮，调出屏幕左边框中所列的参配原料的营养数据，进行修改，修改完毕后单击＜确定＞按钮返回。

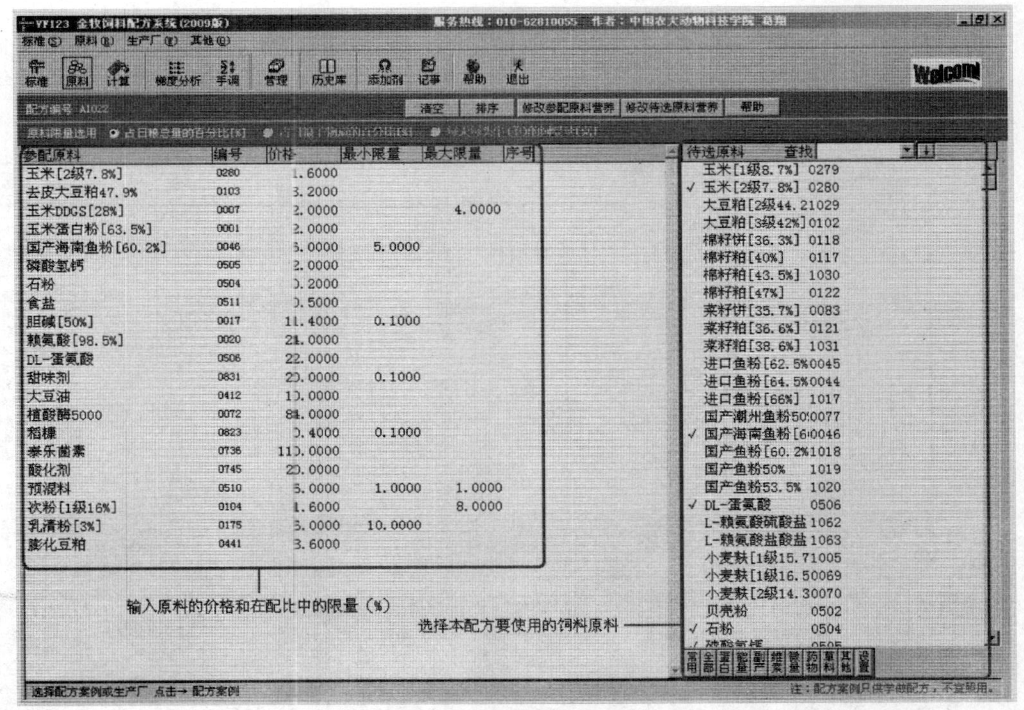

图 7-32　输入各营养素的标准值

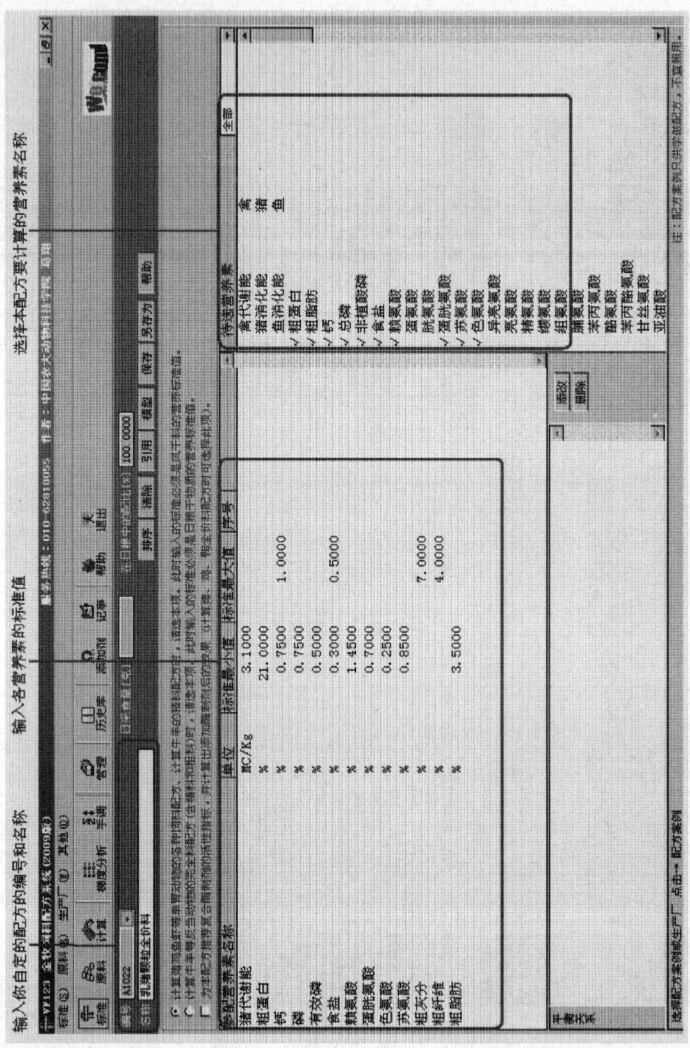

图 7-33　选择配方需要饲料原料

3. **计算出配方** 当标准和原料都给定之后，用鼠标点击［计算］按钮，这时程序将自动进行优化计算，显示出相应的计算结果。计算出的配方应该是满足所给定的标准值，且配方成本是最低的。如果没有达到这样的结果，那么，一定是在第一步的输入标准或者第二步的选择原料中有错误。

4. **基本步骤总结**

第一步：单击［标准］，进入“标准窗”，编辑标准

在“标准窗”中，要做以下四件事：

（1）输入配方的编号、名称。

（2）确定当前配制的是单胃动物的配方，还是反刍动物的全价料配方。

（3）选择本次配方需要计算的营养素。操作方法：用鼠标在屏幕的右侧框（即待选营养素框）中双击营养素名称，将需要计算的营养素都标上钩号√，并自动进入到左侧框（即参配营养素框）中。

（4）在左框中输入各营养素的标准值。

相关说明：

（1）VF123中提供了各种动物的营养需要标准，你可以点击“引用”按钮来选择标准。

（2）在输入配方编号后，如果该编号已经存在，该编号的标准会自动调入到屏幕左边的参配营养素框中，供你修改。

（3）除了钙和食盐外，一般都不要限最大值。

（4）从参配营养素框中删除营养素的方法：用鼠标双击。

（5）选择配制牛羊的全价料（含精料和粗料）配方时，干物质的采食量是必须输入项，输入的饲养标准的单位是：每公斤干物质的含量。

（6）如果用户要增加“蛋白能量比”、“钙磷比”、“蛋氨酸赖氨基比”等营养关系，可以在输入标准的下方，通过单击＜增改＞按钮来完成。

第二步：单击［原料］，进入原料窗，选择参配原料

在“原料窗”中，要做以下三件事：

（1）从右框中选择需要使用的原料到左框中。

（2）修改原料价格以及给原料限量。

（3）修改原料营养含量数据。操作方法是：用鼠标点击＜修改参配原料营养＞按钮，调出屏幕左边框中所列的参配原料的营养数据，进行修改，修改完毕后单击＜确定＞按钮退出。

相关说明：

（1）VF123 中提供了 900 多种饲料原料及添加剂，以及各种饲料原料的营养含量数据。

（2）以下原料需限量：①棉籽粕、菜籽粕等用量过大会影响生产的原料，限最大值。②添加剂，比如 1%的添加剂，最大最小限量都应输入 1。③给要强制使用的原料限最小值。

（3）如果是配制牛羊的全价料（含精料和粗料）配方时，还要确定：①原料限量选用哪种方式。②在参配的原料中哪些是粗料。

第三步：单击［计算］，算出配方

当标准和原料都给定之后，用鼠标点击［计算］按钮，这时程序将自动进行优化计算，显示出计算的最优配方。

相关说明：

（1）本配方的三步顺序不能颠倒。不可先选原料再定标准，因为在原料窗中修改原料的营养含量数据时，修改的营养素种类是标准窗中规定的。

（2）优化计算结束后，可以继续单击［手调］按钮，进行人工修改配方、计算浓缩料，以及验算已有配方的营养等工作。

（二）利用 VF123 计算配方时最常见的错误

使用 VF123 软件计算配方时会出现一些问题，下面整理一些用户常发生的错误供大家参考。

1. 原料不全　假设做一个蛋鸡料配方，在“标准”窗和

“原料”窗中输入的标准和原料如图 7-34 所示。

参配营养素名称	单位	标准最小值
禽代谢能	MC/Kg	2.6000
粗蛋白	%	16.0000
钙	%	3.5000
有效磷	%	0.4000
精氨酸	%	0.7700
组氨酸	%	0.1900
赖氨酸	%	0.7600
蛋氨酸	%	0.3300
蛋+胱氨酸	%	0.6450
苏氨酸	%	0.5200
色氨酸	%	0.1750
钠	%	0.1650
氯	%	0.1450

参配原料	编号	价格	最小限量	最大限量
玉米[1级8.7%]	0279	1.6000		
大豆粕[2级44.2%]	1029	3.2000		
小麦麸[1级16.5%]	0069	1.2000		
棉籽粕[40%]	0117	1.8000		6.0000
花生仁粕[45%]	0115	3.0000		10.0000
进口鱼粉[64.5%]	0044	8.0000		
贝壳粉	0502	0.2000		
DL-蛋氨酸	0506	22.0000		
赖氨酸[78]	0507	38.0000		
植物油	0508	8.0000		
预混料	0510	6.0000	1.0000	1.0000
食盐	0511	0.5000		

图 7-34

执行“计算”后，会看到如下表左侧的配方，其中鱼粉用量高达 9.261%，为什么呢?

原因是原料中没有选择磷酸氢钙，鱼粉中含磷量较高，所以鱼粉用多了。如果返回原料窗口，增加磷酸氢钙，然后再计算，结果就大不相同了，见图 7-35 右侧的配方。

【配 方 结 果】

生产厂:生产一厂
配方编号:426　　配方名称:蛋鸡料配方
配方成本价格:2.1089元/千克　　日期:2008.11.15

原 料 配 比

编号	原料名称	原料价格（元）	原料配比（%）
0279	玉米[1级8.7%]	1.6000	61.7148
0069	小麦麸[1级16.5%]	1.2000	11.2625
0044	进口鱼粉[64.5%]	8.0000	9.2618
0502	贝壳粉	0.2000	9.1210
0117	棉籽粕[40%]	1.8000	6.0000
1029	大豆粕[2级44.2%]	3.2000	1.3520
0510	预混料	6.0000	1.0000
0511	食盐	0.5000	0.2211
0506	DL-蛋氨酸	22.0000	0.0669
0115	花生仁粕[45%]	3.0000	0.0000
0507	赖氨酸[78]	38.0000	0.0000
0508	植物油	8.0000	0.0000
合计			100.0001%

【配 方 结 果】

生产厂:生产一厂
配方编号:426　　配方名称:蛋鸡料配方
配方成本价格:1.8438元/千克　　日期:2008.11.15

原 料 配 比

编号	原料名称	原料价格（元）	原料配比（%）
0279	玉米[1级8.7%]	1.6000	63.3850
1029	大豆粕[2级44.2%]	3.2000	17.6981
0502	贝壳粉	0.2000	9.0753
0117	棉籽粕[40%]	1.8000	6.0000
0505	磷酸氢钙	2.0000	1.5507
0510	预混料	6.0000	1.0000
0069	小麦麸[1级16.5%]	1.2000	0.7939
0511	食盐	0.5000	0.3576
0506	DL-蛋氨酸	22.0000	0.1135
0507	赖氨酸[78]	38.0000	0.0258
0115	花生仁粕[45%]	3.0000	0.0000
0044	进口鱼粉[64.5%]	8.0000	0.0000
0508	植物油	8.0000	0.0000
合计			99.9999%

图 7-35

类似的情况还有：在参配原料中可能需要增加石粉/贝壳粉、蛋氨酸、赖氨酸、食盐、植物油等原料。

2. 个别营养素标准值太高　假设还是做上例中的蛋鸡料配方，在“标准”窗和“原料”窗中输入的标准和原料如图7－36所示：

参配营养素名称	单位	标准最小值
禽代谢能	MC/Kg	2.6000
粗蛋白	%	16.0000
钙	%	3.5000
有效磷	%	0.4000
精氨酸	%	0.7700
组氨酸	%	0.1900
赖氨酸	%	0.7600
蛋氨酸	%	0.3300
蛋+胱氨酸	%	0.6450
苏氨酸	%	0.5200
色氨酸	%	0.2500
钠	%	0.1650
氯	%	0.1450

参配原料	编号	价格	最小限量	最大限量
玉米[1级8.7%]	0279	1.6000		
大豆粕[2级44.2%]	1029	3.2000		
小麦麸[1级16.5%]	0069	1.2000		
棉籽粕[40%]	0117	1.8000		6.0000
花生仁粕[45%]	0115	3.0000		10.0000
进口鱼粉[64.5%]	0044	8.0000		
贝壳粉	0502	0.2000		
DL-蛋氨酸	0506	22.0000		
赖氨酸[78]	0507	38.0000		
植物油	0508	8.0000		
预混料	0510	6.0000	1.0000	1.0000
食盐	0511	0.5000		
磷酸氢钙	0505	2.0000		

图7－36

执行计算后，显示出的结果如图7－37所示，配方中的粗蛋白会高达21.156%，且配方的成本价也太高了，为什么？

原因是：标准中的色氨酸的值比原来的高了，其他的都没变。从这里应该能看出，配方计算的结果对输入的每一个标准值都可能很敏感。

类似的情况还有：在标准中输入的代谢能/消化能，或者其他某氨基酸的标准值偏高。

3. 给标准和原料限量不当　这是VF123用户普遍发生的问题，需要大家仔细阅读。

有一个用户在做蛋鸡料配方时，输入了如图7－38所示的标准和原料：

根据他的经验，在标准中对所有营养素都限制了最大值和最小值，在原料中也几乎对所有原料都限制了最大值和最小值，每个单项限制似乎都是合理的。

【配方结果】

生产厂:生产一厂
配方编号:426　配方名称:蛋鸡料配方
配方成本价格:2.1927元/千克　日期:2008.11.15

原料配比

编号	原料名称	原料价格（元）	原料配比（%）
0279	玉米[1级8.7%]	1.6000	47.0473
1029	大豆粕[2级44.2%]	3.2000	33.1345
0502	贝壳粉	0.2000	8.9605
0117	棉籽粕[40%]	1.8000	6.0000
0508	植物油	8.0000	1.9699
0505	磷酸氢钙	2.0000	1.5137
0510	预混料	6.0000	1.0000
0511	食盐	0.5000	0.3558
0506	DL-蛋氨酸	22.0000	0.0183
0069	小麦麸[1级16.5%]	1.2000	0.0000
0115	花生仁粕[45%]	3.0000	0.0000
0044	进口鱼粉[64.5%]	8.0000	0.0000
0507	赖氨酸[78]	38.0000	0.0000

【配方营养】

配方编号:426　配方名称:蛋鸡料配方

营养素名称	计量单位	配方营养	标准最小值	与标准相差
禽代谢能	MC/Kg	2.6000	2.6000	
粗蛋白	%	21.1566	16.0000	5.1566
钙	%	3.5000	3.5000	
有效磷	%	0.4000	0.4000	
精氨酸	%	1.5602	0.7700	0.7902
组氨酸	%	0.5519	0.1900	0.3619
赖氨酸	%	1.1095	0.7600	0.3495
蛋氨酸	%	0.3300	0.3300	
蛋+胱氨酸	%	0.6773	0.6450	0.0323
苏氨酸	%	0.7767	0.5200	0.2567
色氨酸	%	0.2500	0.2500	
钠	%	0.1650	0.1650	
氯	%	0.2480	0.1450	0.1030

图7-37

参配营养素名称	单位	标准最小值	标准最大值
禽代谢能	MC/Kg	2.6000	2.6500
粗蛋白	%	16.0000	16.5000
钙	%	3.5000	3.6000
有效磷	%	0.4000	0.4200
精氨酸	%	0.7700	0.8000
组氨酸	%	0.1900	0.2000
赖氨酸	%	0.7600	0.8000
蛋氨酸	%	0.3300	0.4000
蛋+胱氨酸	%	0.6450	0.7000
苏氨酸	%	0.5200	0.6000
色氨酸	%	0.1750	0.2000
钠	%	0.1650	0.1700
氯	%	0.1450	0.1500

参配原料	编号	价格	最小限量	最大限量
玉米[1级8.7%]	0279	1.6000	50.0000	65.0000
大豆粕[2级44.2%]	1029	3.2000	20.0000	30.0000
小麦麸[1级16.5%]	0069	1.2000	5.0000	10.0000
棉籽粕[40%]	0117	1.8000		6.0000
花生仁粕[45%]	0115	3.0000		10.0000
进口鱼粉[64.5%]	0044	8.0000		2.0000
贝壳粉	0502	0.2000	7.0000	9.0000
DL-蛋氨酸	0506	22.0000	0.0500	0.2000
赖氨酸[78]	0507	38.0000	0.0100	0.2000
植物油	0508	8.0000	0.0500	1.0000
预混料	0510	6.0000	1.0000	1.0000
食盐	0511	0.5000	0.3000	0.3500
磷酸氢钙	0505	2.0000	1.2000	1.5000

图7-38

执行计算后，显示出的结果如图7-39所示，计算出的营养很多都不达标，为什么？

解释出错的原因：

VF123要求用户在标准中除了钙和食盐外，一般都不要限最大值。在原料中只有这些原料才需限量：

（1）像棉籽粕、菜籽粕等用量过大会影响畜禽生产性能的原料，限最大值。

【配方结果】

生产厂:生产一厂
配方编号:426　　配方名称:蛋鸡料配方
配方成本价格:1.7002元/千克　　日期:2008.11.15

原料配比

编号	原料名称	原料价格（元）	最小限量（%）	最大限量（%）	原料配比（%）
0279	玉米[1级8.7%]	1.6000	50.00	65.00	65.0000
0069	小麦麸[1级16.5%]	1.2000	5.00	10.00	10.0000
0502	贝壳粉	0.2000	7.00	9.00	9.0000
1029	大豆粕[2级44.2%]	3.2000	20.00	30.00	1.9231
0505	磷酸氢钙	2.0000	1.20	1.50	1.5000
0508	植物油	8.0000	0.05	1.00	1.0000
0510	预混料	6.0000	1.00	1.00	1.0000
0506	DL-蛋氨酸	22.0000	0.05	0.20	0.2000
0507	赖氨酸[78]	38.0000	0.01	0.20	0.2000
0511	食盐	0.5000	0.30	0.35	0.1958
0117	棉籽粕[40%]	1.8000		6.00	0.0000
0115	花生仁粕[45%]	3.0000		10.00	0.0000
0044	进口鱼粉[64.5%]	8.0000		2.00	0.0000
合计					90.0189%

本配方未能满足标准，可能有以下原因：
1、参配原料的营养成分数据不全。

【配方营养】

配方编号:426　　配方名称:蛋鸡开产料配方

营养素名称	计量单位	配方营养	标准最小值	标准最大值	与标准相差
禽代谢能	MC/Kg	2.4030	2.6000	2.6500	-0.1970
粗蛋白	%	8.5080	16.0000	16.5000	-7.4920
钙	%	3.4053	3.5000	3.6000	-0.0947
有效磷	%	0.3656	0.4000	0.4200	-0.0344
精氨酸	%	0.4205	0.7700	0.8000	-0.3495
组氨酸	%	0.2000	0.1900	0.2000	
赖氨酸	%	0.4245	0.7600	0.8000	-0.3355
蛋氨酸	%	0.3393	0.3300	0.4000	
蛋+胱氨酸	%	0.5088	0.6450	0.7000	-0.1362
苏氨酸	%	0.2729	0.5200	0.6000	-0.2471
色氨酸	%	0.0775	0.1750	0.2000	-0.0975
钠	%	0.1006	0.1650	0.1700	-0.0644
氯	%	0.1500	0.1450	0.1500	

注：以上是每千克配合料的营养素含量。

图 7－39

（2）添加剂、预混料类，比如1%的预混料，最大最小限量都应输入1。

（3）给要强制使用的原料限最小值。如果配方计算出来后发现哪个原料的用量太多或者太少时，再返回原料窗口给予该原料限制，然后再次计算配方。

因为：限制越多，配方的可选择范围就越小；如果有两处的限制自相矛盾，配方就会无解、出现负数。

在本例中可能会存在以下自相矛盾之处：

（1）先看标准　氨基酸之间以及与蛋白质之间的限制矛盾。要满足所有氨基酸和蛋白质的最小值，又不能超出所有氨基酸和蛋白质的最大值，这显然会隐藏着自相矛盾，正确的设置是对营养性的营养素只限制最小值，不限制最大值。对粗纤维、粗灰分等含量不能过高的因素只限制最大值，不限制最小值。

（2）再看原料　原料限制太死，可能就不是最优配方，甚至可能就算不出配方。在前面讲“原料不全”时，我们已经计算出本例的正确配方，其中的小麦麸的配比0.793 9%，而本例中要求小麦麸的最小配比也是5%，显然不是合理的要求。

（3）再看标准与原料限制之间的矛盾　在标准中已经给钠、氯和钙限制了最大值和最小值，因此计算出的配方，其中的食盐和贝壳粉通常的配比都会在正常范围内，因此在原料中就不必再给食盐和贝壳粉设置限量。如果在原料中设置了限量，只要与标准中的钠、氯和钙限量有矛盾，计算结果就会有问题，不少用户没有注意到这中矛盾，结果导致配方无解。

本例的正确限量应该如图7-40所示：

参配营养素名称	单位	标准最小值	标准最大值
禽代谢能	MC/Kg	2.6000	
粗蛋白	%	16.0000	
钙	%	3.5000	3.6000
有效磷	%	0.4000	
精氨酸	%	0.7700	
组氨酸	%	0.1900	
赖氨酸	%	0.7600	
蛋氨酸	%	0.3300	
蛋+胱氨酸	%	0.6450	
苏氨酸	%	0.5200	
色氨酸	%	0.1750	
钠	%	0.1650	0.1700
氯	%	0.1450	

参配原料	编号	价格	最小限量	最大限量
玉米[1级8.7%]	0279	1.6000		
大豆粕[2级44.2%]	1029	3.2000		
小麦麸[1级16.5%]	0069	1.2000		10.0000
棉籽粕[40%]	0117	1.8000		6.0000
花生仁粕[45%]	0115	3.0000		10.0000
进口鱼粉[64.5%]	0044	8.0000		
贝壳粉	0502	0.2000		
DL-蛋氨酸	0506	22.0000		
赖氨酸[78]	0507	38.0000		
植物油	0508	8.0000		
预混料	0510	6.0000	1.0000	1.0000
食盐	0511	0.5000		
磷酸氢钙	0505	2.0000		

图7-40

4. *关于钙/磷和钠/氯的限量问题*　很多配方中都要求钙/磷、钠/氯维持一定的比例，而提供这些营养的主要原料通常是磷酸氢钙和食盐，由于磷酸氢钙和食盐中的钙/磷、钠/氯比例不一定符合我们的标准比例，因此，在给钙、磷、钠、氯限制值时，我们建议给这四个都限制最小值，给钙、钠限制最大值，不给磷、氯限制最大值或者限制的有较大取值范围的最大值。以免因磷、氯限制最大值的不当而导致配方无解。

5. *饲料原料的营养含量数据不全*　饲料原料的营养含量数据不全也是计算出不正常配方的常见原因，VF123原料库中包含了900多种原料，每种原料都有大几十种营养素的含量数据要输入，这些数据从哪里来，这是个问题，我们已经积累了十多年的数据，但到目前为止，还是不能保证所有原料的所有营养素的数据都全、都准。

建议：计算配方之前，还是浏览一下原料的营养含量数据，看是否全面、正确。

6. 配方成本偏高的另一个原因：需要添加麦饭石、膨润土类填充剂　在做一些低档料时，尤其是育成鸡料、青年猪料的配方时，标准中的营养指标值通常都较低，如果选择的原料还是玉米、豆粕、鱼粉类，就有些浪费了，这时应该考虑到添加更廉价的原料，如麦饭石、膨润土类。

小结：

（1）在标准中，除了钙和食盐限制最小和最大限量外，其他的暂时都不要限制。

（2）在原料中，除了预混料和添加剂以及使用添加量过多会影响消化吸收、影响适口性等有副作用的原料外，其他的暂时都不要限制。

（3）如果在标准中钙和食盐已经有最大和最小限量，就不要再在原料中再给石粉、食盐类限值。

（4）等执行计算获得计算结果后，再根据计算的结果分析还需要对标准和原料做哪些调整或限量，找出需要调整或限量的内容后，再返回“标准”窗或“原料”窗进行修改，改完后，再次执行计算，这样就可以了。

第三节　常见问题和疑难解答

（一）如何用手工计算饲料配方？

常用的手工计算方法有图形法、联立方程法、试差法等。

1. 图形法　此法直观易懂，适合配合原料种类少，营养指标少的饲料。例如：用玉米和豆粕配制一个含粗蛋白为16%的鸡饲粮，请计算出玉米和豆粕的含量。首先查找饲料营养价值表或直接测定出玉米和豆粕的蛋白质含量，假定为8%和43%。再画一正方形，在正方形对角线交界处写上配合饲料中粗蛋白质的百分数（16），左上角为玉米中粗蛋白质百分数（8），左下角为豆粕中粗蛋白百分数（43），顺着正方形的对角线大数减小数其差值写在相应的角上。由图得，右上角是玉米用量的份数，右下角是豆粕用量的份数，即27份玉米和8份豆粕组成的饲料，换算成百分比为：玉米27/(27+8)×100%=77%，豆粕8/（27+8）×100%=23%，由此可得，用77%的玉米和23%的豆粕混合后的饲料粗蛋白质含量为16%。

2. 联立方程法　又称公式法。此法利用数学原理来计算饲料配方。此法条理清晰，计算简单，但饲料种类和营养指标较高时计算复杂。

3. 试差法　又称凑合法。是设计饲料配方的基本方法，也是手工计算常用的方法。使用此法须具备一定的科学知识和实践经验。对于初学者来讲困难较大，应多练习。

设计配方时，先根据饲养标准、原料成分初步拟定出一个大概的比例，计算出该配方的营养成分含量，与营养标准相对照，将不符合要求的原料含量逐一进行增或减，反复计算、对照，直至符合饲养标准的要求。具体调整步骤为：

（1）先确定限制饲料的比例范围。如鱼粉不宜超过5%，以免提高饲料价格，棉粕不宜超过8%，以防棉酚中毒。

（2）主要变为主原料玉米和豆粕来平衡能量和粗蛋白质水平。

（3）调整矿物质和氨基酸水平。

（4）将营养成分分别相加，与饲料标准对照，反复调整，直至不超过0.5%为合格。

（二）饲料软件中配方的计算方法有哪些？

目前比较主流的优化方法有线性规划、目标规划和模糊线性规划3种。

1. 线性规划　线性规划是运筹学中研究较早、发展较快、应用广泛、方法较成熟的一个重要分支，它是辅助人们进行科学管理的一种数学方法。线性规划所研究的是：在一定条件下，合理安排人力物力等资源，使经济效果达到最好。一般求目标函数在约束条件下的最大值或最小值的问题，统称为线性规划问题。满足约束条件的解叫做可行解，由所有可行解组成的集合叫做可行域。

线性规划问题的数学模型的一般形式：①列出目标函数及约束条件；②给出约束条件所表示的可行域；③在可行域内求目标函数的最优解。

正因如此，线性规划很快被用来进行饲料配方设计。它可以在满足营养指标和饲料原料使用上下限多个约束条件下，给出最低成本的配方。

2. 目标规划　线性规划模型只考虑了单一目标，并且所有约束都要绝对满足。然而，很多问题具有不同衡量单位的多重目标。因此，建立综合性的单一目标，即使可能也非常困难。

目标规划是线性规划的一种变形，它容许处理不同层次的相互关联的多个目标。各目标是分等级的，按优先级求解处理。解决这个问题相当于把高等级目标当作低等级目标约束，解一系列嵌套的线性规划问题。线性规划是要使单一目标最优化，而目标规划则是要使对目标体系的偏差最小。这样得出的解称为满意解。

饲料配方设计有时候也和目标规划相类似，一些条件无法满足的情况下，设计者会根据各个营养要素的重要性，进行相应的取舍，从而得到一个比较满意的配方。

3. 模糊线性规划　模糊线性规划是在线性规划及加入伸缩量之后的线性规划的基础上构造的新的线性规划。它能根据原线性规划各项营养成分及原料的影子价格自动按用户给出的伸缩量调整配方，从而能得到一个成本低、且又满足要求的合理配方。

4.3种计算方法的比较 3种算法中，计算方法最为复杂的是模糊线性规划，其次是目标规划，线性规划最为简单。可以看出，三者核心的计算方法都一样是线性规划。就是说，线性规划的计算条件是刚性的，而前两者的计算条件却可以在计算中调整。而目标规划和模糊线性规划的区别又在于目标规划的弹性变量只能靠人为引入，模糊线性规划却可以根据计算后的影子价格自动调整。

需要指出的是，目标规划和模糊线性规划的伸缩量，都必须由使用者在计算前指定。伸缩量的指定，实质上是对饲养标准和原料使用量的调整。既然要对饲养标准和原料使用量进行调整，使用者就必须对动物营养和饲料科学有一定知识基础。

目前无论是目标规划还是模糊线性规划，一般都追求最低成本，而目标规划和模糊线性规划都是通过牺牲营养指标的满足程度来换得最低成本的。一般调整饲养标准和原料的添加量，用线性规划按照自己的意愿来进行配方设计，是直接使用目标规划和模糊线性规划。

（三）饲料配方软件中数据库如何建立？

数据库是饲料配方软件中一个很重要的部分，一个适合本企业客观条件的数据库将有利于提高饲料企业的竞争力。饲料软件的数据库包括两个方面。一是原料数据库，另外就是饲料标准数据库。现行公开发表的数据库没有最完美的。评价数据的好与坏不在于数据的多与少，而在于所采用的数据离真实情况有多远，只有适合本企业特点的数据库才是最理想的。从饲料数据库来看，目前公开发表的主要有中国、NRC、ARC等饲料数据库，都要不定期更新。但是中国饲料数据库里，有好些常用原料却一直没有更新，不能不说是一大遗憾。还有Feedstuf数据库，其中数据来自于世界各地，可以参考。

由于饲料原料中的营养成分可能随原料批次不同发生变化，这种情况遇到最多的要数玉米的水分。所以，配方软件最好能够根据水分含量换算其营养成分。除此外，原料中的蛋白质也可能有变异，有人希望氨基酸也随蛋白质的变化而变化，这种想法是很好的，但是目前还没有特别好的方法来做到。从饲养标准数据库来看，公布的标准已经很多了，中国、NRC、ARC、法国、德国、日本等都曾经公布过成套的饲养标准。对于国外品种畜禽，使用国外标准未尝不可，但对于本地品种畜禽，建议最好采用国内已有的标准。

重点难点提示

熟悉常见的饲料配方软件。掌握常用软件的使用方法。

附录　饲料和饲料添加剂管理条例

1999 年 5 月 29 日中华人民共和国国务院令第 266 号发布；根据 2001 年 11 月 29 日《国务院关于修改〈饲料和饲料添加剂管理条例〉的决定》修订，2011 年 10 月 26 日国务院第 177 次常务会议修订通过。

第一章　总　　则

第一条　为了加强对饲料、饲料添加剂的管理，提高饲料、饲料添加剂的质量，保障动物产品质量安全，维护公众健康，制定本条例。

第二条　本条例所称饲料，是指经工业化加工、制作的供动物食用的产品，包括单一饲料、添加剂预混合饲料、浓缩饲料、配合饲料和精料补充料。

本条例所称饲料添加剂，是指在饲料加工、制作、使用过程中添加的少量或者微量物质，包括营养性饲料添加剂和一般饲料添加剂。

饲料原料目录和饲料添加剂品种目录由国务院农业行政主管部门制定并公布。

第三条　国务院农业行政主管部门负责全国饲料、饲料添加剂的监督管理工作。

县级以上地方人民政府负责饲料、饲料添加剂管理的部门（以下简称饲料管理部门），负责本行政区域饲料、饲料添加剂的监督管理工作。

第四条　县级以上地方人民政府统一领导本行政区域饲料、饲料添加剂的监督管理工作，建立健全监督管理机制，保障监督管理工作的开展。

第五条　饲料、饲料添加剂生产企业、经营者应当建立健全质量安全制度，对其生产、经营的饲料、饲料添加剂的质量安全负责。

第六条 任何组织或者个人有权举报在饲料、饲料添加剂生产、经营、使用过程中违反本条例的行为，有权对饲料、饲料添加剂监督管理工作提出意见和建议。

第二章 审定和登记

第七条 国家鼓励研制新饲料、新饲料添加剂。

研制新饲料、新饲料添加剂，应当遵循科学、安全、有效、环保的原则，保证新饲料、新饲料添加剂的质量安全。

第八条 研制的新饲料、新饲料添加剂投入生产前，研制者或者生产企业应当向国务院农业行政主管部门提出审定申请，并提供该新饲料、新饲料添加剂的样品和下列资料：

（一）名称、主要成分、理化性质、研制方法、生产工艺、质量标准、检测方法、检验报告、稳定性试验报告、环境影响报告和污染防治措施；

（二）国务院农业行政主管部门指定的试验机构出具的该新饲料、新饲料添加剂的饲喂效果、残留消解动态以及毒理学安全性评价报告。

申请新饲料添加剂审定的，还应当说明该新饲料添加剂的添加目的、使用方法，并提供该饲料添加剂残留可能对人体健康造成影响的分析评价报告。

第九条 国务院农业行政主管部门应当自受理申请之日起5个工作日内，将新饲料、新饲料添加剂的样品和申请资料交全国饲料评审委员会，对该新饲料、新饲料添加剂的安全性、有效性及其对环境的影响进行评审。

全国饲料评审委员会由养殖、饲料加工、动物营养、毒理、药理、代谢、卫生、化工合成、生物技术、质量标准、环境保护、食品安全风险评估等方面的专家组成。全国饲料评审委员会对新饲料、新饲料添加剂的评审采取评审会议的形式，评审会议应当有9名以上全国饲料评审委员会专家参加，根据需要也可以邀请1至2名全国饲料评审委员会专家以外的专家参加，参加评审的专家对评审事项具有表决权。评审会议应当形成评审意见和会议纪要，并由参加评审的专家审核签字；有不同意见的，应当注明。参加评审的专家应当依法公平、公正履行职责，对评审资料保密，存在回避事由的，应当主动回避。

全国饲料评审委员会应当自收到新饲料、新饲料添加剂的样品和申请资料之日起9个月内出具评审结果并提交国务院农业行政主管部门；但是，全国饲料评审委员会决定由申请人进行相关试验的，经国务院农业行政主管部门同意，评审时间可以延长3个月。

国务院农业行政主管部门应当自收到评审结果之日起10个工作日内作出是否核发新饲料、新饲料添加剂证书的决定；决定不予核发的，应当书面通知申请人并说明理由。

第十条 国务院农业行政主管部门核发新饲料、新饲料添加剂证书，应当同时按照职责权限公布该新饲料、新饲料添加剂的产品质量标准。

第十一条 新饲料、新饲料添加剂的监测期为5年。新饲料、新饲料添加剂处于监测期的，不受理其他就该新饲料、新饲料添加剂的生产申请和进口登记申请，但超过3年不投入生产的除外。

生产企业应当收集处于监测期的新饲料、新饲料添加剂的质量稳定性及其对动物产品质量安全的影响等信息，并向国务院农业行政主管部门报告；国务院农业行政主管部门应当对新饲料、新饲料添加剂的质量安全状况组织跟踪监测，证实其存在安全问题的，应当撤销新饲料、新饲料添加剂证书并予以公告。

第十二条 向中国出口中国境内尚未使用但出口国已经批准生产和使用的饲料、饲料添加剂的，应当委托中国境内代理机构向国务院农业行政主管部门申请登记，并提供该饲料、饲料添加剂的样品和下列资料：

（一）商标、标签和推广应用情况；

（二）生产地批准生产、使用的证明和生产地以外其他国家、地区的登记资料；

（三）主要成分、理化性质、研制方法、生产工艺、质量标准、检测方法、检验报告、稳定性试验报告、环境影响报告和污染防治措施；

（四）国务院农业行政主管部门指定的试验机构出具的该饲料、饲料添加剂的饲喂效果、残留消解动态以及毒理学安全性评价报告。

申请饲料添加剂进口登记的，还应当说明该饲料添加剂的添加目的、使用方法，并提供该饲料添加剂残留可能对人体健康造成影响的分析评价报告。

国务院农业行政主管部门应当依照本条例第九条规定的新饲料、新饲料添加剂的评审程序组织评审，并决定是否核发饲料、饲料添加剂进口登记证。

首次向中国出口中国境内已经使用且出口国已经批准生产和使用的饲料、饲料添加剂的，应当依照本条第一款、第二款的规定申请登记。国务院农业行政主管部门应当自受理申请之日起10个工作日内对申请资料进行审查；审查合格的，将样品交由指定的机构进行复核检测；复核检测合格的，国务院农业行政主管部门应当在10个工作日内核发饲料、饲料添加剂进口登记证。

饲料、饲料添加剂进口登记证有效期为5年。进口登记证有效期满需要继续向中国出口饲料、饲料添加剂的，应当在有效期届满6个月前申请续展。

禁止进口未取得饲料、饲料添加剂进口登记证的饲料、饲料添加剂。

第十三条 国家对已经取得新饲料、新饲料添加剂证书或者饲料、饲料添加剂进口登记证的、含有新化合物的饲料、饲料添加剂的申请人提交的其自己所取得且未披露的试验数据和其他数据实施保护。

自核发证书之日起6年内，对其他申请人未经已取得新饲料、新饲料添加剂证书或者饲料、饲料添加剂进口登记证的申请人同意，使用前款规定的数据申请新饲料、新饲料添加剂审定或者饲料、饲料添加剂进口登记的，国务院农业行政主管部门不予审定或者登记；但是，其他申请人提交其自己所取得的数据的除外。

除下列情形外，国务院农业行政主管部门不得披露本条第一款规定的数据：

（一）公共利益需要；

（二）已采取措施确保该类信息不会被不正当地进行商业使用。

第三章　生产、经营和使用

第十四条　设立饲料、饲料添加剂生产企业，应当符合饲料工业发展规划和产业政策，并具备下列条件：

（一）有与生产饲料、饲料添加剂相适应的厂房、设备和仓储设施；

（二）有与生产饲料、饲料添加剂相适应的专职技术人员；

（三）有必要的产品质量检验机构、人员、设施和质量管理制度；

（四）有符合国家规定的安全、卫生要求的生产环境；

（五）有符合国家环境保护要求的污染防治措施；

（六）国务院农业行政主管部门制定的饲料、饲料添加剂质量安全管理规范规定的其他条件。

第十五条　申请设立饲料添加剂、添加剂预混合饲料生产企业，申请人应当向省、自治区、直辖市人民政府饲料管理部门提出申请。省、自治区、直辖市人民政府饲料管理部门应当自受理申请之日起20个工作日内进行书面审查和现场审核，并将相关资料和审查、审核意见上报国务院农业行政主管部门。国务院农业行政主管部门收到资料和审查、审核意见后应当组织评审，根据评审结果在10个工作日内作出是否核发生产许可证的决定，并将决定抄送省、自治区、直辖市人民政府饲料管理部门。

申请设立其他饲料生产企业，申请人应当向省、自治区、直辖市人民政府饲料管理部门提出申请。省、自治区、直辖市人民政府饲料管理部门应当自受理申请之日起10个工作日内进行书面审查；审查合格的，组织进行现场审核，并根据审核结果在10个工作日内作出是否核发生产许可证的决定。

申请人凭生产许可证办理工商登记手续。

生产许可证有效期为5年。生产许可证有效期满需要继续生产饲料、饲料添加剂的，应当在有效期届满6个月前申请续展。

第十六条 饲料添加剂、添加剂预混合饲料生产企业取得国务院农业行政主管部门核发的生产许可证后，由省、自治区、直辖市人民政府饲料管理部门按照国务院农业行政主管部门的规定，核发相应的产品批准文号。

第十七条 饲料、饲料添加剂生产企业应当按照国务院农业行政主管部门的规定和有关标准，对采购的饲料原料、单一饲料、饲料添加剂、药物饲料添加剂、添加剂预混合饲料和用于饲料添加剂生产的原料进行查验或者检验。

饲料生产企业使用限制使用的饲料原料、单一饲料、饲料添加剂、药物饲料添加剂、添加剂预混合饲料生产饲料的，应当遵守国务院农业行政主管部门的限制性规定。禁止使用国务院农业行政主管部门公布的饲料原料目录、饲料添加剂品种目录和药物饲料添加剂品种目录以外的任何物质生产饲料。

饲料、饲料添加剂生产企业应当如实记录采购的饲料原料、单一饲料、饲料添加剂、药物饲料添加剂、添加剂预混合饲料和用于饲料添加剂生产的原料的名称、产地、数量、保质期、许可证明文件编号、质量检验信息、生产企业名称或者供货者名称及其联系方式、进货日期等。记录保存期限不得少于2年。

第十八条 饲料、饲料添加剂生产企业，应当按照产品质量标准以及国务院农业行政主管部门制定的饲料、饲料添加剂质量安全管理规范和饲料添加剂安全使用规范组织生产，对生产过程实施有效控制并实行生产记录和产品留样观察制度。

第十九条 饲料、饲料添加剂生产企业应当对生产的饲料、饲料添加剂进行产品质量检验；检验合格的，应当附具产品质量检验合格证。未经产品质量检验、检验不合格或者未附具产品质量检验合格证的，不得出厂销售。

饲料、饲料添加剂生产企业应当如实记录出厂销售的饲料、饲料添加剂的名称、数量、生产日期、生产批次、质量检验信息、购货者名称及其联系方式、销售日期等。记录保存期限不得少于2年。

第二十条 出厂销售的饲料、饲料添加剂应当包装，包装应当符合国家有关安全、卫生的规定。

饲料生产企业直接销售给养殖者的饲料可以使用罐装车运输。罐装车应当符合国家有关安全、卫生的规定，并随罐装车附具符合本条例第二十一条规定的标签。

易燃或者其他特殊的饲料、饲料添加剂的包装应当有警示标志或者说明，并注明储运注意事项。

第二十一条 饲料、饲料添加剂的包装上应当附具标签。标签应当以中文或者适用符号标明产品名称、原料组成、产品成分分析保证值、净重或者净含量、贮存条件、使用说明、注意事项、生产日期、保质期、生产企业名称以及地址、许可证明文件编号和产品质量标准等。加入药物饲料添加剂的，还应当标明“加入药物饲料添加剂”字样，并标明其通用名称、含量和休药期。乳和乳制品以外的动物源性饲料，还应当标明“本产品不得饲喂反刍动物”字样。

第二十二条 饲料、饲料添加剂经营者应当符合下列条件：

（一）有与经营饲料、饲料添加剂相适应的经营场所和仓储设施；

（二）有具备饲料、饲料添加剂使用、贮存等知识的技术人员；

（三）有必要的产品质量管理和安全管理制度。

第二十三条 饲料、饲料添加剂经营者进货时应当查验产品标签、产品质量检验合格证和相应的许可证明文件。

饲料、饲料添加剂经营者不得对饲料、饲料添加剂进行拆包、分装，不得对饲料、饲料添加剂进行再加工或者添加任何物质。

禁止经营用国务院农业行政主管部门公布的饲料原料目录、饲料添加剂品种目录和药物饲料添加剂品种目录以外的任何物质生产的饲料。

饲料、饲料添加剂经营者应当建立产品购销台账，如实记录购销产品的名称、许可证明文件编号、规格、数量、保质期、生产企业名称或者供货者名称及其联系方式、购销时间等。购销台账保存期限不得少于2年。

第二十四条 向中国出口的饲料、饲料添加剂应当包装，包装应当符合中国有关安全、卫生的规定，并附具符合本条例第二十一条规定的标签。

向中国出口的饲料、饲料添加剂应当符合中国有关检验检疫的要求，由出入境检验检疫机构依法实施检验检疫，并对其包装和标签进行核查。包装和标签不符合要求的，不得入境。

境外企业不得直接在中国销售饲料、饲料添加剂。境外企业在中国销售饲料、饲料添加剂的，应当依法在中国境内设立销售机构或者委托符合条件的中国境内代理机构销售。

第二十五条 养殖者应当按照产品使用说明和注意事项使用

饲料。在饲料或者动物饮用水中添加饲料添加剂的，应当符合饲料添加剂使用说明和注意事项的要求，遵守国务院农业行政主管部门制定的饲料添加剂安全使用规范。

养殖者使用自行配制的饲料的，应当遵守国务院农业行政主管部门制定的自行配制饲料使用规范，并不得对外提供自行配制的饲料。

使用限制使用的物质养殖动物的，应当遵守国务院农业行政主管部门的限制性规定。禁止在饲料、动物饮用水中添加国务院农业行政主管部门公布禁用的物质以及对人体具有直接或者潜在危害的其他物质，或者直接使用上述物质养殖动物。禁止在反刍动物饲料中添加乳和乳制品以外的动物源性成分。

第二十六条 国务院农业行政主管部门和县级以上地方人民政府饲料管理部门应当加强饲料、饲料添加剂质量安全知识的宣传，提高养殖者的质量安全意识，指导养殖者安全、合理使用饲料、饲料添加剂。

第二十七条 饲料、饲料添加剂在使用过程中被证实对养殖动物、人体健康或者环境有害的，由国务院农业行政主管部门决定禁用并予以公布。

第二十八条 饲料、饲料添加剂生产企业发现其生产的饲料、饲料添加剂对养殖动物、人体健康有害或者存在其他安全隐患的，应当立即停止生产，通知经营者、使用者，向饲料管理部门报告，主动召回产品，并记录召回和通知情况。召回的产品应当在饲料管理部门监督下予以无害化处理或者销毁。

饲料、饲料添加剂经营者发现其销售的饲料、饲料添加剂具有前款规定情形的，应当立即停止销售，通知生产企业、供货者和使用者，向饲料管理部门报告，并记录通知情况。

养殖者发现其使用的饲料、饲料添加剂具有本条第一款规定情形的，应当立即停止使用，通知供货者，并向饲料管理部门报告。

第二十九条 禁止生产、经营、使用未取得新饲料、新饲料添加剂证书的新饲料、新饲料添加剂以及禁用的饲料、饲料添加剂。

禁止经营、使用无产品标签、无生产许可证、无产品质量标准、无产品质量检验合格证的饲料、饲料添加剂。禁止经营、使用无产品批准文号的饲料添加剂、添加剂预混合饲料。禁止经营、使用未取得饲料、饲料添加剂进口登记证的进口饲料、进口饲料添加剂。

第三十条 禁止对饲料、饲料添加剂作具有预防或者治疗动物疾病作用的说明或者宣传。但是，饲料中添加药物饲料添加剂的，可以对所添加的药物饲料添加剂的作用加以说明。

第三十一条 国务院农业行政主管部门和省、自治区、直辖市人民政府饲料管理部门应当按照职责权限对全国或者本行政区域饲料、饲料添加剂的质量安全状况进行监测，并根据监测情况发布饲料、饲料添加剂质量安全预警信息。

第三十二条 国务院农业行政主管部门和县级以上地方人民政府饲料管理部门，应当根据需要定期或者不定期组织实施饲料、饲料添加剂监督抽查；饲料、饲料添加剂监督抽查检测工作由国务院农业行政主管部门或者省、自治区、直辖市人民政府饲料管理部门指定的具有相应技术条件的机构承担。饲料、饲料添加剂监督抽查不得收费。

国务院农业行政主管部门和省、自治区、直辖市人民政府饲料管理部门应当按照职责权限公布监督抽查结果，并可以公布具有不良记录的饲料、饲料添加剂生产企业、经营者名单。

第三十三条 县级以上地方人民政府饲料管理部门应当建立饲料、饲料添加剂监督管理档案，记录日常监督检查、违法行为查处等情况。

第三十四条 国务院农业行政主管部门和县级以上地方人民政府饲料管理部门在监督检查中可以采取下列措施：

（一）对饲料、饲料添加剂生产、经营、使用场所实施现场检查；

（二）查阅、复制有关合同、票据、账簿和其他相关资料；

（三）查封、扣押有证据证明用于违法生产饲料的饲料原料、单一饲料、饲料添加剂、药物饲料添加剂、添加剂预混合饲料，用于违法生产饲料添加剂的原料，用于违法生产饲料、饲料添加剂的工具、设施，违法生产、经营、使用的饲料、饲料添加剂；

（四）查封违法生产、经营饲料、饲料添加剂的场所。

第四章　法律责任

第三十五条　国务院农业行政主管部门、县级以上地方人民政府饲料管理部门或者其他依照本条例规定行使监督管理权的部门及其工作人员，不履行本条例规定的职责或者滥用职权、玩忽职守、徇私舞弊的，对直接负责的主管人员和其他直接责任人员，依法给予处分；直接负责的主管人员和其他直接责任人员构成犯罪的，依法追究刑事责任。

第三十六条　提供虚假的资料、样品或者采取其他欺骗方式取得许可证明文件的，由发证机关撤销相关许可证明文件，处5万元以上10万元以下罚款，申请人3年内不得就同一事项申请行政许可。以欺骗方式取得许可证明文件给他人造成损失的，依法承担赔偿责任。

第三十七条　假冒、伪造或者买卖许可证明文件的，由国务院农业行政主管部门或者县级以上地方人民政府饲料管理部门按照职责权限收缴或者吊销、撤销相关许可证明文件；构成犯罪的，依法追究刑事责任。

第三十八条　未取得生产许可证生产饲料、饲料添加剂的，由县级以上地方人民政府饲料管理部门责令停止生产，没收违法所得、违法生产的产品和用于违法生产饲料的饲料原料、单一饲料、饲料添加剂、药物饲料添加剂、添加剂预混合饲料以及用于违法生产饲料添加剂的原料，违法生产的产品货值金额不足1万元的，并处1万元以上5万元以下罚款，货值金额1万元以上的，并处货值金额5倍以上10倍以下罚款；情节严重的，没收其生产设备，生产企业的主要负责人和直接负责的主管人员10年内不得从事饲料、饲料添加剂生产、经营活动。

已经取得生产许可证，但不再具备本条例第十四条规定的条件而继续生产饲料、饲料添加剂的，由县级以上地方人民政府饲料管理部门责令停止生产、限期改正，并处1万元以上5万元以下罚款；逾期不改正的，由发证机关吊销生产许可证。

已经取得生产许可证，但未取得产品批准文号而生产饲料添加剂、添加剂预混合饲料的，由县级以上地方人民政府饲料管理部门责令停止生产，没收违法所得、违法生产的产品和用于违法生产饲料的饲料原料、单一饲料、饲料添加剂、药物饲料添加剂以及用于违法生产饲料添加剂的原料，限期补办产品批准文号，并处违法生产的产品货值金额1倍以上3倍以下罚款；情节严重的，由发证机关吊销生产许可证。

第三十九条 饲料、饲料添加剂生产企业有下列行为之一的，由县级以上地方人民政府饲料管理部门责令改正，没收违法所得、违法生产的产品和用于违法生产饲料的饲料原料、单一饲料、饲料添加剂、药物饲料添加剂、添加剂预混合饲料以及用于违法生产饲料添加剂的原料，违法生产的产品货值金额不足1万元的，并处1万元以上5万元以下罚款，货值金额1万元以上的，并处货值金额5倍以上10倍以下罚款；情节严重的，由发证机关吊销、撤销相关许可证明文件，生产企业的主要负责人和直接负责的主管人员10年内不得从事饲料、饲料添加剂生产、经营活动；构成犯罪的，依法追究刑事责任：

（一）使用限制使用的饲料原料、单一饲料、饲料添加剂、药物饲料添加剂、添加剂预混合饲料生产饲料，不遵守国务院农业行政主管部门的限制性规定的；

（二）使用国务院农业行政主管部门公布的饲料原料目录、饲料添加剂品种目录和药物饲料添加剂品种目录以外的物质生产饲料的；

（三）生产未取得新饲料、新饲料添加剂证书的新饲料、新饲料添加剂或者禁用的饲料、饲料添加剂的。

第四十条 饲料、饲料添加剂生产企业有下列行为之一的，由县级以上地方人民政府饲料管理部门责令改正，处1万元以上2万元以下罚款；拒不改正的，没收违法所得、违法生产的产品和用于违法生产饲料的饲料原料、单一饲料、饲料添加剂、药物饲料添加剂、添加剂预混合饲料以及用于违法生产饲料添加剂的原料，并处5万元以上10万元以下罚款；情节严重的，责令停止生产，可以由发证机关吊销、撤销相关许可证明文件：

（一）不按照国务院农业行政主管部门的规定和有关标准对采购的饲料原料、单一饲料、饲料添加剂、药物饲料添加剂、添加剂预混合饲料和用于饲料添加剂生产的原料进行查验或者检验的；

（二）饲料、饲料添加剂生产过程中不遵守国务院农业行政主管部门制定的饲料、饲料添加剂质量安全管理规范和饲料添加剂安全使用规范的；

（三）生产的饲料、饲料添加剂未经产品质量检验的。

第四十一条 饲料、饲料添加剂生产企业不依照本条例规定实行采购、生产、销售记录制度或者产品留样观察制度的，由县级以上地方人民政府饲料管理部门责令改正，处1万元以上2万元以下罚款；拒不改正的，没收违法所得、违法生产的产品和用于违法生产饲料的饲料原料、单一饲料、饲料添加剂、药物饲料添加剂、添加剂预混合饲料以及用于违法生产饲料添加剂的原料，处2万元以上5万元以下罚款，并可以由发证机关吊销、撤销相关许可证明文件。

饲料、饲料添加剂生产企业销售的饲料、饲料添加剂未附具产品质量检验合格证或者包装、标签不符合规定的，由县级以上地方人民政府饲料管理部门责令改正；情节严重的，没收违法所得和违法销售的产品，可以处违法销售的产品货值金额30%以下罚款。

第四十二条 不符合本条例第二十二条规定的条件经营饲料、饲料添加剂的，由县级人民政府饲料管理部门责令限期改正；逾期不改正的，没收违法所得和违法经营的产品，违法经营的产品货值金额不足1万元的，并处2000元以上2万元以下罚款，货值金额1万元以上的，并处货值金额2倍以上5倍以下罚款；情节严重的，责令停止经营，并通知工商行政管理部门，由工商行政管理部门吊销营业执照。

第四十三条 饲料、饲料添加剂经营者有下列行为之一的，由县级人民政府饲料管理部门责令改正，没收违法所得和违法经营的产品，违法经营的产品货值金额不足1万元的，并处2000元以上2万元以下罚款，货值金额1万元以上的，并处货值金额2倍以上5倍以下罚款；情节严重的，责令停止经营，并通知工商行政管理部门，由工商行政管理部门吊销营业执照；构成犯罪的，依法追究刑事责任：

（一）对饲料、饲料添加剂进行再加工或者添加物质的；

（二）经营无产品标签、无生产许可证、无产品质量检验合格证的饲料、饲料添加剂的；

（三）经营无产品批准文号的饲料添加剂、添加剂预混合饲料的；

（四）经营用国务院农业行政主管部门公布的饲料原料目录、饲料添加剂品种目录和药物饲料添加剂品种目录以外的物质生产的饲料的；

（五）经营未取得新饲料、新饲料添加剂证书的新饲料、新饲料添加剂或者未取得饲料、饲料添加剂进口登记证的进口饲料、进口饲料添加剂以及禁用的饲料、饲料添加剂的。

第四十四条 饲料、饲料添加剂经营者有下列行为之一的，由县级人民政府饲料管理部门责令改正，没收违法所得和违法经营的产品，并处2000元以上1万元以下罚款：

（一）对饲料、饲料添加剂进行拆包、分装的；

（二）不依照本条例规定实行产品购销台账制度的；

（三）经营的饲料、饲料添加剂失效、霉变或者超过保质期的。

第四十五条 对本条例第二十八条规定的饲料、饲料添加剂，生产企业不主动召回的，由县级以上地方人民政府饲料管理部门责令召回，并监督生产企业对召回的产品予以无害化处理或者销毁；情节严重的，没收违法所得，并处应召回的产品货值金额1倍以上3倍以下罚款，可以由发证机关吊销、撤销相关许可证明文件；生产企业对召回的产品不予以无害化处理或者销毁的，由县级人民政府饲料管理部门代为销毁，所需费用由生产企业承担。

对本条例第二十八条规定的饲料、饲料添加剂，经营者不停止销售的，由县级以上地方人民政府饲料管理部门责令停止销售；拒不停止销售的，没收违法所得，处1000元以上5万元以下罚款；情节严重的，责令停止经营，并通知工商行政管理部门，由工商行政管理部门吊销营业执照。

第四十六条 饲料、饲料添加剂生产企业、经营者有下列行为之一的，由县级以上地方人民政府饲料管理部门责令停止生产、经营，没收违法所得和违法生产、经营的产品，违法生产、经营的产品货值金额不足1万元的，并处2000元以上2万元以下罚款，货值金额1万元以上的，并处货值金额2倍以上5倍以下罚款；构成犯罪的，依法追究刑事责任：

（一）在生产、经营过程中，以非饲料、非饲料添加剂冒充饲料、饲料添加剂或者以此种饲料、饲料添加剂冒充他种饲料、饲料添加剂的；

（二）生产、经营无产品质量标准或者不符合产品质量标准的饲料、饲料添加剂的；

（三）生产、经营的饲料、饲料添加剂与标签标示的内容不一致的。

饲料、饲料添加剂生产企业有前款规定的行为，情节严重的，由发证机关吊销、撤销相关许可证明文件；饲料、饲料添加剂经营者有前款规定的行为，情节严重的，通知工商行政管理部门，由工商行政管理部门吊销营业执照。

第四十七条 养殖者有下列行为之一的，由县级人民政府饲料管理部门没收违法使用的产品和非法添加物质，对单位处1万元以上5万元以下罚款，对个人处5000元以下罚款；构成犯罪的，依法追究刑事责任：

（一）使用未取得新饲料、新饲料添加剂证书的新饲料、新饲料添加剂或者未取得饲料、饲料添加剂进口登记证的进口饲料、进口饲料添加剂的；

（二）使用无产品标签、无生产许可证、无产品质量标准、无产品质量检验合格证的饲料、饲料添加剂的；

（三）使用无产品批准文号的饲料添加剂、添加剂预混合饲料的；

（四）在饲料或者动物饮用水中添加饲料添加剂，不遵守国务院农业行政主管部门制定的饲料添加剂安全使用规范的；

（五）使用自行配制的饲料，不遵守国务院农业行政主管部门制定的自行配制饲料使用规范的；

（六）使用限制使用的物质养殖动物，不遵守国务院农业行政主管部门的限制性规定的；

（七）在反刍动物饲料中添加乳和乳制品以外的动物源性成分的。

在饲料或者动物饮用水中添加国务院农业行政主管部门公布禁用的物质以及对人体具有直接或者潜在危害的其他物质，或者直接使用上述物质养殖动物的，由县级以上地方人民政府饲料管理部门责令其对饲喂了违禁物质的动物进行无害化处理，处3万元以上10万元以下罚款；构成犯罪的，依法追究刑事责任。

第四十八条 养殖者对外提供自行配制的饲料的，由县级人民政府饲料管理部门责令改正，处2000元以上2万元以下罚款。

第五章 附 则

第四十九条 本条例下列用语的含义：

（一）饲料原料，是指来源于动物、植物、微生物或者矿物质，用于加工制作饲料但不属于饲料添加剂的饲用物质。

（二）单一饲料，是指来源于一种动物、植物、微生物或者矿物质，用于饲料产品生产的饲料。

（三）添加剂预混合饲料，是指由两种（类）或者两种（类）以上营养性饲料添加剂为主，与载体或者稀释剂按照一定比例配制的饲料，包括复合预混合饲料、微量元素预混合饲料、维生素预混合饲料。

（四）浓缩饲料，是指主要由蛋白质、矿物质和饲料添加剂按照一定比例配制的饲料。

（五）配合饲料，是指根据养殖动物营养需要，将多种饲料原料和饲料添加剂按照 定比例配制的饲料。

（六）精料补充料，是指为补充草食动物的营养，将多种饲料原料和饲料添加剂按照一定比例配制的饲料。

（七）营养性饲料添加剂，是指为补充饲料营养成分而掺入饲料中的少量或者微量物质，包括饲料级氨基酸、维生素、矿物质微量元素、酶制剂、非蛋白氮等。

（八）一般饲料添加剂，是指为保证或者改善饲料品质、提高饲料利用率而掺入饲料中的少量或者微量物质。

（九）药物饲料添加剂，是指为预防、治疗动物疾病而掺入载体或者稀释剂的兽药的预混合物质。

（十）许可证明文件，是指新饲料、新饲料添加剂证书，饲料、饲料添加剂进口登记证，饲料、饲料添加剂生产许可证，饲料添加剂、添加剂预混合饲料产品批准文号。

第五十条 药物饲料添加剂的管理，依照《兽药管理条例》的规定执行。

第五十一条 本条例自2012年5月1日起施行。